AF340632

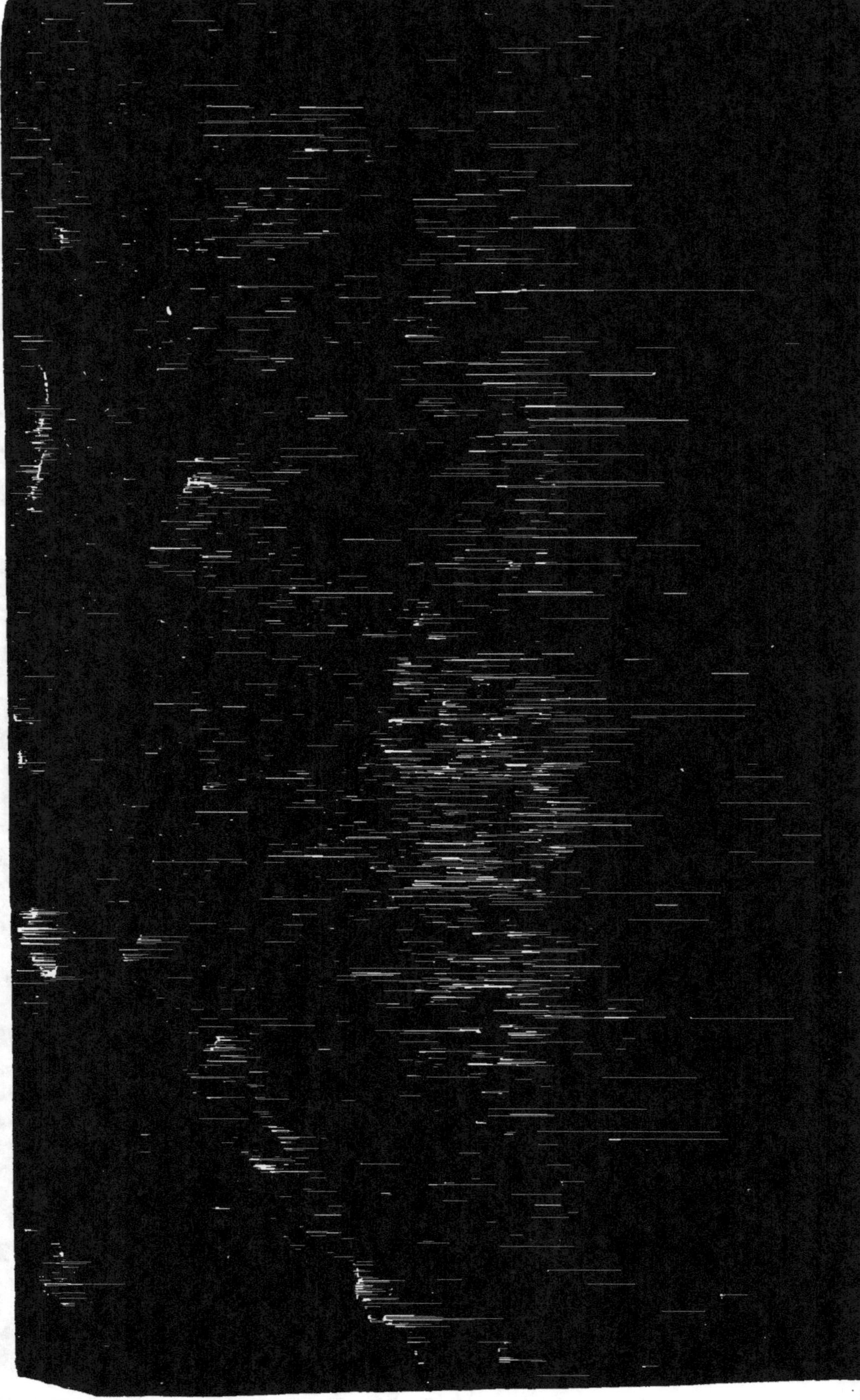

L'Évolution des Forces

PRINCIPALES PUBLICATIONS DU Dr GUSTAVE LE BON

1° RECHERCHES EXPÉRIMENTALES

La Fumée du Tabac. 2ᵉ édition augmentée de *recherches nouvelles* sur l'acide prussique, l'oxyde de carbone et divers alcaloïdes autres que la nicotine, que la fumée du tabac contient. (*Épuisé.*)

La Vie. — Traité de physiologie humaine. — 1 volume in-8° illustré de 300 gravures. (*Épuisé.*)

Recherches expérimentales sur l'Asphyxie. (Comptes rendus de l'Académie des sciences.)

Recherches anatomiques et mathématiques sur les lois des variations du volume du crâne. (Mémoire couronné par l'*Académie des sciences* et par la *Société d'Anthropologie* de Paris.) In-8°.

La Méthode graphique et les Appareils Enregistreurs, contenant la description de nouveaux instruments de l'auteur. 1 vol. in-8°, avec 63 figures dessinées au laboratoire de l'auteur. (*Épuisé.*)

Les Levers photographiques. Exposé des méthodes de levers de cartes et de plans employées par l'auteur pendant ses voyages. 2 vol. in-18. (Gauthir-Villars.)

L'équitation actuelle et ses principes. — Recherches expérimentales. 3ᵉ édition. 1 vol. in-8°, avec 73 figures et un atlas de 200 photographies instantanées. (Firmin-Didot.)

Mémoires de Physique. Lumière noire. Phosphorescence invisible. Ondes hertziennes. Dissociation de la matière, etc.

L'Évolution de la Matière. In-18 de 400 pages, avec 62 figures photographiées au laboratoire de l'auteur. 12ᵉ édition. (Flammarion.)

2° VOYAGES, HISTOIRE, PHILOSOPHIE

Voyage aux monts Tatras, avec une carte et un panorama dressés par l'auteur (publié par la *Société géographique de Paris*).

Voyage au Népal, avec nombreuses illustrations, d'après les photographies et dessins exécutés par l'auteur pendant son exploration (publié par le *Tour du Monde*).

L'Homme et les Sociétés. — Leurs origines et leur histoire Tome Iᵉʳ : Développement physique et intellectuel de l'homme. — Tome II : Développement des sociétés. (*Épuisé.*)

Les Premières Civilisations de l'Orient (Égypte, Assyrie, Judée, etc.). Grand in-4°, illustré de 430 gravures, 2 cartes et 9 photographies. (Flammarion.)

La Civilisation des Arabes. Grand in-4°, illustré de 366 gravures, 4 cartes et 11 planches en couleurs, d'après les photographies et aquarelles de l'auteur (Firmin-Didot.) *Épuisé.*

Les Civilisations de l'Inde. Grand in-4°, illustré de 352 photogravures et 2 cartes, d'après les photographies exécutées par l'auteur. 2ᵉ édition. (Flammarion.)

Les Monuments de l'Inde, In-folio, illustré de 400 planches d'après les documents, photographies, plans et dessins de l'auteur. (Firmin-Didot.)

Les Lois psychologiques de l'évolution des peuples. 1 vol. in-18. (F. Alcan.) 8ᵉ édition.

Psychologie des foules. 1 vol. in-18. (F. Alcan.) 12ᵉ édition.

Psychologie du Socialisme. 1 vol. in-8°. (F. Alcan.) 5ᵉ édition.

Psychologie de l'Éducation. 1 vol. in-18. (Flammarion.) 8ᵉ édition.

Il existe des traductions en Anglais, Allemand, Espagnol, Italien, Danois, Russe, Polonais, Tchèque, Hindostani, etc., de quelques-uns des précédents ouvrages

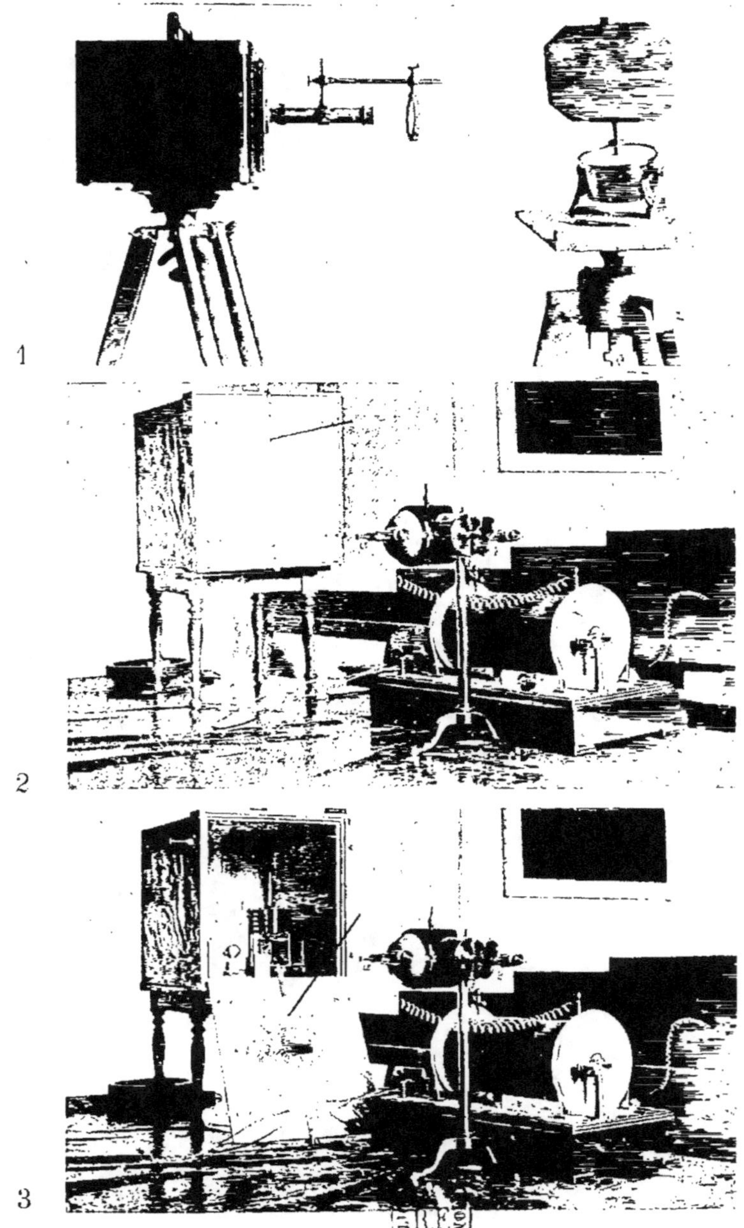

1. *Appareil employé pour étudier la lumière noire.* — 2 et 3. *Appareils employés par Branly et Gustave Le Bon pour déterminer la transparence des corps pour les ondes électriques*

Dʳ GUSTAVE LE BON

L'Évolution des Forces

Avec 42 figures

photographiées au laboratoire de l'auteur.

PARIS

ERNEST FLAMMARION, ÉDITEUR

26, RUE RACINE, 26

1907

L'ÉVOLUTION DES FORCES

PREMIÈRE PARTIE

LES NOUVEAUX PRINCIPES

LIVRE I

LES BASES NOUVELLES DE LA PHYSIQUE DE L'UNIVERS

CHAPITRE I

L'anarchie scientifique actuelle

I

Lorsqu'un philosophe adonné à l'étude de sujets aux contours un peu vagues, aux conclusions un peu incertaines, comme la psychologie, la politique ou l'histoire, parcourait, il y a quelques années à peine, un ouvrage consacré aux sciences physiques, il était frappé par la netteté des définitions, l'exactitude des démonstrations, la précision des expériences. Tout s'enchaînait et s'interprétait avec rigueur. A côté du phénomène le plus compliqué figurait toujours une explication.

Si le même philosophe avait la curiosité de rechercher les principes généraux de ces sciences si précises, il ne pouvait qu'admirer leur simplicité merveilleuse et leur imposante grandeur. A la base de la chimie, l'indestructible atome, à la base de la physique, l'indestructible énergie. Des équations savantes, filles de l'expérience ou de la raison pure, embrassaient en de rigides formules ces quatre éléments fondamentaux des choses : le temps, l'espace, la matière et la force. Tous les corps de l'univers, depuis l'astre gigantesque déroulant dans l'espace ses spires éternelles, jusqu'au grain de poussière infime que le vent semble agiter au hasard, obéissaient à leurs lois.

On était fier d'une telle science, résultat de plusieurs siècles d'efforts. Grâce à elle, l'unité et la simplicité régnaient partout. Quelques esprits amoureux de formules croyaient pouvoir simplifier encore en ne tenant compte que des relations mathématiques entre les phénomènes. Ces derniers leur apparaissaient comme les manifestations d'une grande entité : l'énergie. Quelques équations différentielles suffisaient à interpréter tous les faits que l'observation peut connaître. La principale recherche de la science consistait à découvrir de nouvelles formules considérées aussitôt comme des lois universelles auxquelles la nature devait obéir.

Devant ces imposants résultats, le philosophe s'inclinait, reconnaissant que si la certitude n'existe guère dans le milieu où il vit, on pouvait au moins la rencontrer dans le domaine de la science pure.

Et comment en aurait-il douté ? Ne constatait-il pas que la plupart des savants étaient assurés de leurs démonstrations au point de ne jamais subir le plus léger doute. Dominant le flux changeant des choses, le chaos des opinions mobiles et contradictoires, ils habitaient cette région sereine de l'absolu où toutes les incertitudes s'évanouissent et où rayonne l'éblouissante lumière de la vérité pure.

II

Toutes nos grandes théories scientifiques ne sont pas bien vieilles puisque le cycle de la science expérimentale précise ne compte guère plus de trois siècles. Cette période, relativement si courte, montre deux phases d'évolution très différentes dans la pensée des savants.

La première fut la période de confiance et de certitude dont je parlais à l'instant. Devant les découvertes accumulées chaque jour, surtout pendant la première moitié du dernier siècle, les dogmes philosophiques et religieux, bases de notre ancienne conception de l'Univers, pâlissaient et s'évanouissaient lentement. On ne s'en plaignait pas. Aux incertitudes des anciennes croyances n'allait-on pas substituer des vérités absolues ? Les fondateurs de chaque science nouvelle croyaient lui avoir tracé des cadres définitifs qu'il n'y avait plus qu'à remplir. Dès que l'édifice scientifique serait achevé, il resterait seul debout sur les débris des chimères et des illusions du passé. La foi scientifique était complète. Elle montrait sans doute la nature indifférente à l'homme et les cieux vides, mais on espérait les repeupler bientôt et proposer à notre adoration de nouvelles idoles, un peu rigides, peut-être, mais qui, du moins, ne nous tromperaient jamais.

Cette confiance dans les grands dogmes de la science moderne subsista inaltérée jusqu'au jour récent où des découvertes très imprévues condamnèrent la pensée scientifique à subir des doutes dont elle se croyait affranchie pour toujours. L'édifice dont un petit nombre d'esprits supérieurs pouvaient seuls distinguer les fissures a été brusquement et violemment ébranlé. Des contradictions et des impossibilités à peine entrevues apparurent éclatantes.

La désillusion fut rapide. On arriva très vite à se demander si les principes qui constituaient les assises les plus certaines de nos connaissances physiques n'étaient pas simplement des hypothèses fragiles abritant de leur voile une profonde ignorance. Il est alors advenu de certains dogmes scientifiques ce qu'il advint jadis des dogmes religieux dès qu'on se mît à les discuter. L'heure de la critique précéda de bien peu celle de la décadence, puis de la disparition et de l'oubli.

Sans doute, les grands principes dont la science était si fière n'ont pas encore péri tout entiers. Longtemps ils resteront pour la foule des vérités certaines, et les livres élémentaires continueront à les propager, mais ils n'ont déjà plus aucun prestige aux yeux des véritables savants.

Les découvertes auxquelles je faisais précédemment allusion ont simplement accentué des incertitudes que les ouvrages récents commençaient à trahir. Et c'est ainsi que la science, elle-même, est entrée dans une phase d'anarchie à laquelle on pouvait la croire pour toujours soustraite.

Des principes qui semblaient avoir une base mathématique sûre, sont contestés aujourd'hui par les savants dont la profession est de les enseigner et de les défendre. Des livres comme l'ouvrage si profond de Henri Poincaré : *La Science et l'Hypothèse*, en fournissent la preuve à chaque page. Jusque dans le domaine des mathématiques, l'illustre savant a montré que nous vivons d'hypothèses et de conventions.

Un de ses plus éminents collègues de l'Institut, le mathématicien Émile Picard, fait voir dans une de ses publications combien sont « incohérents » les principes actuels de la mécanique, cette science fondamentale qui prétend formuler les lois générales de l'Univers. Voici comment il s'exprime : « A la fin du XVIIIe siècle, les principes de la Mécanique semblaient au-dessus de toute critique, et l'œuvre des fondateurs de la science du mouvement formait un bloc que l'on croyait devoir défier à jamais le temps. Depuis cette époque, une analyse pénétrante a examiné à la loupe les fondations de l'édifice. En fait, là où les Lagrange et les Laplace trouvaient toutes choses simples, nous rencontrons aujourd'hui les plus sérieuses difficultés. Tous ceux qui ont eu à enseigner les débuts de la Mécanique, pour peu qu'ils aient réfléchi par eux-mêmes, ont senti combien les expositions plus ou moins traditionnelles des principes sont incohérentes. »

Le professeur Mach exprime dans sa récente *Histoire de la mécanique* une opinion analogue. « Les principes mécaniques en apparence les plus simples, dit-il, sont d'une nature très compliquée. Ils reposent sur des expériences non réalisées et même non réalisables. Ils ne peuvent en aucune façon être considérés en eux-mêmes comme des vérités mathématiques démontrées. »

Aujourd'hui, nous possédons trois systèmes de mécanique dont chacun déclare les deux autres absurdes. Si aucun d'eux peut-être ne mérite ce qualificatif, ils peuvent au moins être considérés comme fort insuffisants et ne fournissant que bien peu d'explications acceptables des phénomènes.

« Il n'existe plus guère, écrit de son côté M. Lucien Poincaré, de ces grandes théories universellement admises autour desquelles d'un consentement unanime, tous les expérimentateurs venaient se ranger ; une certaine anarchie règne dans le domaine des sciences de la nature, toutes les hardiesses sont permises, aucune loi n'apparaît comme rigoureusement nécessaire... Nous assistons en ce moment peut-être

1.

plus encore à un travail de démolition qu'à une
œuvre définitive. Les idées qui semblaient à nos
devanciers être le plus solidement établies, sont
maintenant remises en cause. On renonce généralement aujourd'hui à la pensée que tous les phénomènes sont susceptibles d'explications mécaniques.
Les principes de la mécanique eux-mêmes sont
contestés, des faits récents ébranlent nos croyances
relatives à la valeur absolue de lois considérées jusqu'ici comme fondamentales. »

Assurément les grandes théories scientifiques qui
dominèrent la science de chaque époque et orientèrent
les recherches ne restèrent pas toujours indiscutées.
Après une existence, généralement assez longue,
elles s'évanouissaient lentement, mais ne cédaient la
place à de nouvelles doctrines que quand ces dernières étaient solidement constituées. Aujourd'hui les
vieux principes sont morts ou vont mourir et ceux
destinés à les remplacer ne sont qu'en voie de formation. L'homme moderne détruit plus vite qu'il ne
bâtit. Les legs du passé ne sont que des ombres. Les
dieux, les idées, les dogmes et les croyances s'évanouissent tour à tour. Avant que puissent s'élever de
nouveaux édifices capables d'abriter nos pensées bien
des ruines devront s'amonceler. Nous sommes encore
dans un âge de destruction et par conséquent d'anarchie.

Rien heureusement n'est plus favorable au progrès
scientifique que cette anarchie. Le monde est plein
de choses que nous ne voyons pas et le bandeau qui
nous les cache est bien souvent tissé avec les idées
erronées ou insuffisantes imposées par les traditions
de l'enseignement classique. L'histoire montre à quel
point les théories scientifiques retardent le progrès
dès qu'elles ont acquis une certaine fixité. Un nouveau pas en avant ne devient possible qu'après une
suffisante dissociation des idées antérieures. Signaler

l'erreur et en suivre les conséquences est aussi utile parfois qu'une découverte. Ce qu'il y a de plus dangereux peut-être pour l'avancement de l'esprit humain c'est de présenter aux lecteurs — ainsi que le font les ouvrages d'enseignement — des incertitudes comme des vérités indiscutables, de prétendre tracer à la science des bornes, de marquer comme le voulait Auguste Comte des limites au connaissable. Le célèbre philosophe proposait même la création d'un aréopage de savants destiné à tracer les limites des recherches permises. De tels aréopages sont déjà trop nombreux et personne n'ignore combien a été funeste leur rôle.

Il ne faut donc pas hésiter à examiner de près les principes fondamentaux de la science par cela seul qu'ils sont révérés et semblent indestructibles. Nous créons trop facilement de l'indestructible verbal. Le grand mérite de Descartes a été de tenir pour douteux ce qui jusqu'à lui avait été considéré comme vérité incontestée. Les idoles scientifiques actuelles n'ont pas plus de droits à l'invulnérabilité que celles du passé.

III

Les deux dogmes les plus respectés de la science moderne étaient ceux de l'indestructibilité de la matière et de l'indestructibilité de l'énergie. Le premier avait déjà deux mille ans d'existence et toutes les découvertes n'avaient fait que le confirmer. Par une exception merveilleuse, et qui cependant ne frappait personne, alors que toutes les choses de l'univers étaient condamnées à périr, la matière ne s'anéantissait jamais. Les êtres formés par la combinaison des atomes n'avaient qu'une existence éphémère, mais ils étaient composés d'éléments immortels. Créés à l'origine des âges, ces éléments bravaient l'action des siècles, et comme les dieux des antiques légendes gardaient une jeunesse éternelle.

La matière ne possédait pas seule ce privilège de l'immortalité. Les forces, ou, comme on dit aujourd'hui, l'énergie, était également indestructible. Elle pouvait changer sans cesse de forme mais sa quantité dans le monde restait invariable. Une forme d'énergie ne disparaissait pas sans être remplacée par une autre équivalente.

J'ai consacré près de dix années de recherches expérimentales résumées dans mon livre l'*Évolution de la Matière* à prouver que le premier des dogmes énoncés plus haut ne saurait être maintenu et que la matière doit entrer elle aussi dans le cycle des choses condamnées à vieillir et finir.

Mais si la matière est périssable, pouvons-nous supposer que l'énergie resterait seule immortelle? Le dogme de sa conservation possède encore un tel prestige qu'aucune critique, semble-t-il, ne saurait l'ébranler. Nous aurons à discuter dans cet ouvrage sa valeur, et cette étude en nécessitera beaucoup d'autres.

Nos recherches expérimentales nous ont conduit à explorer des chapitres assez différents de la physique, sans nous préoccuper beaucoup de ce qui s'enseignait à leur sujet. Malgré leur caractère nécessairement fragmentaire, ces recherches intéresseront peut-être les lecteurs dont les croyances scientifiques ne sont pas immobilisées encore.

Ce qui a fini par donner à certains principes de la physique et de la mécanique une grande force c'est l'appareil mathématique très compliqué dont on les a enveloppés. Tout ce qui est présenté sous une forme algébrique acquiert du même coup un caractère d'indiscutable vérité pour certains esprits. Le sceptique le plus parfait attribue volontiers aux équations une mystérieuse vertu et s'incline devant leur puissance. Elles tendent à se substituer dans l'enseignement au raisonnement et à l'expérience. Ces voiles dont on entoure aujourd'hui les plus simples principes ne servent trop souvent qu'à masquer des incertitudes. C'est en les soulevant que nous avons réussi plus d'une fois à montrer la fragilité de croyances scientifiques possédant pour beaucoup de savants l'autorité de dogmes révélés.

CHAPITRE II

Les nouvelles doctrines.

Newton, écrivait Lagrange, a été le plus grand génie et aussi le plus heureux, on ne trouve qu'une fois un système du monde à établir.

En traçant ces lignes l'illustre mathématicien considérait évidemment le système du monde comme définitivement fixé. Cette foi simpliste ne compte plus beaucoup de croyants. Il apparaît assez clairement maintenant que nous savons très peu de chose des lois générales de notre univers. Nous n'entrevoyons que pour un lointain avenir leur connaissance. On pressent déjà cependant que le mécanisme réel du monde et celui construit par la science d'hier diffèrent beaucoup. Nous nous sentons entourés de forces gigantesques à peine entrevues, obéissant à des lois très ignorées.

Les idées ont un enchaînement nécessaire. Une théorie nouvelle ne saurait s'établir sans entraîner toute une série de conséquences également nouvelles. Lorsque j'eus prouvé que la dissociation des atomes était un phénomène universel et que la matière est un immense réservoir d'une énergie jadis insoupçonnée malgré sa colossale grandeur, je fus naturellement conduit à me demander si toutes les forces de l'univers, la chaleur solaire et l'électricité notamment, ne proviendraient pas uniquement de ce réservoir d'énergie et par conséquent de la dissociation de la matière.

Pour la chaleur solaire, source de la plupart des énergies terrestres, cette dissociation suffisait à expliquer l'entretien de la température du soleil grâce à l'hypothèse suivante : les atomes des astres incandescents contiendraient plus d'énergie intra-atomique qu'ils n'en renferment une fois refroidis. En ce qui concerne l'électricité je rappelle ce résultat de mes expériences : les particules émises par une pointe électrisée sont identiques à celles qui sortent d'un corps radio-actif tel que le radium. Ce fait prouvait que l'électricité elle aussi est un produit de la dématérialisation de la matière.

Le phénomène de la dissociation des atomes présentait donc des conséquences d'une importance considérable puisqu'il était possible de le prendre comme origine des forces de l'univers. La matière devenait un simple réservoir de forces et pouvait être considérée elle-même comme une forme relativement stable de l'énergie.

Cette conception faisait disparaître les dualités classiques entre la matière et l'énergie et entre la matière et l'éther. Elle permettait donc de relier les deux mondes du pondérable et de l'impondérable considérés comme très distincts et que la science croyait avoir définitivement séparés. M. Berthelot assurait, à l'inauguration de la statue de Lavoisier, que « la distinction entre la matière pondérable et « les agents impondérables constituait une des plus « grandes découvertes qui aient été faites ».

Il semble cependant que les physiciens auraient dû voir depuis longtemps, c'est-à-dire bien avant les découvertes récentes, que la matière et l'éther intimement liés, échangent sans cesse leurs énergies et ne constituent nullement deux mondes séparés. La matière émet sans cesse des radiations lumineuses ou calorifiques et peut en absorber. Jusqu'au zéro absolu elle rayonne constamment, c'est-à-dire projette des vibrations éthérées. Les agitations de la matière se propagent à l'éther et celles de l'éther à la matière, il n'y aurait même ni lumière ni chaleur sans cette propagation. Éther et matière sont une même chose sous des formes différentes et on ne peut les séparer. Si on n'était pas parti de cette vue étroite que la lumière et la chaleur sont des agents impondérables parce qu'ils ne paraissent rien ajouter au poids des corps, la distinction entre la matière et l'éther à laquelle les savants attachent une si grande importance, se serait évanouie depuis longtemps.

Sans doute l'éther est un agent mystérieux que nous ne savons pas isoler, mais sa réalité s'impose puisque aucun phénomène ne pourrait s'expliquer sans lui. Son existence est aussi certaine que celle de la matière même. On ne peut l'isoler, mais il est impossible de dire qu'on ne puisse ni le voir ni le toucher. C'est au contraire la substance que nous voyons et touchons le plus souvent. Quand un corps rayonne de la chaleur qui nous échauffe et nous brûle; quand nous regardons sur le verre dépoli d'une chambre noire un paysage verdoyant, par quoi sont constituées cette chaleur et cette image, sinon par des vibrations de l'éther?

La théorie de la dissociation de la matière ne nous a pas servi seulement à faire disparaître les deux grandes dualités, force et matière, pondérable et impondérable, qui semblaient établies pour toujours. La doctrine de l'évanouissement de la matière par sa transformation en énergie comporte au point de vue des idées qui ont cours sur l'énergie, des conséquences importantes.

D'après les principes fondamentaux de la mécanique, lorsqu'on communique à un corps matériel

une quantité déterminée d'énergie, il pourra la transformer, mais n'en restituera jamais une quantité
supérieure à celle qu'on lui a fournie. Ce principe
était considéré comme trop évident par lui-même
pour avoir jamais été contesté. Il était certain, quand
on admettait que la matière restitue simplement
l'énergie qui lui a été transmise et ne saurait en
créer. En montrant que la matière est un immense
réservoir d'énergie, nous avons prouvé du même coup
que la quantité qu'elle émet, sous l'influence d'une
force étrangère agissant comme une sorte d'excitant,
peut être fort supérieure à celle reçue.

Avec une excitation aussi faible que celle d'un
mince faisceau de radiations ultra-violettes invisibles,
ou même sans aucune excitation, comme cela s'observe dans l'émission des corps spontanément dissociables, tels que le radium, nous pouvons obtenir des
quantités notables d'énergie. Cette énergie libérée,
nous ne la créons pas, puisqu'elle existe dans la
matière, mais nous l'obtenons dans des conditions
que les anciennes lois de la mécanique n'auraient
jamais laissé supposer. L'idée que l'on pourrait transformer de la matière en énergie eût semblé tout à
fait absurde, il y a seulement quelques années.

Ce sera le rôle de la science de l'avenir de découvrir des moyens de libérer, sous forme utilisable, les
forces considérables que la matière contient.

« L'énergie intra-atomique, mise en jeu scientifiquement, écrivait récemment M. l'ingénieur Ferrand,
à propos de mes recherches, créera la science toute
nouvelle de l'énergétique moderne ; elle donnera la
formule du potentiel thermodynamique de l'énergie
libérée de la matière. Exploitée industriellement, elle
est capable de bouleverser de fond en comble l'activité productive de notre vieux monde. »

Les recherches que nous avons exposées en de
nombreux mémoires, depuis une dizaine d'années, se

sont rapidement répandues dans les laboratoires et ont été largement utilisées, surtout par les physiciens qui ne les citaient pas. Quelques-unes de nos propositions, considérées comme très révolutionnaires quand elles furent formulées pour la première fois, commencent à devenir presque banales aujourd'hui bien que très loin cependant d'avoir porté toutes leurs conséquences. Lorsque celles-ci se dérouleront, elles conduiront à renouveler un édifice scientifique dont la stabilité semblait éternelle.

Il n'était pas inutile de prouver que cette stabilité n'était qu'apparente et que les choses peuvent être considérées sous des points de vue fort différents de ceux auxquels notre éducation classique nous avait habitués. Une partie de cet ouvrage sera consacrée à cette démonstration.

Les principes fondamentaux qui nous guideront sont ceux indiqués dans notre précédent volume. J'en rappelle l'énoncé :

1º La matière supposée jadis indestructible s'évanouit lentement par la dissociation continuelle des atomes qui la composent.

2º Les produits de la dématérialisation de la matière constituent des substances intermédiaires par leurs propriétés entre les corps pondérables et l'éther impondérable, c'est-à-dire entre deux mondes que la science avait profondément séparés jusqu'ici.

3º La matière, jadis envisagée comme inerte et ne pouvant restituer que l'énergie qu'on lui a d'abord fournie, est, au contraire, un colossal réservoir d'énergie — l'énergie intra-atomique — qu'elle peut dépenser sans rien emprunter au dehors.

4º C'est de l'énergie intra-atomique libérée pendant la dissociation de la matière que résultent la plupart des forces de l'univers, l'électricité et la chaleur solaire notamment.

5º La force et la matière sont deux formes diverses d'une même chose. La matière représente une forme stable de l'énergie intra-atomique. La chaleur, la lumière, l'électricité, etc., représentent des formes instables de la même énergie.

6º En dissociant les atomes, c'est-à-dire en dématérialisant la matière, on ne fait que transformer la forme stable de l'énergie. nommée matière, en ces formes instables connues sous les noms d'électricité, de lumière, de chaleur, etc. La matière se transforme donc continuellement en énergie.

7º La loi d'évolution applicable aux êtres vivants l'est également aux corps simples, les espèces chimiques pas plus que les espèces vivantes, ne sont invariables.

8º L'énergie n'est pas plus indestructible que la matière dont elle émane.

LIVRE II

LES GRANDEURS IRRÉDUCTIBLES DE L'UNIVERS

CHAPITRE I

Le temps, l'espace, la matière et la force.

---

§ I. — LA CONCEPTION DES GRANDEURS IRRÉDUCTIBLES DE L'UNIVERS.

Le temps, l'espace, la matière et la force forment les éléments des choses, les assises fondamentales de toutes nos connaissances.

Le temps et l'espace sont les deux grandeurs dans lesquelles nous enfermons l'univers. La force est la cause des phénomènes, la matière en est la trame.

Trois de ces éléments : le temps, l'espace et la force, sont tout à fait irréductibles. La matière peut être ramenée à la force, non seulement parce qu'elle n'est, comme je l'ai prouvé, qu'une forme particulière de l'énergie, mais encore parce qu'on ne la définit dans les équations de la mécanique, que par des symboles de force[1].

---

1. Dans le système C. G. S. généralement adopté aujourd'hui pour évaluer les grandeurs des quantités physiques, on considère : 1° *les quantités fondamen-*

Le temps, l'espace et la force étant irréductibles, ne peuvent être comparés à rien et ne sont pas définissables. Nous ne savons d'eux que ce qu'en dit le sens commun.

Dès que, pour définir ces grandes entités, on cherche à sortir de ce que l'observation vulgaire révèle, on se heurte à des difficultés inextricables et on arrive à reconnaître avec les philosophes que ce sont des conceptions de l'esprit, recouvrant des réalités inconnues.

Ces réalités ne peuvent être exactement interprétées, parce que nos sens restent toujours interposés entre elles et nous. Nous percevons seulement de l'univers les impressions qu'il produit sur nos sens. La forme donnée aux choses est conditionnée par la nature de notre intelligence.

Le temps et l'espace sont donc des notions subjectives imposées par nos sens à la représentation des phénomènes, et c'est pourquoi Kant les considérait comme des formes de la sensibilité. Pour une intelligence supérieure, capable d'envisager à la fois l'ordre de succession et l'ordre de coexistence des phénomènes, nos notions d'espace et de temps n'auraient aucun sens.

Ce n'est pas seulement l'espace et le temps, mais tous les phénomènes, depuis la matière que nous croyons connaître jusqu'aux divinités créées par nos rêves, qu'il faut considérer comme des formes nécessaires de notre entendement. Le monde construit avec les impressions de nos sens est une traduction sommaire et nécessairement peu fidèle du monde réel que nous ne connaissons pas.

---

tales : longueur, masse et temps ; 2° *les quantités dérivées.* Ces dernières, très nombreuses, comprennent notamment : *les quantités dérivées géométriques,* surface, volume et angle : *les quantités dérivées mécaniques,* vitesse, accélération, force, énergie, travail, puissance, etc. ; *les quantités dérivées électromagnétiques,* résistance, intensité, différence de potentiel, etc.

Le temps n'est autre chose pour l'homme qu'une relation entre les événements, une succession de phénomènes en un point de l'espace. Il le mesure par le mouvement d'un mobile, c'est-à-dire par les changements de position d'un corps : astre ou aiguille d'une horloge.

Ce n'est que par le changement, c'est-à-dire par le mouvement, que la notion du temps nous est accessible. « Dans un monde privé de toute espèce de mouvement, dit Kant, on ne verrait pas la moindre succession dans l'état interne des substances. Donc, l'abolition du rapport des substances entraîne l'anéantissement de la succession et du temps ». S'il n'y a pas d'événements il n'y a pas évidemment de succession et par conséquent pas de temps.

Immobiliser le monde et les êtres qui l'habitent serait immobiliser le temps, c'est-à-dire le forcer à s'évanouir. Si cette fixité était absolue, la vie serait impossible puisqu'elle implique le changement, mais rien non plus ne pourrait vieillir. Les Dieux immortels qui, d'après les légendes, ne changent jamais, ne connaissent pas le temps. Pour eux l'horloge du ciel marque toujours la même heure.

Le changement est donc le véritable générateur du temps. Il n'est concevable, comme les forces et tous les phénomènes, que sous forme de mouvement.

Ce concept fondamental du mouvement se retrouve à la base de tous les phénomènes. Il sert à définir les grandeurs de l'univers et ne peut être défini que par elles. Ce n'est pas un concept irréductible car il est formé par la combinaison des notions de force, de matière, d'espace et de temps. Il faut visiblement les faire toutes intervenir pour définir le déplacement d'un corps.

En physique la plupart des variations des quantités s'exprime par rapport aux variations du temps. Quand la courbe exprimant les relations d'un phénomène avec le temps est connue, la science peut remonter du présent au passé et connaître le futur.

La notion d'espace est aussi peu claire que celle du temps. Leibniz la définissait l'ordre de coexistence des phénomènes, alors que le temps était l'ordre de leur succession. L'espace et le temps sont peut-être deux formes d'une même chose.

L'espace ne paraît pas concevable en dehors de l'existence des corps. Un monde entièrement vide ne saurait faire naître l'idée d'espace, et c'est pourquoi certains philosophes refusent à l'espace une réalité objective. Pour eux, l'espace étant comme le temps une qualité, là où il n'y a ni phénomène ni substance, il n'y a ni espace ni temps.

Le bref exposé qui précède suffit à montrer combien sont imprécises et limitées les idées que l'homme peut se faire des éléments fondamentaux de l'Univers. Nos connaissances n'étant que des rapports, nous ne définissons les phénomènes inconnus qu'en les rattachant à un phénomène connu. Toute connaissance implique donc une comparaison; mais à quoi comparer les éléments irréductibles des choses? Ils conditionnent les phénomènes et restent cachés derrière eux.

Si les grandeurs irréductibles de l'Univers ne sont pas connues dans leur essence, elles produisent au moins des effets que nous pouvons mesurer. Nous sommes un peu à leur égard comme le facteur de chemin de fer qui sait peser exactement des colis dont il ignore le contenu.

C'est uniquement de ces mesures que la science est faite. Grâce à elles, s'établissent les relations numériques entre les phénomènes qui constituent la trame unique de nos connaissances, puisque les réalités qui les soutiennent nous échappent. Les propriétés des choses ne sont bien définissables que par des mesures. Le qualitatif représente une appréciation subjective pouvant varier d'un individu à un autre. Le quantitatif représente une grandeur fixe qui peut être conservée et précise nos sensations. La substitution du quantitatif au qualitatif est la principale tâche du savant. « Je dis souvent, écrit lord Kelvin, que si vous pouvez mesurer ce dont vous parlez et l'exprimer par un nombre, vous savez quelque chose de votre sujet, mais si vous ne pouvez pas le mesurer vos connaissances sont d'une pauvre espèce et bien peu satisfaisantes ».

§ 2. — LA MESURE DES GRANDEURS IRRÉDUCTIBLES DE L'UNIVERS.

En mesurant et superposant les éléments hétérogènes qui forment la trame des choses, la science est arrivée à créer certains concepts tels que ceux de masse, d'énergie cinétique, etc. ; qu'il faut bien considérer comme des réalités en raison de notre incapacité à en imaginer d'autres.

Ces concepts varient suivant la façon dont nous associons les éléments irréductibles des choses. Associons la force et l'espace et nous créons la science de l'énergie. Associons l'espace et le temps et nous créons la science des vitesses, c'est-à-dire la cinématique. Associons la force, l'espace et le temps et nous créons la science de la puissance mécanique.

Il est visible qu'en agissant ainsi il faut associer des éléments très hétérogènes. La force $(F = M\gamma)$ est un coefficient de résistance multipliée par une accélération. Le travail $(T = F \times E)$ est une force, multipliée par une longueur. La vitesse $\left(V = \dfrac{L}{T}\right)$ est un espace divisé par un temps. La masse $\left(M = \dfrac{P}{g}\right)$ est un poids divisé par une vitesse, etc.,

Ce n'est que par la combinaison de ces grandeurs

si différentes qu'ont pu être précisés les concepts
de la mécanique sur lesquels l'interprétation des
phénomènes de l'Univers est encore fondée.

Pour définir complètement un phénomène, il faut
associer les trois grandes coordonnées des choses :
le temps, l'espace et la force. Si on ne mesure qu'une
ou deux d'entre elles, le phénomène est incomplètement connu.

La formation des notions modernes d'énergie et
de puissance en fournissent d'excellents exemples.
Elles ne se sont précisées que lorsqu'à l'idée un peu
vague de force considérée comme synonyme d'effort
s'est ajoutée la notion d'espace puis celle de temps.

En mécanique la force est définie comme une cause
de mouvement. L'unité de force est représentée par
l'accélération produite sur l'unité de masse. Lorsqu'une
force déplace son point d'application elle engendre
du travail. Ce dernier est le produit de la force considérée comme cause de mouvement par le déplacement dû à ce mouvement. On a choisi comme unité
de travail le kilogrammètre. C'est le travail nécessaire
pour déplacer un kilogramme sur une longueur de
un mètre. Cette unité d'énergie mécanique sert aujourd'hui à mesurer toutes les formes d'énergie.

Ainsi, par le fait seul que nous avons associé à la
force l'espace, nous pouvons la mesurer et l'enfermer
dans une formule. Cette dernière nous fait comprendre comment avec une quantité d'énergie invariable, on peut produire des forces de grandeur
variable. Si, en effet, on appelle F la force, E l'espace
et T le travail, on a d'après les définitions précédentes, $T = F \times E$. Dans cette formule qui définit
l'unité de travail, on peut évidemment faire varier
inversement la force F et l'espace E sans changer
leur produit, c'est-à-dire le travail. Nous pourrons
donc grandir considérablement la force à condition
de réduire proportionnellement l'espace parcouru.

C'est cette opération que réalisent certaines machines telles que le levier qui multiplie la force, mais non le travail. Avec une dépense de un kilogrammètre on pourra bien soulever des centaines de kilogrammes, mais ce qu'on gagnera en force on le perdra en espace parcouru et le produit $F \times E$ ne dépassera jamais un kilogrammètre. La force peut donc être multipliée mais la grandeur de l'énergie reste invariable.

Dans l'unité de travail interviennent seulement les éléments espace et force, mais non l'élément temps. Notre kilogrammètre peut être dépensé en une seconde ou en cent ans, et dans ces deux cas les résultats seront nécessairement très différents. C'est ce qu'illustre très bien l'exemple du radium dont un gramme contient des milliards de kilogrammètres. Une telle quantité paraît immense, mais sa production est à chaque instant si faible qu'il faudra attendre un millier d'années pour la libérer entièrement. C'est le cas d'un réservoir renfermant une quantité d'eau très grande, mais s'écoulant goutte à goutte.

Donc en nous bornant à associer la force et l'espace nous avons déjà créé une unité très précieuse puisqu'elle nous permet d'évaluer en kilogrammètres les effets d'une machine quelconque mue par un moteur également quelconque, mais elle ne nous dit pas si les kilogrammètres sont produits en une minute ou une année. Nous savons donc fort peu de chose de la puissance de cette machine.

Pour la connaître, il suffira de superposer aux deux éléments force et espace, qui nous donnent l'unité de travail, l'élément temps. Nous aurons alors ce qu'on nomme l'unité de puissance, quotient du travail par le temps. Elle nous fait connaître le travail produit dans un temps déterminé. Si on nous dit qu'une machine produit un kilogrammètre, nous ne savons rien de sa puissance. Si on ajoute que ce kilogrammètre est produit en une seconde, nous sommes fixés.

Le kilogrammètre par seconde étant au point de vue industriel une unité trop petite, on en a choisi une 75 fois plus grande. C'est le cheval-vapeur qui représente 75 kilogrammes élevés à un mètre en une seconde[1].

Dans cette dernière unité se trouvent fusionnés, comme on le voit, les trois éléments irréductibles des choses : le temps, l'espace et la force. La matière y figure indirectement aussi car ce qu'on mesure c'est la force employée pour lutter contre son inertie et lui imprimer certains mouvements.

Nous venons de voir comment en encadrant dans l'espace et le temps ce mystérieux Protée nommé la force, il est possible de le saisir et le retrouver sous ses décevantes apparences. En pénétrant davantage dans l'intimité des phénomènes, nous allons voir que l'espace et le temps ne servent pas seulement de mesure à la force, mais qu'ils conditionnent encore sa nature et sa grandeur.

---

1. En physique on se sert souvent d'autres unités mais qui ne changent rien à ce qui précède. Si au lieu d'être évaluée en kilogrammes la force est évaluée en *dynes* et si l'espace au lieu d'être évalué en mètres est mesuré en centimètres, le travail au lieu d'être exprimé en kilogrammètres est exprimé en *ergs*.

CHAPITRE II

Les grandes constantes de l'univers.
La résistance et le mouvement.

---

§ I — L'INERTIE OU RÉSISTANCE AU CHANGEMENT.

Les forces ne nous sont connues que par les mouvements qu'elles engendrent. La mécanique, qui prétend être le fondement des autres sciences et expliquer l'Univers, est consacrée à l'étude de ces mouvements.

La notion de mouvement implique celle de choses à mouvoir. L'observation démontre que ces choses à mouvoir présentent une certaine résistance. La résistance de la matière au mouvement ou au changement de mouvement est ce qu'on appelle son inertie. C'est de cette propriété que dérive la notion de masse.

Nous nous trouvons donc immédiatement en présence de deux éléments, non pas irréductibles, comme ceux étudiés précédemment, mais fondamentaux : le mouvement et la résistance au mouvement, ou, en d'autres termes, le changement et la résistance au changement. Voyons en quoi ils consistent.

L'inertie c'est-à-dire l'aptitude de la matière à résister au mouvement ou au changement de mouvement est la plus importante de ses propriétés, la seule même qui permette de la suivre à travers ses modifications. Alors que ses autres caractères, solidité, couleur, etc., dépendent de plusieurs facteurs et peuvent par conséquent changer, l'inertie ne dépend d'aucun facteur et ne peut changer. Liquide, solide ou gazeux, isolé ou engagé dans une combinaison, un même corps possède une quantité invariable d'inertie. Mesurée indirectement par la balance, elle permet de le suivre à travers tous ses changements.

Sur cette notion de l'invariabilité de l'inertie, ou, en d'autres termes, de la masse, reposent les édifices de la chimie et de la mécanique.

Le rôle prépondérant de l'inertie dans les phénomènes est d'une observation journalière. C'est en vertu de l'inertie que les mondes continuent à circuler dans l'espace et qu'un boulet chassé du canon par l'explosion de la poudre parcourt plusieurs milliers de mètres. L'inertie s'opposant au changement de mouvement, les corps continueraient indéfiniment leur course si des forces antagonistes diverses, telles que la résistance de l'air, ne finissaient par les arrêter. Un train de chemin de fer continuerait ainsi d'avancer avec la même vitesse, sans l'assistance d'aucun moteur si l'inertie ne tendait pas à être annulée sans cesse par des résistances diverses, frottements, etc., que la locomotive sert uniquement à surmonter. La même inertie de la matière s'oppose à ce que le train puisse s'arrêter brusquement. Pour y arriver, il est besoin de freins puissants alors même que la locomotive ne fonctionne plus. L'inertie s'opposant au mouvement comme au changement de mouvement, il faut une force très grande pour sortir le train du repos et aussi pour l'arrêter.

Il résulte donc du principe de l'inertie que lorsqu'un mobile tend à être ralenti par une cause quelconque, l'inertie tend au contraire à maintenir sa vitesse, puisque par définition elle s'oppose au changement de mouvement. Inversement, quand la vitesse du même mobile augmente, l'inertie intervient pour ralentir son accélération, toujours pour la même raison qu'elle s'oppose au changement de mouvement.

L'électricité possédant, ou tout au moins paraissant posséder, de l'inertie se conduit comme la matière en mouvement. Cette inertie agit dans les phénomènes d'induction exactement comme nous l'avons dit plus haut, en s'opposant au changement du mouvement, c'est-à-dire en sens inverse de la cause qui tend à produire son ralentissement ou son accélération. C'est ce qu'exprime la loi de Lenz qui régit les phénomènes d'induction. Il serait d'ailleurs peut-être possible de les expliquer sans faire intervenir l'inertie au moyen du principe d'égalité de l'action et de la réaction.

Mesurer l'inertie de la matière est facile, constater ses effets est également facile, expliquer sa nature est encore impossible.

Newton, qui le premier l'étudia scientifiquement, la considérait comme une force. « La force qui réside dans la matière, dit-il, est le pouvoir qu'elle a de résister; c'est par cette force que tout corps persévère de lui-même dans son état actuel de repos ou de mouvement en ligne droite ».

Aujourd'hui on tend à admettre que la matière est reliée à l'éther par des lignes de force et que toute l'inertie de la première serait celle de l'éther agrippé par ces lignes de force. Mais que l'on attribue l'inertie à la matière ou au milieu dans lequel elle est plongée, cela ne facilite pas son explication.

Ce que l'on peut dire peut-être de moins improbable de l'inertie, c'est que l'agrégat immense de forces constituant la matière, possède certaines relations d'équilibre avec l'éther qui l'entoure. Le mouvement d'un corps romprait cet équilibre et en créerait d'autres d'où résulterait la continuation du mouvement et sa résistance au changement de vitesse. Dans les équilibres internes d'un corps en mouvement quelque chose est probablement changé.

A la notion d'inertie il faut rattacher sans doute le principe de l'égalité de l'action et de la réaction. Bien que fondamental en mécanique, il est également peu explicable. Newton l'a formulé de la façon suivante :

« Un corps qui exerce sur un autre une pression ou une traction, reçoit de celui-ci une traction ou une pression égale et opposée ». Cela signifie que si vous exercez une traction de 100 kilogr. sur un mur infiniment rigide, il exercera la même traction sur vous. Le mur devient ainsi, comme le fait remarquer M. Wickersheimer, un personnage métaphysique en antagonisme avec vous. Au fond, la mécanique qui semble la science la plus précise et la plus étrangère à la métaphysique, est celle contenant le plus de notions métaphysiques visibles ou cachées. Elles recouvrent évidemment des causes profondes, mais tout à fait ignorées.

Peut-être expliquerait-on le principe de la réaction égale et de sens contraire à l'action en considérant certaines forces comme doubles, c'est-à-dire agissant comme un ressort tendu entre deux points. Il est évidemment impossible alors d'agir sur l'un sans que l'autre réagisse aussitôt. La pesanteur et l'électricité seraient dans ce cas.

§ 2. — LA MASSE.

La masse qui sert à caractériser la matière n'est que la mesure de son inertie, c'est-à-dire de sa résistance au mouvement ou au changement de mouvement. Elle s'évalue en recherchant la grandeur de la force qu'il faut opposer à l'inertie pour l'annuler. La pesanteur a été choisie parce qu'elle est d'un maniement facile. On peut alors au moyen de poids dont chacun représente une certaine quantité d'attraction mesurer l'inertie d'une certaine portion de matière mise sur un des plateaux d'une balance.

La notion de masse s'est établie fort lentement. Mach, dans son histoire de la mécanique, fait remarquer que Descartes, Newton et Leibniz en eurent une compréhension très vague. Galilée confondait la masse et le poids, beaucoup de personnes le font encore aujourd'hui, bien que, en raison des unités adoptées, le poids soit habituellement représenté par un chiffre environ dix fois plus grand que celui exprimé par la masse[1].

Le terme de masse est employé d'ailleurs aujourd'hui dans deux sens différents. Pour les physiciens la masse est un coefficient d'inertie et pour les astronomes un coefficient d'attraction.

Si l'attraction due à la pesanteur avait été la même sur toute la surface du globe, la masse d'un corps, c'est-à-dire la quantité d'inertie qu'il possède, se serait mesurée d'après la force d'attraction nécessaire pour l'annuler. On aurait donc pu l'évaluer directement par des poids dont chacun représente une certaine quantité d'attraction. Les chimistes, qui n'ont qu'à comparer les masses des corps, ne procèdent pas d'ailleurs autrement. Pour les calculs de la mécanique il fallut trouver un autre élément parce que la pesanteur varie avec la latitude et l'altitude. Cette dernière variation se manifeste même aux divers étages d'une maison[2].

Le poids d'un corps change d'un lieu à un autre,

---

1. La distinction entre le poids et la masse considérés jadis comme synonymes ne devint manifeste que quand l'observation du pendule révéla qu'un même corps peut recevoir une accélération différente de la pesanteur en divers points du globe. C'est en 1671 qu'on constata pour la première, fois par des observations astronomiques, qu'une horloge donnant le temps exact à Paris ne le donnait plus à la Guyane. Pour rendre sa marche régulière il fallut raccourcir la longueur du pendule qui la réglait.

2. Variation très petite évidemment, mais appréciable pourtant. On trouvera dans *Text book of Physics*, de Pointing, un bon résumé de recherches délicates destinées à montrer les variations de poids d'un corps aux divers étages d'un édifice.

mais l'accélération que ce corps peut prendre subit la même variation. Le rapport de ces deux grandeurs est donc constant sur tous les points du globe. C'est ce rapport $\dfrac{p}{g}$ qui figure toujours dans les calculs de la mécanique. Étant donné la valeur du nombre g, il s'ensuit que dans les expressions numériques la masse d'un corps ne représente guère que le dixième de son poids.

L'équation $M = \dfrac{p}{g}$ qui définit la masse, se réfère à la pesanteur, mais comme le poids peut être remplacé par une force quelconque F produisant une accélération γ, on a pour expression générale de la masse $M = \dfrac{F}{\gamma}$. C'est l'équation fondamentale de la mécanique. Il ne faut pas chercher à trop en approfondir le sens.

On a considéré la masse comme une grandeur invariable jusqu'aux recherches récentes dont j'ai parlé dans mon dernier livre. D'après leurs résultats, non seulement la masse varie par la dissociation des atomes, mais les produits de cette dissociation ont en outre une masse variable avec leur vitesse. Cette masse peut même grandir au point de devenir infinie, c'est-à-dire s'opposer à tout changement de mouvement pour une vitesse qui s'approche de celle de la lumière. Rien ne prouve d'ailleurs qu'il n'en serait pas de même pour de la matière ordinaire animée d'une pareille vitesse.

Non seulement la masse varie avec la vitesse, mais on se demande depuis quelque temps si elle ne varierait pas aussi avec la température. La question n'est pas élucidée encore.

Quoi qu'il en soit, la masse n'est pas du tout cette grandeur invariable supposée jadis par la chimie et la mécanique. L'élément considéré par la science comme l'immuable pivot des phénomènes, le repère

3.

auquel elle essayait de rattacher toutes les choses, est devenu une grandeur variable dont la fixité apparente n'était due qu'à l'imperfection de nos moyens d'observation .

L'inertie de la matière est toujours cependant ce qu'il y a de plus stable dans l'océan changeant des phénomènes. Cette stabilité n'est pas absolue, mais à l'égard de nos besoins usuels on peut considérer l'inertie de la matière comme une des grandes constantes de l'univers.

§ 3. — LE MOUVEMENT ET LA FORCE

Depuis un demi-siècle la science croit avoir découvert un second élément constant dans l'univers : l'énergie dont les forces seraient de simples manifestations.

Nous n'examinerons maintenant que les éléments fondamentaux des forces. Elles nous sont connaissables seulement par les mouvements qu'elles produisent et c'est pourquoi, dans la mécanique classique, la force est simplement définie une cause de mouvement.

En vertu de leur inertie seule, les corps conserveraient un mouvement uniforme et rectiligne. Dès que ce mouvement s'accélère, on admet qu'une force est intervenue. C'est uniquement l'accélération que la mécanique mesure et qui figure dans ses équations.

La force n'est donc connue par la mécanique qu'à travers le mouvement. Le mouvement n'est pas une grandeur irréductible puisqu'il dépend des quatre éléments de l'univers : le temps, l'espace, la matière et la force qui permettent, seuls, de le définir.

Nous avons vu précédemment comment, en associant la force et l'espace, avait été constituée l'unité d'énergie mécanique, le travail ; nous verrons dans un autre chapitre les transformations que la notion moderne de conservation de l'énergie a introduite dans l'ancienne conception des forces.

Ce qui précède nous montre comment des notions de mouvement et de résistance, dérivent celles de force et de masse sur lesquelles furent édifiés les principes de la mécanique. L'équation $F = m\gamma$ définit la force par l'accélération imprimée à un corps doué de résistance au mouvement.

En résumé, mouvement c'est-à-dire changement, et inertie c'est-à-dire résistance au changement. constituent les éléments fondamentaux accessibles à la mécanique. Nous allons voir comment, en les associant, elle a cherché à interpréter les phénomènes de l'univers.

CHAPITRE III

L'édification des forces et les explications mécaniques de l'univers.

Nous venons de voir qu'en réduisant à leurs éléments essentiels les forces de l'univers on y retrouve toujours la résistance et le mouvement. La résistance est constituée par l'inertie de la matière ou de l'éther et le mouvement par un déplacement de ces substances dans l'espace et le temps.

La grandeur des forces est déterminée par la vitesse des mouvements qu'elles produisent. Leur espèce par la nature de ces mêmes mouvements.

Les mouvements de la matière nous sont connus seulement lorsqu'elle entre en conflit avec un facteur antagoniste qui supprime ou ralentit sa vitesse. La terre, par suite de ses mouvements de rotation et de translation dans l'espace, possède une énergie cinétique immense, mais on ne s'en aperçoit pas parce que notre globe ne rencontre aucun obstacle sur sa route. Cette énergie cinétique serait pourtant suffisante pour réduire en vapeur la planète que notre globe viendrait heurter. Tous les êtres qui vivent à sa surface sont entraînés par son mouvement et possèdent par suite une énergie cinétique considérable. Elle se manifesterait si on les transportait instantanément entre deux points animés de vitesses très différentes, par exemple du pôle à l'équateur. En arrivant à l'équateur ils seraient lancés dans l'espace avec une vitesse plus de dix fois supérieure à celle d'un train de chemin de fer.

Indépendamment des mouvements de translation en ligne droite, comme celui d'un boulet de canon ou de rotation comme celui des astres, la matière et l'éther peuvent présenter des formes de mouvement fort diverses. Il en résulte des forces d'aspects très différents. On observe notamment des mouvements vibratoires tels que ceux d'un diapason, des ondes circulaires analogues à celles produites en jetant une pierre dans l'eau, etc. La lumière et la chaleur rayonnante présentent précisément ces dernières formes de mouvement.

Ce n'est pas seulement l'espèce des mouvements mais aussi les variations de leur vitesse qui conditionnent la nature des forces. Les théories récentes sur l'électricité mettent bien en évidence ce dernier point. On y voit en effet des phénomènes aussi différents que le magnétisme, le courant électrique, la lumière, naître de simples variations de mouvement des particules électriques.

Un corps électrisé au repos produit seulement des effets d'attraction et de répulsion et ne jouit d'aucune propriété magnétique. Mettons-le en mouvement, il s'entoure aussitôt de lignes de force magnétiques et produit tous les effets d'un courant semblable à ceux parcourant les fils télégraphiques. Faisons varier par une accélération brusque la vitesse des particules, et elles rayonnent aussitôt dans l'éther des ondes hertziennes, des ondes calorifiques, et enfin de la lumière. Ces formes d'énergie si différentes apparaissent donc comme la conséquence de simples changements de mouvement.

Les forces de la nature contiennent probablement d'autres éléments que le mouvement. Mais ces éléments n'impressionnant pas nos réactifs, nous ne les connaissons pas. Dans l'océan des phénomènes, la science ne peut trier que ce qui lui est accessible.

§ 2. — LES EXPLICATIONS MÉCANIQUES DE L'UNIVERS.

Ce qui précède laisse facilement pressentir combien doit être fragmentaire et par conséquent insuffisante l'explication dernière des phénomènes que la mécanique nous propose.

Ils ne sont pas naturellement arrivés à une telle conclusion les défenseurs de la doctrine qui prétend tout expliquer au moyen des équations du mouvement. Nullement arrêtés par le simplisme de leurs concepts, persuadés que les lois des phénomènes étaient enfermées dans leurs formules, ils n'ont connu ni la défiance, ni les incertitudes et crurent avoir bâti pour l'éternité un édifice d'une imposante grandeur.

Pour la majorité des savants cette belle confiance dure encore. Le professeur Cornu s'exprimait au *Congrès de Physique* de 1900 de la façon suivante :

« L'esprit de Descartes plane sur la physique moderne. Que dis-je, il en est le flambeau; plus nous pénétrons dans la connaissance des phénomènes naturels, plus se développe et se précise l'audacieuse conception cartésienne relative au mécanisme de l'univers. Il n'y a dans le monde physique que de la matière et du mouvement ».

Au moment même où furent prononcées ces paroles, l'édifice classique se sillonnait de crevasses profondes. Pendant que les mathématiciens établissaient des formules, les physiciens faisaient des expériences et ces expériences cadraient de moins en moins avec les formules. Ces discordances ne gênaient pas beaucoup d'ailleurs les premiers. Dès que les équations ne correspondaient plus aux expériences ils les rectifiaient en supposant l'intervention de « mouvements cachés » échappant complètement à l'observation. Le procédé était évidemment ingénieux mais évidemment aussi un peu enfantin. « Puisque, dit M. Duhem, on n'impose aux mouvements cachés aucune condition, aucune restriction, sur quoi se fonderait-on pour prouver qu'un écart déterminé ne peut trouver en eux sa raison d'être ? »

Malgré de tels subterfuges l'insuffisance de la mécanique classique s'est montrée chaque jour plus manifeste à mesure que la physique a progressé. « Il existe, écrit l'auteur que je citais à l'instant, une incompatibilité radicale entre la mécanique de Lagrange et les lois de la physique ; cette incompatibilité n'atteint pas seulement les lois des phénomènes dont la réduction au mouvement est l'objet d'hypothèses, mais encore les lois qui régissent les mouvements sensibles ».

Ce n'est pas uniquement dans les grandes questions relatives à la synthèse de l'univers que la mécanique classique s'est montrée fort insuffisante, mais encore dans des problèmes d'apparence plus modeste comme la théorie des gaz. C'est en invoquant le calcul des probabilités, en imaginant une sorte de statistique qu'elle arrive à établir des équations très compliquées et très incertaines aussi puisqu'elles échappent à toute vérification.

Les professeurs qui continuent à enseigner les formules de la mécanique renoncent de plus en plus à y croire. Cet univers fictif, réduit à des points auxquels sont appliquées des forces, leur semble assez chimérique. « Il n'y a pas un seul des principes de la mécanique rationnelle qui soit applicable à des réalités », m'écrivait récemment un des savants qui ont le plus approfondi les problèmes de la mécanique, l'éminent professeur Dwelshauwers Dery.

Et c'est pourquoi cette science fondamentale est tombée aujourd'hui dans un état d'anarchie dont elle ne semble pas près de sortir malgré de nombreuses tentatives visant à la transformer. Actuellement, il existe trois systèmes de mécanique différents :

1° La mécanique classique bâtie sur les concepts de masse, de force, d'espace et de temps.

2° La mécanique de Hertz qui rejette la notion de force et la remplace par des liaisons cachées, supposées exister entre les corps.

3° La mécanique énergétique fondée sur le principe de la conservation de l'énergie, que nous aurons à étudier bientôt. Pour elle la matière et la force disparaissent. Il n'y aurait dans l'univers d'autre élément fondamental que l'énergie. Cet élément serait indestructible tout en changeant sans cesse d'aspect. Les divers phénomènes ne représenteraient que des mutations d'énergie.

On varierait d'ailleurs à l'infini les systèmes mécaniques en remplaçant les concepts de temps, d'espace et de masse par des grandeurs arbitraires liées d'une certaine manière aux concepts en question et en exprimant les phénomènes en fonction de ces nouvelles grandeurs. C'est ce qu'on fait quelquefois en introduisant dans les équations, à la place des coordonnées de la mécanique classique, des grandeurs physiques : pression, volume, température, charge électrique, etc., qui déterminent l'état d'un corps. Des principes dérivés de l'étude de la dissociation de la matière exposés dans notre dernier ouvrage, on pourrait déduire une mécanique nouvelle dans laquelle la matière figurerait comme la source des diverses forces de l'univers. On écrirait dans les équations que telle ou telle force est simplement de la matière moins quelque chose, que l'inertie est une conséquence des relations d'équilibre entre l'énergie intra-atomique et l'éther, etc. On lierait ainsi la force à la matière et on exprimerait la première en fonction de la seconde conformément aux données de l'expérience.

Mais le moment n'est pas venu de traduire en équations des grandeurs dont les relations sont indéterminées. Il semble peu probable que cette mécanique nouvelle nous expliquerait beaucoup mieux que l'ancienne les phénomènes de l'univers.

Le fait de ne percevoir dans l'univers que de la matière et du mouvement ne nous autorise pas à soutenir qu'il ne se compose pas d'autre chose. On peut dire seulement qu'en raison de l'insuffisance de nos sens et de nos instruments nous percevons uniquement ce qui se présente sous forme de matière et de mouvement. Il y a vingt ans, on aurait pu soutenir à la rigueur qu'il n'y a rien d'autre. Mais les phénomènes très imprévus, révélés par l'étude de la dissociation de la matière, ont prouvé que l'univers était plein de choses jadis insoupçonnées, et révélé l'existence d'immenses territoires complètement inexplorés. L'édifice bâti par la science et qui abrita si longtemps nos incertitudes, apparaît maintenant comme un abri fragile dont les fondations devront être refaites entièrement.

LIVRE III

LE DOGME DE L'INDESTRUCTIBILITE DE L'ÉNERGIE

CHAPITRE I

La conception unitaire des forces et la théorie de la conservation de l'énergie.

---

§ 1. — ¡LA CONSERVATION DE L'ÉNERGIE.

Les forces diverses de l'univers étaient considérées par les anciens physiciens comme très différentes et ne présentant entre elles aucune relation. La chaleur, l'électricité, la lumière, etc., semblaient des phénomènes sans parenté.

Les idées qui ont pris naissance pendant la seconde moitié du dernier siècle sont très différentes. Après avoir constaté que la disparition d'une force était toujours suivie de l'apparition d'une nouvelle force, on admit bientôt qu'elles dépendaient toutes des transformations d'une entité indestructible, l'*énergie*. Comme la matière, elle pourrait changer de forme, mais sa quantité dans l'univers serait invariable.

L'électricité, la lumière, la chaleur, etc., seraient des manifestations diverses de l'énergie.

L'idée que l'énergie pourrait être indestructible est d'origine assez récente. Le dogme de sa conservation ne compte guère, en effet, qu'un demi-siècle d'existence.

Jusqu'à l'époque de sa découverte, la science ne connaissait qu'un seul élément permanent, la matière. Depuis soixante ans elle en possède, ou croit en posséder, un second, l'énergie.

Le principe de la conservation de l'énergie se présente sous une forme si imposante et si simple, il répond tellement à certaines tendances de notre esprit que l'on supposerait volontiers qu'il attira vivement l'attention le jour même où on l'énonça. Toute autre fut sa destinée. Pendant dix ans il ne se rencontra pas dans l'univers un seul savant acceptant de le discuter.

En vain son immortel auteur, le docteur Mayer, d'Heilbronn, multipliait ses mémoires[1] et ses expériences. Elles ne trouvèrent aucun écho. Mayer mourut de désespoir et ignoré à ce point que, lorsque Helmholtz refit, quelques années plus tard, la même découverte, en se basant uniquement d'ailleurs sur des considérations mathématiques, il ne soupçonnait même pas l'existence de son prédécesseur. L'esprit critique est une faculté si rare que les idées les plus profondes, les expériences les plus convaincantes, n'exercent aucune influence tant qu'elles ne sont pas adoptées par des savants jouissant du prestige d'une autorité officielle.

Il arrive néanmoins à la longue qu'une idée nouvelle finit par avoir pour défenseur un savant possédant ce prestige, et alors elle fait rapidement son

---

1. Le premier mémoire de Mayer : *Bemerkungen über die Kraefte der unbelebten natur* a été publié en 1842. Son dernier *Bemerkungen über das Mechanische Aequivalent der Waerme* (Remarques sur l'équivalent mécanique de la chaleur), a été publié en 1851.

chemin. Dès que la grandeur de l'idée de la conservation de l'énergie fut comprise par l'un d'eux, elle eut un immense succès.

Ce furent surtout les discussions de W. Thomson et les expériences de Joule, confirmant les résultats de Mayer sur l'équivalence de la chaleur et du travail, qui attirèrent l'attention des spécialistes. Toute l'armée des ouvriers de la science s'abattit sur ce sujet et, en peu d'années on arriva à proclamer, sur des bases d'ailleurs assez étroites, l'unité et l'équivalence des forces physiques.

Cette généralisation dérivait d'expériences qui, en réalité, ne la contenaient pas. On la déduisit d'abord, des recherches faites pour déterminer l'élévation de température produite dans un liquide par la chute d'un poids tombant d'une hauteur donnée. On constata que pour élever de 1 degré la température de 1 kilogramme d'eau et produire ce qu'on appelle aujourd'hui une grande calorie, il fallait faire tomber d'une hauteur de 1 mètre un poids de 425 kilogrammes. Ce chiffre de 425 fut qualifié d'équivalent mécanique de la chaleur.

On constatait simplement, dans cette expérience et celles du même ordre, que les diverses formes d'énergie peuvent se transformer en travail mécanique; mais cela n'indiquait nullement de parenté entre elles. On peut, en faisant tourner une machine par le bras de l'homme, par la vapeur, le vent, l'électricité, etc., produire le même travail, bien que les causes en soient visiblement fort différentes. Parler de l'équivalent mécanique de la chaleur, signifie uniquement qu'avec 425 kilogrammes tombant de 1 mètre on élève la température de 1 kilogramme d'eau de 1 degré. En réalité la chaleur ou une forme quelconque d'énergie équivaut au travail à peu près comme une pièce de vingt sous équivaut à la livre de bœuf qu'elle permet d'acheter.

Le rôle de la science consistant beaucoup plus à mesurer les choses qu'à les définir, l'acquisition d'une unité de mesure réalise toujours pour elle un immense progrès. Grâce à la création d'une unité mécanique d'énergie, le travail, on est arrivé à préciser clairement des notions autrefois très vagues. Quand, au moyen d'une forme quelconque d'énergie, on peut produire un nombre déterminé de calories ou de kilogrammètres, on est fixé sur sa grandeur. Pratiquement, c'est toujours en mesurant l'élévation de la température de l'eau d'un calorimètre, c'est-à-dire des calories, que la plupart des énergies, chimiques, électriques, etc., s'évaluent.

Au principe de la conservation de l'énergie on en a successivement annexé d'autres qui ont permis d'établir nettement les lois de sa distribution. Appliqués d'abord uniquement à la chaleur, c'est-à-dire à la branche de la physique appelée thermodynamique, ils ont bientôt été étendus à toutes les formes d'énergie. Ainsi s'est fondée une science particulière, la mécanique énergétique, que nous examinerons bientôt.

§ 2. — LES PRINCIPES DE LA THERMODYNAMIQUE.

La thermodynamique et la mécanique énergétique, qui n'en est que l'extension, reposent sur les trois principes : 1° de la conservation de l'énergie ; 2° de sa distribution ou principe de Carnot ; et, 3° de la moindre action.

Le premier, déjà indiqué plus haut, s'est formulé d'abord de la façon suivante : *La quantité d'énergie contenue dans l'univers est invariable.* Généralisant, un peu moins aujourd'hui, on se borne à dire que dans un système isolé la somme de l'énergie visible et de l'énergie potentielle est constante. Sous cette forme le principe reste évidemment inattaquable parce que l'énergie potentielle n'étant pas mesurable, dans tous les cas, on peut toujours lui attribuer la valeur nécessaire pour que la relation soit satisfaite.

Le second principe de la thermodynamique, ou principe de Carnot, devenu fort compliqué, parce qu'on y fait entrer des choses très diverses sous une forme purement mathématique, est cependant contenu tout entier dans l'énoncé suivant, donné autrefois par Clausius :

De la chaleur ne saurait passer sans travail d'un corps froid sur un corps chaud.

Généralisant, on dit maintenant : *Le transport de l'énergie ne peut se faire que par une chute de tension.* Cela signifie que l'énergie se dirige toujours du point où sa tension est la plus élevée vers celui où elle est la plus basse.

L'importance du principe de Carnot réside justement dans cette généralisation. Il ne s'applique pas seulement à la chaleur, mais à tous les modes connus d'énergie : calorifique, thermique, électrique ou autres.

Ce passage de l'énergie du point où sa tension est la plus élevée à celui où elle est la plus basse, peut se comparer à l'écoulement d'un liquide contenu dans un vase communiquant par un tube avec un autre situé à un niveau inférieur. Il est également comparable à l'écoulement de l'eau d'un fleuve vers la mer.

La chaleur va d'un corps chaud à un corps froid, et jamais d'un corps froid à un corps chaud, par une loi analogue à celle qui oblige les fleuves à descendre vers la mer et les empêche de remonter leur cours. Dire que les fleuves s'écoulent vers la mer, sans pouvoir remonter à leur source, est une simple traduction du principe de Carnot.

Exprimé de cette façon, il apparaît comme évident. Carnot l'avait formulé presque aussi simplement, et cependant les physiciens ont mis plus de vingt-cinq ans à en soupçonner la portée. Son idée géniale fut justement de comparer une chute de chaleur à une chute d'eau, et tous les progrès postérieurs ont consisté à reconnaître que les diverses formes de l'énergie obéissaient, dans leur distribution, aux lois qui régissent l'écoulement des liquides. Voici d'ailleurs exactement ce qu'écrivait Carnot :

« La production de la puissance motrice est due, dans les machines à vapeur, non à une consommation réelle du calorique, mais à son transport d'un corps chaud à un corps froid, c'est-à-dire à son rétablissement d'équilibre, équilibre supposé rompu par quelque cause que ce soit, par une action chimique telle que la combustion ou par toute autre.

« ... On peut comparer la puissance motrice de la chaleur à celle d'une chute d'eau : toutes deux ont un maximum que l'on ne peut pas dépasser quelle que soit d'une part la machine employée à recevoir l'action de l'eau et quelle que soit de l'autre la substance employée à recevoir l'action de la chaleur; la puissance motrice d'une chute d'eau dépend de la hauteur et de la quantité du liquide; la puissance motrice de la chaleur dépend aussi de la quantité de calorique employé, et de ce que nous appellerons la hauteur de sa chute, c'est-à-dire de la différence de température des corps entre lesquels se fait l'échange du calorique [1]. »

Carnot ne fut pas un expérimentateur. Son bref mémoire est basé sur de simples raisonnements, et il se ramène dans son essence au court passage que je viens de citer.

Et pourtant, par le fait seul que son principe fut compris, la science théorique et pratique du dernier siècle fut entièrement bouleversée. Un physicien ou un chimiste n'énonce plus une proposition nouvelle sans vérifier d'abord si elle n'est pas en contradiction avec le principe de Carnot. On peut dire que jamais théorie si simple n'eut des conséquences si profondes. Elle servira toujours à montrer le rôle prépondérant des idées directrices dans l'évolution scientifique et à quel point est lente l'acquisition des généralisations les plus élémentaires.

---

1. Sadi CARNOT. *Réflexions sur la puissance motrice du feu*, 1824, pp. 6 et 15.

Le second principe de la thermodynamique a, en réalité, plus d'importance que le premier, dont il est d'ailleurs fort indépendant. Alors même que l'énergie ne se conserverait pas, sa distribution se ferait toujours, au moins dans la très immense majorité des cas, suivant le principe de Carnot.

La généralité de ce principe permet de l'étendre à tous les phénomènes de l'univers. Il règle leur marche et les empêche d'être réversibles, c'est-à-dire les condamne à se faire toujours dans le même sens et à ne pouvoir, par conséquent, remonter le cours du temps. Si une puissance magique plus grande encore que celle des démons du mathématicien Maxwell, obligeait les édifices moléculaires à repasser par leurs états antérieurs, elle ramènerait lentement le monde en arrière, l'obligerait à remonter le cours des âges, et forcerait ainsi ses habitants à revêtir successivement toutes les formes antérieures sous lesquelles ils se manifestèrent pendant la succession des temps géologiques.

Le principe de Carnot fut complété par celui dit de la moindre action, ou principe de Hamilton, qui fait connaître le chemin que suivent des molécules sollicitées par une force pour se rendre d'un point à un autre. Il nous dit que ces molécules peuvent prendre une seule direction, celle qui demande le moindre effort. C'est encore là un de ces principes d'une simplicité très grande et dont la portée fut cependant immense. Reprenant la forme donnée plus haut par nous au principe de Carnot que les fleuves descendent vers la mer et ne remontent pas leur cours, nous pouvons y ajouter qu'en vertu du principe de la moindre action, les fleuves se dirigent vers la mer par le chemin qui demande à l'écoulement de l'eau le moindre effort, c'est-à-dire celui de la plus grande pente.

CHAPITRE II

L'explication énergétique des phénomènes.

---

§ I. — LES PRINCIPES DE LA MÉCANIQUE ÉNERGÉTIQUE.

C'est sur les principes de la thermodynamique qui viennent d'être sommairement exposés que fut fondée la mécanique énergétique, qui prétend se substituer à la mécanique classique.

Elle se préoccupe uniquement de la mesure de phénomènes et jamais de leur interprétation. Tout ce qui n'est pas accessible au calcul n'existe pas. Éliminant la matière et la force, elle n'étudie que les transformations de l'énergie et ne connaît les phénomènes que par leurs actions énergétiques. Elle mesure des quantités de chaleur, des champs magnétiques, des différences de potentiel, etc., et se borne à établir des relations mathématiques entre ces grandeurs.

La théorie énergétique est plutôt une méthode qu'une doctrine. Elle a cependant introduit dans la science certaines conceptions importantes que je vais indiquer sommairement.

L'énergie y est considérée sous deux formes : la forme cinétique et la forme potentielle. La première représente l'énergie en mouvement, la seconde l'énergie en repos, mais susceptible d'agir quand cessera le repos. Telle est, par exemple, la force d'un ressort bandé, celle d'un poids d'horloge remonté, etc.

L'énergie potentielle et l'énergie cinétique d'un système peuvent varier inversement, mais leur somme reste constante à l'intérieur de ce système.

L'énergie cinétique dépend de la position des molécules et de leurs vitesses, elle est proportionnelle au carré de ces vitesses. L'énergie potentielle dépend seulement de la position des molécules.

Le principe de la moindre action précédemment expliqué permet d'établir les équations du mouvement quand l'énergie cinétique et l'énergie potentielle sont connues.

§ 2. — LA QUANTITÉ D'ÉNERGIE ET SA TENSION.

Précisant certaines notions un peu confuses dans l'ancienne mécanique, la théorie énergétique montre que l'énergie à quelque force naturelle qu'elle se rapporte, est le produit de deux facteurs : la tension ou intensité et la quantité. La tension règle le sens du transport de l'énergie. Suivant les formes d'énergie, elle est représentée par une vitesse, une pression, une température, une hauteur, une force électromotrice, etc.

En reprenant la comparaison avec l'écoulement d'un liquide, qui servit à Carnot à expliquer son principe, on comprend facilement le rôle de ces deux facteurs : quantité et tension. Dans un réservoir, la quantité est représentée par la masse du liquide, la tension par sa hauteur au-dessus de l'orifice d'écoulement.

Toutes les formes d'énergie n'étant mesurées que par le travail qu'elles produisent, et rien ne différenciant le travail des diverses forces, électriques, mécaniques, thermiques, etc., il s'en suit qu'on peut les exprimer toutes dans la même unité de travail : le kilogrammètre. Pour la commodité on en emploie parfois d'autres, mais elles peuvent toujours se ramener au kilogrammètre. C'est ainsi, par exemple, que le *Joule* usité en électricité comme unité de travail représente environ le 1/10 du kilogrammètre. Dans le langage des physiciens actuels, énergie est devenu synonyme de travail évalué en kilogrammètres.

Les deux facteurs quantité et tension sont des grandeurs dont on ne peut donner d'autres définitions que leur mesure. Dans la pesanteur, la quantité est représentée par des kilogrammes, la tension par le nombre de mètres de hauteur de chute, leur produit représente l'énergie gravifique. Pour l'électricité, la quantité est représentée par le débit de la source en coulombs, la tension par la pression électrique mesurée en volts. Pour l'énergie cinétique la quantité est représentée par la masse et la tension par la vitesse, etc.

Donc, d'une façon générale, si on désigne par E l'énergie exprimée en unités de travail, par Q la quantité et par T la tension, on a $E = Q \times T$. Il s'en suit que $Q = \dfrac{E}{T}$. La quantité est donc représentée par l'énergie divisée par la tension [1].

---

1. Pour l'énergie thermique on donne généralement le nom d'entropie au quotient $\dfrac{Q}{T}$ dans lequel Q représente l'énergie thermique, T la température absolue et qu'on exprime d'une façon plus générale par l'intégrale : $\displaystyle\int \dfrac{d\,Q}{T}$.

Quand une certaine quantité d'énergie thermique passe d'un corps chaud à un corps froid son entropie diminue et celle du corps froid augmente. On peut faire varier l'entropie sans changer la température. C'est donc une variable qui dans certaines conditions peut changer d'une manière indépendante.

De cette notion d'entropie divers physiciens semblent vouloir faire une grandeur physique spéciale pouvant être généralisée aux diverses formes d'énergie. Nous avons vu que par un artifice consistant à exprimer les formes les plus diverses d'énergie en travail mesuré par des kilogrammètres, on rend toutes les énergies équivalentes, ce qui permet de les additionner arithmétiquement. Mais il n'y a pas de bases d'équivalence pour les facteurs dont elles se composent. On ne peut donc faire la somme des entropies des diverses énergies d'un corps pour

On retrouve bien dans les formes diverses d'énergie des choses qui semblent analogues, mais ces analogies sont souvent assez superficielles. En électricité, l'élément résistance correspond à peu près à la masse dans l'énergie cinétique, mais à quoi correspond-il dans l'énergie thermique? Est-ce à la chaleur nécessaire pour faire changer d'état un corps sans modifier sa température et vaincre simplement la résistance de ses molécules au changement? Sur ces points importants les livres sont muets.

Quoi qu'il en soit, dans toutes les formes d'énergie apparaissent toujours ces deux éléments: la quantité et la tension dont le produit représente le travail. Sans tension il ne saurait y avoir de transmission d'énergie.

C'est en électricité surtout que la différence entre les deux facteurs, quantité et tension, s'aperçoit nettement. Les machines statiques de nos laboratoires débitent de l'électricité sous une tension très élevée

---

obtenir son entropie totale. Il est visible que les facteurs des diverses énergies expriment des choses en réalité fort différentes. Dans l'énergie thermique, par exemple, le facteur tension est représenté par une température; dans l'énergie cinétique par une vitesse, dans l'énergie gravifique par une hauteur, etc.

On est sûr de l'obscurité d'une notion quand elle est comprise différemment par les savants qui en font usage. Poincaré considère l'entropie comme un « concept prodigieusement abstrait », et il faut qu'il le soit singulièrement pour que les physiciens les plus célèbres l'entendent de façons très diverses. On en pourra juger par une longue discussion publiée par les journaux anglais : *Nature, Electrical Review* et *Electrician*, en 1903 et 1904. Des physiciens éminents y ont énoncé des opinions contradictoires en paraissant s'étonner d'ailleurs de leur ignorance réciproque. Pour les ingénieurs, le concept d'entropie est chose très simple, calculable en chiffres, parce qu'ils ne l'ont appliqué qu'au cas de la machine à vapeur. Pour eux, l'entropie d'un corps représente simplement la variation (évaluable en calories) de son énergie thermique utilisable en travail extérieur par degré de température et par kilogramme de matière, quand on n'ajoute ni ne retranche de chaleur.

Les difficultés relatives à l'entropie dérivent de l'impossibilité de définir en quoi consiste la quantité des diverses formes d'énergie. En ce qui concerne l'électricité et la chaleur par exemple, on peut faire remarquer avec Lucien Poincaré, « qu'il « n'est pas possible d'établir un rapprochement qui se traduise par des relations « numériques exactes entre une quantité de chaleur qui est équivalente à une « quantité d'énergie et une quantité d'électricité qui doit être multipliée par un « potentiel pour exprimer un travail. »

puisqu'elle peut atteindre 50.000 volts; mais leur débit est insignifiant puisqu'il ne s'élève jamais à plus de quelques dix millièmes d'ampère. Une pile, au contraire, a un débit en ampères élevé alors que l'électricité en sort avec une tension très faible ne dépassant guère 2 volts.

Les anciens électriciens, ne connaissant pas ces distinctions, croyaient très à tort que les machines statiques de nos laboratoires constituaient, en raison de leurs bruyantes étincelles, des générateurs puissants d'électricité. La tension y est énorme, mais le débit infime, en sorte que le produit de ces deux grandeurs représente une puissance insignifiante, et c'est pour cette raison que leurs étincelles produisent de faibles effets, alors que dans les appareils industriels dont la tension ne dépasse guère une centaine de volts, mais qui possèdent un débit élevé, les actions calorifiques et lumineuses sont considérables.

Dans l'étude de la chaleur, la différence entre les deux grandeurs, tension et quantité, peut également être mise en évidence. La tension y est représentée par la température du corps, la quantité par le nombre de calories qu'il peut produire. Un exemple très simple montrera la différence des deux facteurs.

Faisons brûler une allumette de sapin ou une forêt entière du même bois, le thermomètre plongé dans la flamme de l'allumette, ou dans celle de la forêt, indiquera une température identique. Il est évident cependant, que la quantité de chaleur engendrée dans les deux cas sera fort différente. La chaleur produite par la combustion de l'allumette pourrait seulement porter à l'ébullition quelques gouttes d'eau, alors qu'avec la quantité de chaleur résultant de la combustion de la forêt on ferait bouillir plusieurs tonnes du même liquide.

§ 3. — TRANSFORMATION DE LA QUANTITÉ EN TENSION ET INVERSEMENT.

Le produit de la quantité par la tension, c'est-à-dire le travail, est une grandeur constante; mais on peut, sans changer ce produit, augmenter un des facteurs en diminuant l'autre. L'industrie a journellement recours à ces opérations.

Les comparaisons hydrauliques données plus haut — et auxquelles il faut toujours revenir quand on veut bien comprendre la distribution de l'énergie — permettent de concevoir comment la quantité peut se transformer en tension ou inversement, sans que leur produit total varie. Il est visible, par exemple, que sans faire varier la quantité du liquide d'un réservoir et simplement en modifiant la hauteur et la largeur du récipient, on peut obtenir à volonté un débit très grand avec une pression très faible ou, au contraire, un débit très faible avec une pression très grande.

La transformation de la quantité en tension ou inversement est d'un usage constant en électricité. Avec une pile dont la tension est de quelques volts seulement, mais le débit en ampères assez grand, il est possible, en faisant passer le courant dans une bobine d'induction, d'amener l'électricité à une tension de 20.000 volts, en réduisant beaucoup son débit. L'opération inverse peut se faire également. Dans certaines installations industrielles on arrive à produire l'électricité sous une tension de 100.000 volts, puis cette tension, beaucoup trop grande pour la pratique, est transformée de façon à obtenir un grand débit sous un faible voltage. Dans toutes ces opérations le produit de la quantité par la tension, c'est-à-dire des coulombs par les volts, reste invariable.

En les jugeant par leurs effets, on pourrait croire que *la quantité* et *la tension* constituent deux éléments très différents. Ils ne sont en réalité que deux formes d'une même chose.

La transformation de la quantité en tension résulte simplement du mode de distribution de la même énergie. On réalise cette transformation en concentrant l'énergie sur un faible espace, ce qui revient à élever son niveau au-dessus du zéro énergétique. L'opération inverse transformera au contraire la tension en quantité.

Un coulomb réparti sur une sphère de 10.000 kilomètres de rayon, ne déterminera sur elle qu'une pression de 1 volt. Répartissons la même quantité d'électricité sur une sphère d'un diamètre 100.000 fois moindre, c'est-à-dire de 100 mètres, et cette même quantité d'électricité produira un potentiel 100.000 fois plus fort, c'est-à-dire une pression de 100.000 volts.

Il en serait de même pour toute autre forme d'énergie, la lumière par exemple. Si, possédant un faisceau lumineux éclairant faiblement une surface de grandeur déterminée, nous voulons accroître l'éclat d'une partie de cette surface, nous n'aurons qu'à concentrer le faisceau sur un petit espace au moyen d'une lentille. L'intensité de la partie éclairée sera considérablement accrue, mais la surface illuminée sera notablement réduite. Par la même opération, nous aurions pu accroître la température produite par un faisceau de chaleur rayonnante au point de déterminer la fusion d'un métal. Par une opération inverse, c'est-à-dire en dispersant un faisceau de radiations au moyen d'un prisme ou d'une lentille divergente, on augmente la surface éclairée ou chauffée, mais en réduisant l'intensité par unité de surface.

Aucune des opérations précédentes n'a fait varier la quantité d'énergie dépensée, sa répartition seule a changé.

§ 4. — LE ROLE DE LA MATIÈRE DANS LA MÉCANIQUE ÉNERGÉTIQUE.

Dans l'exposé qui précède nous avons eu surtout recours aux principes de la mécanique énergétique. Comme méthode de calcul on ne peut leur opposer aucune critique, mais il ne faut pas leur demander une tentative d'explication des phénomènes. Ces explications, la théorie énergétique les rejette d'ailleurs entièrement. Limitant son rôle à mesurer des grandeurs reliées ensuite par des équations, elle nie la force, ignore la matière et les remplace par une entité, l'énergie, dont on se borne à mesurer les variations.

« Mais alors, dira-t-on, écrit un des défenseurs de cette doctrine, le professeur Ostwald, s'il faut renoncer aux atomes, à la mécanique, quelle image de la réalité nous restera-t-il ? Mais on n'a besoin d'aucune image, d'aucun symbole. Établir des rapports entre des réalités, c'est-à-dire des grandeurs tangibles mesurables, de telle sorte que les unes étant données, les autres s'en déduisent, voilà la tâche de la science.

... Point n'est besoin désormais de nous inquiéter de forces dont nous ne pouvons démontrer l'existence, agissant entre des atomes que nous ne connaissons pas, mais des quantités d'énergie mises en jeu dans le phénomène étudié. Celles-là nous pouvons les mesurer... Toutes les équations qui lient l'un à l'autre deux ou plusieurs phénomènes d'espèces différentes sont forcément des équations entre des quantités d'énergie; il ne saurait y en avoir d'autres, car, en dehors du temps et de l'espace, l'énergie est la seule grandeur qui soit commune à tous les ordres de phénomènes. »

La mécanique classique ne faisait pas non plus intervenir la matière dans ses équations et ne s'occupait que de ses effets, mais elle ne la niait pas. La mécanique énergétique trouvant plus simple de l'ignorer que de chercher à l'expliquer ne conduira jamais à une conception philosophique très haute. La science n'aurait guère progressé si elle s'était refusée à tâcher de comprendre ce qui lui semblait d'abord inaccessible. Des tendances du même ordre ont régné jadis en zoologie à l'époque où, étant purement descriptive, elle refusait de s'occuper de l'origine des êtres et de leurs transformations. Tant que de telles idées l'ont dominée, elle n'a réalisé que de faibles progrès ; mais si cette conception étroite n'avait pas régné pendant un temps suffisamment long, des esprits philosophiques, comme Lamark et Darwin, n'auraient pas trouvé les matériaux de leurs synthèses. On ne saurait trop multiplier le nombre des spécialistes dont toute la vie se passe à peser ou mesurer quelque chose. De temps à autre apparaît un architecte qui élève un édifice avec les matériaux patiemment réunis par de vigilants ouvriers.

Les disciples de la mécanique énergétique accumulent aujourd'hui des documents de cette sorte, en attendant qu'apparaissent les esprits supérieurs qui en tireront parti.

En considérant la matière comme négligeable, la mécanique énergétique n'a fait que prendre à son compte un héritage métaphysique plusieurs fois séculaire. Ce fut pendant longtemps une des distractions classiques des philosophes de prouver que la matière et même l'univers n'existent pas et de disserter sur ces négations. Ces spéculations perdent tout intérêt dès qu'on pénètre dans un laboratoire. Nous sommes bien obligés alors de nous y conduire comme si la matière était une chose très réelle avec laquelle est bâti l'univers et qui est, par conséquent, le substratum des phénomènes. Nous y devons distinguer nettement aussi la matière qui se pèse, des formes diverses d'énergie : lumière, chaleur, etc., qui ne se pèsent pas et s'ajoutent par conséquent aux corps sans augmenter leur poids.

Malgré toutes les équations énergétiques, la grande dualité entre la matière et l'énergie subsistait donc toujours. La matière pouvait bien être éliminée des calculs, mais cette élimination ne la faisait pas disparaître de la réalité.

5.

Les lecteurs de notre dernier ouvrage savent comment nous avons essayé de faire évanouir ce dualisme classique, en montrant que la matière n'était autre chose que de l'énergie ayant acquis de la fixité. Sans lui ôter aucune des propriétés spéciales permettant d'affirmer son existence comme matière, nous avons simplement montré qu'elle constitue une forme d'énergie capable de se transmuer en d'autres formes et est, par sa dissociation, l'origine de la plupart des forces de l'univers. Loin de conclure à sa non-existence, nous avons été conduit à la considérer comme le principal élément des choses.

CHAPITRE III

La dégradation de l'énergie
et l'énergie potentielle.

---

§ I. — LA THÉORIE DE LA DÉGRADATION DE L'ÉNERGIE.

Le dogme de l'indestructibilité de l'énergie ne s'appuie pas toujours sur des raisons très sûres, mais il est soutenu par des croyances très fortes le mettant à l'abri de la discussion. Très rares sont les savants qui, à l'exemple de l'illustre mathématicien Poincaré, en ont pénétré les faiblesses et signalé les incertitudes.

Dès les premières recherches sur les rapports de la chaleur et du travail, on reconnut que s'il est possible de transformer une quantité donnée de travail en chaleur, on ne possède aucun moyen d'effectuer sans perte l'opération inverse. Les meilleures machines à vapeur ne transforment pas en travail beaucoup plus du dixième de la chaleur dépensée. L'observation démontre bien que la disparition d'une forme quelconque d'énergie est toujours suivie de l'apparition d'une énergie différente; mais cette évolution s'accompagne d'une dégradation de l'énergie primitive, qui devient moins utilisable. Seule, peut-être, l'énergie gravifique ferait exception.

L'indestructibilité de l'énergie ne s'accompagnerait

donc pas d'inaltérabilité. Il y aurait plusieurs qualités d'énergie. La chaleur serait la plus inférieure.

Les diverses énergies ayant une tendance invincible à se transformer dans cette forme inférieure, il s'ensuivrait que toutes celles de l'univers finiraient par subir une telle transformation. Les différences de température s'égalisant par diffusion, et la chaleur n'étant utilisable comme énergie qu'à la condition de pouvoir agir sur des corps à une température moindre, il s'ensuivrait que, quand toutes les particules de matière contiendraient de l'énergie sous la même tension, aucun échange ne se ferait entre elles. Ce serait la fin de notre univers. D'un état très différencié, il aurait passé graduellement à un état non différencié. Son énergie ne serait pas détruite, puisque par définition on la suppose immortelle ; elle deviendrait simplement inutilisable et resterait inutilisée jusqu'au jour où notre monde en rencontrerait un autre à un niveau énergétique inférieur, avec lequel il pourrait par conséquent échanger quelque chose. Dans la théorie que nous déduirons bientôt de nos recherches, les choses se passeraient un peu différemment.

§ 2. — L'ÉNERGIE POTENTIELLE.

Le concept de l'énergie potentielle n'est que l'extension de faits d'observation élémentaire. Nous avons déjà dit que dans la théorie de la conservation de l'énergie, cette dernière se présente sous deux formes : l'énergie cinétique ou de mouvement et l'énergie potentielle. Dans un système isolé ces formes peuvent varier en sens inverse, mais leur somme reste constante. Si donc on désigne par C l'énergie cinétique, et par P l'énergie potentielle d'un système, on a : $C + P = $ constante.

Rien n'est évidemment plus simple et l'exemple

classique du poids d'horloge remonté, illustre très bien cette apparente simplicité. Tant que ce poids n'agit pas, l'énergie cinétique employée pour le remonter y reste emmagasinée à l'état potentiel. Dès que le poids commence à descendre, cette énergie potentielle passe à l'état cinétique et à un moment quelconque de sa course la somme de l'énergie cinétique dépensée et celle de l'énergie potentielle non encore utilisée est égale à l'énergie totale primitivement employée pour remonter le poids.

Dans les cas aussi élémentaires il n'y a aucune difficulté à distinguer l'énergie cinétique de l'énergie potentielle ; mais dès qu'on s'écarte un peu de tels cas, il est impossible, comme l'a montré Poincaré, de séparer les deux formes et, par conséquent, de connaître l'énergie totale (chimique, électrique, etc.) d'un système. Les formules finissent par embrasser des choses tellement hétérogènes qu'on ne peut plus définir l'énergie.

« Si on veut, dit-il, énoncer le principe de la conservation de l'énergie dans toute sa rigueur et en l'appliquant à l'univers, on le voit pour ainsi dire s'évanouir et il ne reste plus que ceci : il y a quelque chose qui demeure constant, mais cela même a-t-il un sens[1] ? »

Très heureusement pour les progrès de la science, lorsque les conséquences du principe de la conservation de l'énergie furent développées, ses défenseurs n'ont pas regardé les choses de si près. Dédaignant les objections, ils ont établi un principe qui a rendu d'immenses services par les recherches dont il fut l'origine.

Il a montré surtout qu'un travail dépensé pour produire un certain effet, un nouvel équilibre chimique par exemple, n'est pas perdu et se retrouve quand le

---

1. *La Science et l'hypothèse*, p. 158.

corps retourne à son état primitif. C'est à peu près, d'ailleurs, de cette façon qu'on envisage aujourd'hui le principe de la conservation de l'énergie. Il se ramène alors à dire que le travail restitué par un ressort en se débandant est égal au travail absorbé pour le bander. Et nous retombons ainsi encore sur une de ces vérités d'évidence banale qui forment souvent la trame des grands principes scientifiques.

Quoi qu'il en soit, la faculté, que se sont arrogé les physiciens, de considérer comme passée à l'état potentiel l'énergie qui semble se perdre, permettra toujours, ainsi que je l'ai fait observer déjà, de soustraire le principe de la conservation de l'énergie aux critiques expérimentales. L'énergie potentielle latente joue le rôle de ces « forces cachées », par l'intervention desquelles l'ancienne mécanique avait réussi à faire cadrer avec les équations les expériences qui s'en écartaient. Du moment qu'on admet comme un postulat la conservation de l'énergie, il faut bien supposer que celle qui paraît perdue se retrouve quelque part et le gouffre de l'énergie potentielle lui constitue un inviolable abri. Mais si l'on partait du postulat contraire, que l'énergie peut s'user et se perdre, le second aurait peut-être autant de faits en sa faveur que le premier.

Ce sont là, au surplus, des discussions stériles puisque l'expérience est incapable d'éclairer la question. Il faut donc garder le principe de la conservation de l'énergie jusqu'à ce qu'ayant pénétré davantage dans les univers intra-atomiques, on ait mis nettement en évidence comment l'énergie peut se perdre. C'est un point dont il est possible d'entrevoir la solution, et que j'examinerai bientôt.

Il serait également inutile d'insister sur les faits qui s'accordent très mal ou même pas du tout avec le principe de la permanence de l'énergie, puisqu'il suffit d'imaginer une hypothèse quelconque pour les faire cadrer avec le principe. On trouvera certainement le moyen d'expliquer comment la masse d'un corps peut grandir immensément avec sa vitesse, ainsi que l'ont prouvé les expériences sur les particules radio-actives. On a bien expliqué comment un aimant permanent peut être indéfiniment parcouru par des courants sans s'échauffer par le frottement, ce qui amènerait la perte de son aimantation. Il suffisait de supposer l'éther privé de résistance, c'est-à-dire lui conférer une propriété que la non-instantanéité de la propagation de la lumière prouve ne pas exister.

Ces hypothèses invérifiables ont toujours permis de sauver une théorie, tant qu'elle a été féconde. Bien des hypothèses physiques, comme celle de la théorie cinétique des gaz, s'évanouiraient probablement si l'expérience pouvait les éclairer. Ces molécules se choquant sans cesse avec la vitesse d'un boulet de canon, sans s'échauffer, grâce à une élasticité qu'il faut supposer infinie, n'ont peut-être qu'une très lointaine parenté avec la réalité. On conserve avec raison la théorie, parce qu'elle est féconde et qu'aucune expérience possible ne saurait en prouver l'inexactitude.

Nous avons vu comment la théorie de l'énergie potentielle inaccessible permet de soustraire aux critiques de l'expérience la théorie de la conservation de l'énergie. Cette théorie a satisfait la très immense majorité des physiciens, mais non pas tous. On sait ce qu'en pense M. Poincaré. Il n'a pas été seul à formuler des doutes. M. Sabatier, doyen de la Faculté des Sciences de Montpellier, se demandait, dans une intéressante leçon d'ouverture : « *L'Univers matériel est-il éternel?* », s'il était bien certain qu'il n'y eut pas une perte réelle et progressive d'énergie dans le monde, et tout récemment, dans un mémoire sur la dégradation de l'énergie, un pénétrant physicien,

M. Bernard Brunhes, s'exprimait de la façon suivante :

« Qui nous garantit que l'univers soit un système limité? Et s'il ne l'est pas, que signifient ces expressions : *L'énergie totale de l'univers?* ou l'énergie utilisable de l'univers? Dire que l'énergie totale se conserve, mais que l'énergie utilisable diminue, n'est-ce pas formuler des propositions vides de sens?

« Il ne serait pas absurde d'imaginer un univers où, à l'exemple de notre système solaire, l'énergie intérieure totale irait diminuant en même temps que la fraction conservée passerait constamment sous forme inutilisable, où l'énergie se perdrait et se dégraderait à la fois.

« La loi de la conservation de l'énergie n'est qu'une définition : la preuve en est que lorsqu'un phénomène nouveau vient accuser un désaccord dans l'équation de l'énergie, on imagine pour lui une forme d'énergie nouvelle définie par la condition de rétablir l'inégalité compromise. »

Et, en réponse à une lettre où je lui exposais mes idées sur ce point, le même physicien m'écrivait :

« On devrait rayer le *rien ne se perd* de l'exposition des lois physiques, la science actuelle nous apprend que quelque chose se perd. C'est certainement dans le sens de la déperdition, de l'usure des mondes et non dans le sens d'une plus grande stabilité que la science de demain modifiera les idées régnantes. »

Nous avons exposé dans ce chapitre et les précédents les théories qui dominent la science actuelle. Nos critiques n'ont pas nui à la fidélité de notre exposé. Elles avaient simplement pour but de montrer que les idées régnantes contiennent des points très faibles et, par conséquent, qu'il était permis de les remplacer, ou tout au moins de préparer leur remplacement. N'étant plus entravé par le poids de principes antérieurs suffisamment ébranlés, nous pourrons rechercher si, au lieu d'être indestructible, l'énergie ne s'évanouirait pas, elle aussi, sans retour comme la matière dont elle n'est qu'une transformation.

LIVRE IV

LA CONCEPTION NOUVELLE DES FORCES

CHAPITRE I

L'individualisation des forces et les transformations supposées de l'énergie.

§ I. — LES TRANSFORMATIONS DE L'ÉNERGIE.

Personne n'ignore aujourd'hui — et les premiers sauvages qui réussirent à obtenir du feu en frottant l'un contre l'autre deux morceaux de bois pouvaient le soupçonner — qu'avec une forme donnée d'énergie on peut en produire d'autres. La théorie de l'équivalence des divers modes d'énergie et de leurs transformations ne fut cependant formulée nettement qu'à une époque relativement récente.

Les livres les plus élémentaires enseignent maintenant que toutes les forces de la nature peuvent se transformer les unes dans les autres, et ne seraient que des variations d'une même entité, l'énergie.

Dans son ouvrage, l'*Évolution de la Physique*, M. Lucien Poincaré a résumé de la façon suivante les idées actuelles :

« Les physiciens de la fin du XIXe siècle furent

amenés à considérer que dans tous les phénomènes physiques il intervient des apparitions et des disparitions qui se compensent d'énergies diverses. Il est naturel d'ailleurs de supposer que ces apparitions et ces disparitions équivalentes correspondent à des transformations et non à des créations et des destructions simultanées, l'on se représente ainsi que l'énergie prend des formes différentes, mécaniques, électriques, calorifiques, chimiques, capables de se changer les unes dans les autres, mais de façon que la valeur quantitative en reste toujours la même. »

Il est facile de comprendre l'origine de cette théorie, mais quand on la creuse un peu on n'en découvre ni la nécessité, ni la justesse. Tout ce qu'on peut dire de mieux en sa faveur, c'est qu'elle échappe aux données de l'expérience. Il est certain que les diverses formes d'énergie semblent se transformer ou, pour mieux dire, qu'avec une énergie quelconque il est possible d'en produire d'autres ; mais ce sont des transformations apparentes, analogues à celle de la monnaie en marchandise. Avec une pièce de 5 francs on obtient un mètre d'étoffe de soie, mais personne ne suppose que l'argent dont se compose la pièce de monnaie s'est transformé en soie. Une transformation du même ordre est cependant admise, lorsqu'on assure que le frottement d'un bâton de résine avec un morceau de laine s'est changé en chaleur et en électricité.

La théorie moderne de l'équivalence et de la transformation des énergies semble bien n'être qu'une illusion résultant de ce que, pour les mesurer, on a choisi une même unité, le travail, évalué en kilogrammètres ou en calories.

Sous ses formes les plus différentes, l'énergie se définit simplement comme équivalent à un certain travail mécanique, et, pour le physicien moderne, énergie et travail ont fini par devenir synonymes, bien qu'ils soient en réalité des choses fort distinctes. On aurait une idée assez médiocre de la valeur comparative d'un cheval, d'un nègre et d'un blanc, en se bornant à mesurer le nombre de kilogrammètres qu'ils peuvent produire. Les choses sont fort peu connues quand on mesure seulement un de leurs éléments quantitatifs. Il faut bien se contenter de telles indications lorsqu'on ne peut en obtenir d'autres, mais se résigner aussi à reconnaître l'insuffisance de nos connaissances.

Le mouvement, l'électricité, la chaleur, etc., étant fort différents les uns des autres, il semble naturel de dire que les diverses formes d'énergie sont trop dissemblables pour pouvoir se transformer ; mais qu'un même effet peut provenir de causes diverses. Un moteur est mis en mouvement par des actions variées, vapeur, électricité, bras de l'homme, force du vent, sans aucune parenté, bien que produisant des effets identiques. Quand du mouvement ou de l'électricité produisent de la chaleur, cela ne signifie-t-il pas simplement qu'avec des moyens dissemblables on arrive à obtenir les variations d'équilibre moléculaires, d'où la chaleur résulte ? Les produits de la nature sont comparables à des marchandises échangeables suivant un certain barème ; elles ont leur équivalent en monnaie ou en d'autres marchandises, mais ne se transforment pas. Les forces de la nature ne se transforment pas davantage. Une transmutation comme celle du mouvement en électricité ou en lumière serait plus merveilleuse assurément que celle des corps simples, du plomb en or par exemple.

Je n'insisterai pas sur cette théorie peu conforme à ce qui s'enseigne aujourd'hui. J'aurais même jugé inutile de la formuler, si le hasard ne m'avait fait tomber sur un mémoire du professeur Ostwald, qui aboutit par d'autres voies aux mêmes conclusions que les miennes. Voici comment il s'exprime :

« Comme on le sait, on distingue, depuis Hamilton,

deux espèces de grandeurs physiques ; les *scalaires* et les *vecteurs*. Ces deux espèces de grandeurs sont de nature essentiellement différente, et l'on ne peut jamais représenter l'une par l'autre. Je suis persuadé qu'il existe un plus grand nombre de grandeurs d'essence différente ; et je me crois fondé à admettre que les diverses formes de l'énergie sont caractérisées toutes par des grandeurs possédant une telle individualité. Que cela soit confirmé, et le fait que jusqu'à présent la mécanique n'a pu donner une image complète de la nature, apparaîtra comme une *nécessité*. Une telle notion serait aussi précieuse pour la science que l'a été, en son temps, la notion de l'individualité des éléments chimiques, et les modernes adeptes des théories mécaniques, en prétendant ramener toutes les formes de l'énergie à l'énergie mécanique, ne feraient pas œuvre utile plus que les alchimistes cherchant à transmuter le plomb en or. Que, dans un pareil labeur, on ait fait toutes sortes de trouvailles intéressantes autant qu'inattendues, ce n'est qu'une ressemblance de plus avec l'activité, souvent féconde, de ces chercheurs opiniâtres. »

§ 2. — SOUS QUELLES FORMES PEUT EXISTER L'ÉNERGIE DANS LA MATIÈRE.

Nous avons déjà examiné cette question dans notre dernier livre et conclu que les énergies manifestées par la matière sont les conséquences des mouvements de ses éléments. Ce serait grâce à leur rapidité que la matière contient une quantité d'énergie très grande sous un volume très faible. On sait que la libération de 1 gramme d'hydrogène dans la décomposition de l'eau correspond à une production d'électricité égale à 96.600 coulombs, soit un débit de près de 27 ampères pendant une heure.

Il ne semble pas que les chimistes considèrent de

cette façon les manifestations d'énergie, dont la matière est le siège. Tout en prenant bien soin d'affirmer que l'énergie n'est pas du tout quelque chose de matériel, ils la traitent exactement comme si elle était un fluide absorbé et restitué par les corps de la même façon qu'une éponge s'imbibe d'un liquide et le rend quand elle est pressée. Ils nous parlent constamment, en effet, de chaleur absorbée ou dégagée par une combinaison et toute la thermochimie est fondée sur la mesure de ces absorptions et dégagements.

En réalité, les corps dans leurs transformations n'absorbent rien du tout. Dire qu'un corps absorbe de la chaleur pour se transformer, cela signifie uniquement que, pour obliger ses éléments à modifier leurs équilibres, il a fallu dépenser de l'énergie. Elle sera restituée par le retour aux équilibres primitifs, tout comme le ressort produit en se débandant un travail égal à celui dépensé pour le tendre.

Cette image du ressort, si grossière soit-elle, fait bien comprendre que les absorptions ou dégagements de chaleur des composés chimiques pendant leur transformation ne sont que des déplacements d'énergie consécutifs à des changements d'équilibre. On admet sans difficulté qu'un ressort, en se détendant, produit un travail égal à celui exigé pour le tendre. C'est à cette donnée élémentaire que peut se ramener toute la thermochimie et aussi le principe de la conservation de l'énergie.

Le charbon dont la combustion, c'est-à-dire la combinaison avec l'oxygène, engendre beaucoup de chaleur, offre le type de ces corps supposés pouvoir absorber de l'énergie et la retenir ensuite. Les chimistes nous disent, à propos de la houille, que « la chaleur de combustion représente de l'énergie solaire emmagasinée ». Il semblerait ainsi que le charbon a emmagasiné de la chaleur, comme de l'eau dans un réservoir. En réalité, il n'a rien emmagasiné pendant sa formation ; mais, comme c'est un corps possédant une puissante affinité pour l'oxygène de l'air et produisant, par sa combinaison avec lui, des équilibres accompagnés d'un grand dégagement de chaleur, on utilise cette dernière pour obtenir de la vapeur d'eau dont la force élastique fait marcher les pistons de nos locomotives. Si l'air, au lieu d'oxygène, contenait seulement de l'azote, le charbon n'aurait jamais été considéré comme un emmagasinateur d'énergie. Il n'en contient pas davantage qu'une foule d'autres corps plus abondants dans la nature, tels que l'aluminium et le magnésium. Ces métaux, s'ils n'étaient déjà engagés dans certaines combinaisons, produiraient en s'unissant avec l'oxygène, de la chaleur aussi utilisable que celle engendrée par l'oxydation du charbon.

Le lecteur, ayant présente à l'esprit notre théorie de l'énergie intra-atomique d'après laquelle tous les atomes sont un réservoir colossal d'énergie, objectera sans doute que, en dehors de toute combinaison, un corps quelconque est un réservoir de forces. Mais ces dernières n'ont pas été utilisées jusqu'ici. La chimie et l'industrie connaissant seulement des réactions moléculaires, et non intra-atomiques, elles étaient donc les seules dont nous avions à nous occuper dans ce qui précède.

CHAPITRE II

Les changements d'équilibre de la matière et de l'éther comme origines des forces.

§ I. — LES DÉNIVELLATIONS GÉNÉRATRICES DE L'ÉNERGIE.

Les physiciens mesurent les forces et l'énergie, mais ne les définissent pas. Pour eux la force est simplement la cause d'un mouvement et ils en évaluent la grandeur par l'accélération qu'elle produit. Quand une force déplace son point d'application sur une certaine longueur, elle fournit un travail déterminé. Ce travail mécanique étant l'unité avec laquelle se mesurent toutes les formes d'énergie, l'effet a fini par se confondre avec la cause et, pour beaucoup de physiciens, travail et énergie sont devenus synonymes, comme nous l'avons indiqué déjà.

Les forces font partie des éléments irréductibles de l'univers. N'étant comme le temps et l'espace comparables à rien, on ne peut les définir. Nous essaierons seulement ici de mettre en évidence une condition générale de leurs manifestations.

Toutes les forces de la nature sont engendrées par des perturbations d'équilibre de l'éther ou de la matière et disparaissent quand les équilibres troublés sont rétablis. La lumière, par exemple, qui prend naissance avec les vibrations de l'éther, cesse avec elles.

Deux corps chargés de chaleur, d'électricité, de mouvement, etc., ne peuvent, quelle que soit la différence de grandeur de ces corps, agir l'un sur l'autre et produire de l'énergie que quand les éléments dont ils sont chargés ne sont pas en équilibre.

De ce défaut d'équilibre résulte ce qu'on appelle la tension ou encore le potentiel. Pour la chaleur, la tension est représentée par la différence de température; pour l'électricité, par la force électromotrice; pour l'énergie de mouvement, par la vitesse; pour la pesanteur, par la hauteur de chute, etc.

Cette rupture d'équilibre provoque une sorte d'écoulement d'énergie. Il se fait du point où la tension est la plus haute vers celui où elle est la plus basse, et continue jusqu'à ce que l'équilibre soit rétabli, c'est-à-dire jusqu'à ce qu'il y ait égalité de niveau entre les corps en relation.

On peut donc considérer comme des générateurs d'énergie : un liquide passant d'un niveau supérieur à un autre inférieur; de la chaleur qui va d'un corps chaud à un corps froid; de l'électricité qui s'écoule d'un corps à haut potentiel vers un corps à bas potentiel; du mouvement transmis d'un corps animé de vitesse à un autre animé d'une vitesse moindre, etc.

La production d'énergie est liée, comme on le voit, à l'état des corps en présence. Il n'y a d'échange entre eux que s'ils ne sont pas en équilibre, c'est-à-dire possèdent des tensions différentes. Un des corps mis en présence perd alors quelque chose qu'il cède à l'autre, jusqu'à égalisation de leurs tensions. Pour qu'ils puissent engendrer ensuite une nouvelle quantité d'énergie, il faudrait les mettre en présence d'un troisième corps qui ne soit pas en équilibre avec eux.

D'une façon générale, ce que les substances se cèdent ainsi pendant ces échanges, ce sont des formes du mouvement. Tous les modes d'énergie sont connus et mesurés par ces mouvements.

Suivant les milieux où se manifestent les perturbations d'équilibre, et suivant leur forme, ils prennent les noms de chaleur, électricité, lumière, etc.

Les perturbations d'équilibre génératrices des forces sont elles-mêmes la conséquence d'autres perturbations. Elles se succèdent en se substituant, et c'est pourquoi une forme quelconque d'énergie n'apparaît qu'aux dépens d'une autre qui s'annule en même temps.

Prenant ces données comme point de départ, on formulerait de la façon suivante le principe de la conservation de l'énergie : dans un système clos, un équilibre ne peut être détruit sans être remplacé par une autre forme d'équilibre équivalente. Les choses se passent comme si tous les éléments de l'univers étaient en relation, de façon à constituer une sorte de système articulé.

Rien n'indique, du reste, que l'univers soit un système clos et le fait de l'énergie se dégradant toujours en se transformant, c'est-à-dire devenant de moins en moins utilisable, semble montrer que les ressorts de notre système articulé, supposé, ne peuvent fonctionner sans perdre quelque chose.

Cette notion essentielle de perturbation d'équilibre, comme origine de l'énergie, peut être mise en évidence par quelques exemples.

Plaçons au même niveau deux réservoirs pleins d'eau reliés par un tube. Étant en équilibre, ils ne pourront produire aucune énergie. Élevons un des réservoirs au-dessus de l'autre, l'équilibre de leur contenu est aussitôt troublé, une partie du liquide s'écoule du réservoir le plus élevé dans l'autre, jusqu'à ce que l'équilibre soit de nouveau rétabli. Pendant la durée de cette rupture, et seulement pendant sa durée, l'eau pourra effectuer un travail, soulever un piston, par exemple.

Il en est de même pour la chaleur, l'électricité ou toute autre énergie. Deux corps chauds à la même température représentent deux réservoirs au même niveau, ou deux poids égaux sur les plateaux d'une balance, et il n'en résulte aucune manifestation d'énergie. Si, au contraire, la température de l'un des corps est moins élevée que celle de l'autre, il y aura perturbation d'équilibre et production d'énergie jusqu'à ce que les deux corps soient au même niveau calorifique.

De même encore pour l'électricité. Il ne peut y avoir production d'énergie électrique que par une rupture d'équilibre. Quelle que soit la quantité d'électricité dont on charge un corps, il ne produira pas d'énergie s'il est en relation avec un autre au même potentiel, c'est-à-dire au même niveau électrique.

Nos instruments de mesure, thermomètres, galvanomètres, manomètres, etc., indiquent simplement des différences de niveau énergétiques, auxquelles on donne les noms de température, pression, voltage, etc., existant entre une source d'énergie et un zéro arbitraire pris comme repère. Si le réservoir d'un thermomètre était à la température de la source à mesurer, c'est-à-dire en équilibre avec elle, il est évident que sa colonne resterait immobile. Ce qu'un voltmètre mesure, c'est également une différence de niveau entre une source d'électricité et lui; nos instruments, comme nos sens, ne sont sensibles qu'à des différences.

Ainsi donc, sans une dénivellation d'éther ou de matière, il n'y a aucune manifestation possible d'énergie. Si le soleil possède dans toute sa masse une température uniforme de 6.000 degrés et qu'il puisse y exister des êtres capables de supporter cette chaleur, elle ne représenterait pour eux aucune énergie. N'ayant pas de corps froids à leur disposition, ils ne pourraient obtenir aucune chute de chaleur, condition indispensable de la production d'énergie thermique.

Admettons maintenant qu'au lieu de se trouver à une température uniforme de 6.000 degrés, ces êtres imaginaires vivent dans un monde de glace à la température uniforme de zéro, mais possèdent dans des puits profonds une provision illimitée d'air liquide. Contrairement à ceux plongés dans un milieu à 6.000 degrés, ils trouveraient dans les blocs de glace une source considérable d'énergie. En plongeant, en effet, ces derniers dans l'air liquide à — 180°, ils obtiendraient une dénivellation de température considérable. Au contact de la glace qui est pour l'air liquide un corps très chaud, ce dernier entrerait aussitôt en ébullition, et sa vapeur pourrait être employée à faire fonctionner des moteurs. Les habitants de ce monde remplaceraient donc le charbon de nos machines à vapeur par des blocs de glace qu'ils considéreraient, avec plus de raison certainement que nous ne le faisons pour la houille, comme des réservoirs d'énergie.

Avec cette glace et cet air liquide, il leur serait très facile de produire les températures les plus élevées. La tension de la vapeur obtenue pourrait faire fonctionner des dynamos avec lesquelles on obtient des courants électriques capables de fondre et volatiliser tous les métaux.

Ce qui vient d'être dit des ruptures d'équilibre, comme condition de production d'énergie, s'applique à toutes ses formes, y compris celle possédée par les corps en mouvement. Elle ne peut naître que par la rencontre de corps n'ayant pas la même vitesse et ne pouvant, par conséquent, se mettre en équilibre. Si la balle du chasseur tue l'animal qui fuit devant lui, c'est parce que leurs deux vitesses sont différentes. Si elles étaient égales, la balle serait évidemment sans effet. Les égalités de vitesse rendent impossible la manifestation de l'énergie cinétique. La locomotive, malgré sa masse, ne peut rien sur le moucheron qui voltige devant elle avec la même rapidité.

Les effets des masses douées d'énergie cinétique sur les corps qu'elles rencontrent, résultent uniquement de l'inertie de la matière qui l'empêche de prendre instantanément la vitesse des éléments agissant sur elle. Des corps privés d'inertie, c'est-à-dire de résistance au mouvement, prendraient simplement la vitesse des masses qui les frappent et ne seraient pas détruits par elles.

L'énergie cinétique représente donc en dernière analyse du mouvement qui passe ou tend à passer d'un corps à un autre. Il en est de même d'ailleurs pour l'énergie thermique. Elle se manifeste par des mouvements moléculaires transmis d'un corps chaud aux éléments d'un corps froid dont les mouvements ont moins de vitesse. C'est toujours du mouvement qui se transmet pour s'égaliser avec un autre mouvement et se mettre en équilibre avec lui.

Dans les perturbations d'équilibre que nous avons invoquées afin d'interpréter l'origine de l'énergie, la notion de quantité n'est pas intervenue encore. Peu importe la quantité de chaleur, d'électricité, de mouvement ou de pesanteur que les corps mis en présence possèdent. Ils n'agiront les uns sur les autres que si le mouvement, l'électricité, la chaleur dont ils sont chargés ont des tensions différentes. Qu'on mette 1 kilogramme ou 100 kilogrammes sur chacun des plateaux d'une balance, elle restera immobile tant qu'il n'y aura pas une différence entre les deux poids. Toutes les manifestations énergétiques subissent la même loi. Les corps mis en présence ne peuvent, je le répète, se céder quelque chose que s'ils sont à des tensions différentes.

Des différences de tension, c'est-à-dire d'équilibre,

sont la condition première de toute manifestation d'énergie ; mais la grandeur de cette énergie résulte évidemment des masses mises en jeu par les différences de tension. Il est évident qu'un poids de 100 kilogrammes, tombant de 100 mètres, possédera plus d'énergie qu'un poids de 1 kilogramme tombant de la même hauteur.

La grandeur de l'énergie est toujours. comme nous l'avons expliqué, le produit de deux facteurs : la quantité et la tension. La tension représente une différence de niveau. Qu'elle s'applique à des masses très grandes ou très petites, elle est la condition fondamentale de la production de l'énergie.

On voit, en définitive, que toutes les formes d'énergie sont des effets transitoires résultant de rupture d'équilibre entre plusieurs grandeurs : poids, chaleur, électricité, vitesse. C'est donc bien à tort qu'on parle de l'énergie comme d'une sorte d'entité ayant une existence réelle analogue à celle de la matière.

Les considérations que je viens d'exposer permettent d'imaginer un monde dont les physiciens accepteraient le second principe de la thermodynamique, mais rejetteraient le premier, c'est-à-dire celui de la conservation de l'énergie.

Supposons un univers à température invariable où la seule source connue d'énergie soit celle des chutes d'eau provenant de lacs immenses situés au sommet des montagnes, comme on en rencontre d'ailleurs dans diverses régions terrestres. Les savants de ce monde auraient sans doute découvert assez vite la possibité de convertir en chaleur, lumière, électricité, l'énergie de ces chutes d'eau ; mais ils auraient constaté expérimentalement aussi qu'on ne pourrait, sans perte énorme, remonter l'eau à son niveau primitif, avec les forces produites par son écoulement. Ils seraient amenés ainsi à croire que l'énergie est une chose qui s'use et se perd, et que celle de leur monde se trouvera épuisée quand toute l'eau des lacs sera descendue dans les plaines.

§ 2. — DE QUELS ÉLÉMENTS SE COMPOSE L'ENTITÉ NOMMÉE ÉNERGIE.

On peut objecter à tout ce qui précède que ce n'est pas parce qu'une chose ne produit aucun effet qu'elle cesse d'exister. Un poids retenu par un fil est toujours un poids; de la chaleur n'agissant pas est néanmoins de la chaleur; une force annulée par l'action d'une autre n'en perd pas pour cela son existence. Mais, en réfléchissant aux phénomènes appelés chaleur, pesanteur, électricité, etc., on reconnaîtra qu'ils sont uniquement connus et mesurés comme perturbations d'équilibre et n'ont, en dehors de ces perturbations, aucune existence constatable par nos sens ou nos instruments. De la chaleur produit de l'énergie calorifique quand elle tombe d'une certaine hauteur, comme la tuile du toit d'une maison engendre de l'énergie cinétique par sa chute; mais la chaleur, qui ne change pas de niveau, n'est pas plus de l'énergie que la tuile fixée sur un toit. Sans doute, le soleil nous échauffe, et voilà une énergie qui semble bien indépendante et exister par elle-même. Et cependant, toute cette énergie résulte simplement d'une différence de température, c'est-à-dire d'équilibre entre les effets calorifiques des rayons envoyés par l'astre qui nous échauffe et les corps qui les reçoivent. Approchons aussi près que l'on voudra du soleil un corps ayant la même température que la sienne, et il n'y aura aucun échange possible de ce que nous appelons l'énergie calorifique.

Les physiciens raisonnent d'ailleurs exactement comme s'ils admettaient tout ce qui précède. Ils savent fort bien qu'il faut des dénivellations pour effectuer du travail, et qu'aucun travail ne peut se manifester, quand cette dénivellation a disparu ; mais comme il serait possible de produire un écoulement d'énergie avec une nouvelle dénivellation, ils disent alors que l'énergie qui ne se manifeste pas existe à l'état potentiel.

Toutes ces conceptions d'énergie potentielle, d'énergie inutilisable, d'énergie dégradée, etc., sont des conséquences d'une notion confuse d'après laquelle l'énergie serait une sorte de substance dont l'existence est aussi réelle que celle de la matière. Cette entité invisible, secret mobile des choses, circulerait sans cesse dans l'univers en se transformant constamment. Cette hypothèse était d'ailleurs nécessaire, quand on croyait la matière un agrégat d'éléments inertes, pouvant seulement restituer l'énergie reçue et incapable d'en créer. Il fallait donc bien quelque chose pour l'animer. C'est ce quelque chose qui constituait l'énergie.

Si cette entité mystérieuse était nécessaire à l'époque où il fallait imaginer une cause supérieure pour animer l'inerte matière, son existence est aujourd'hui sans objet. Au lieu de supposer une puissance inexpliquée circulant toujours à travers le monde sans s'épuiser jamais, nous disons :

A l'origine des choses s'est condensé dans la matière, sous forme de mouvement de ses éléments, une quantité énorme, mais limitée cependant d'énergie. Cette phase de concentration fut suivie d'une période de dépense des énergies accumulées, dans laquelle le soleil et les astres analogues sont entrés maintenant. La désintégration de leurs atomes est l'origine de toutes les forces naturelles utilisées aujourd'hui. Ces atomes forment un réservoir immense, mais qui s'épuisera fatalement. Alors ce que nous appelons l'énergie aura, comme la matière, disparu pour toujours.

En raisonnant ainsi, nous faisons seulement appel à des phénomènes concevables. Une provision limitée de forces emmagasinées dans la matière au moment de sa formation et produisant, quand cette dernière se désagrège, des énergies diverses n'ayant d'existence que pendant un instant, à ce bref énoncé se ramène notre explication. Elle est très simple, alors que l'entité supposée immortelle, qualifiée d'énergie, est complètement incompréhensible. La science n'a pas chassé les dieux de leur empire pour les remplacer par des puissances métaphysiques encore plus inintelligibles qu'eux.

7.

CHAPITRE III

L'évolution cosmique. Origines de la matière et des forces de l'univers.

---

§ I. — LES ORIGINES DE LA MATIÈRE.

L'origine des choses et leur fin font partie des grands mystères de l'univers qui firent dépenser aux religions, aux philosophies et à la science le plus de méditations et d'efforts. Ces mystères paraissant insondables, beaucoup de penseurs se détournent d'eux. Mais l'esprit humain ne s'est jamais résigné à ignorer, il invente des chimères quand on lui refuse des explications et ces chimères deviennent bientôt ses maîtres.

La science n'a pas encore allumé les flambeaux capables d'illuminer les ténèbres qui enveloppent notre passé et voilent l'avenir. Elle peut cependant projeter quelques lueurs dans cette nuit profonde.

Si tout dérive de l'éther et y retourne ensuite, on doit se demander d'abord comment une substance aussi immatérielle se transforme en corps lourds et rigides, tels qu'un rocher ou un bloc de métal.

Les idées que nous avons exposées sur la structure de la matière permettent de le comprendre un peu et d'en déduire la théorie suivante :

Les corps sont constitués par une réunion d'atomes composés chacun d'un agrégat de particules en rota-

tion, probablement formées de tourbillons d'éther.
Par suite de leur vitesse, ces particules possèdent une
énergie cinétique énorme. Suivant la façon dont leurs
équilibres sont troublés, elles engendrent des forces
diverses : lumière, chaleur, électricité, etc.

Il est probable que la matière doit uniquement
sa rigidité à la rapidité du mouvement de rotation
de ses éléments et que, si ce mouvement s'arrêtait,
elle s'évanouirait instantanément dans l'éther, sans
rien laisser derrière elle. Des tourbillons gazeux,
animés d'une vitesse de rotation de l'ordre de celle
des rayons cathodiques, deviendraient vraisemblablement aussi durs que l'acier. Cette expérience n'est
pas réalisable, mais nous pouvons pressentir ses
résultats en constatant la rigidité apparente considérable acquise par un fluide animé d'une grande
vitesse.

Des expériences faites dans des usines hydro-élec-
triques ont montré qu'une colonne liquide de 2 centimètres seulement de diamètre, tombant à travers un
tube d'une hauteur de 500 mètres, ne peut être enta-
mée par un coup de sabre lancé avec violence. L'arme
est arrêtée, à la surface du liquide, comme elle le
serait par un mur. M. le professeur Bernard Brunhes,
témoin de ces expériences, est persuadé que si la
vitesse de la colonne liquide était suffisante, un boulet
de canon ne la traverserait pas. Une lame d'eau de
quelques centimètres d'épaisseur, animée d'une
vitesse assez grande, resterait aussi impénétrable
aux obus que le mur d'acier d'un cuirassé.

Donnons au jet d'eau précédent la forme d'un
tourbillon, et nous aurons l'image des particules de
la matière et l'explication probable de sa rigidité.

Ceci permet de comprendre comment l'éther immatériel, transformé en petits tourbillons animés d'une
vitesse suffisante, devient très matériel. On comprend
aussi que, si ces mouvements tourbillonnaires étaient

arrêtés, la matière s'évanouirait instantanément en retournant à l'éther.

La matière, qui semble nous donner l'image de la stabilité et du repos, n'existe donc que grâce à la rapidité des mouvements de rotation de ses particules. La matière, c'est de la vitesse, et comme une substance animée de vitesse est aussi de l'énergie, il est permis de considérer la matière comme une forme particulière de l'énergie.

La vitesse étant une des conditions fondamentales de l'existence de la matière, on peut dire que cette dernière est née le jour où les tourbillons d'éther ont acquis, par suite de leur condensation croissante, une rapidité suffisante pour posséder de la rigidité. Elle vieillit lorsque la vitesse de ses éléments se ralentit. Elle cessera d'exister dès que ses particules perdront leurs mouvements.

Nous sommes amenés ainsi à cette première notion essentielle : Des particules d'une· substance quelconque, si ténues qu'on les suppose, prennent, par le seul fait de leur vitesse, une rigidité très grande et se transforment en matière. Recherchons maintenant comment, avec ces deux éléments : particules d'éther et vitesse, il est possible de comprendre la genèse d'un univers.

§ 2. — LA FORMATION D'UN SYSTÈME SOLAIRE.

La première théorie scientifique sur l'origine du monde fut, comme on le sait, formulée par Kant et développée par Laplace. Suivant ce dernier, notre système solaire, avec son cortège de planètes, dériverait d'une nébuleuse primitive analogue à celles observées dans l'espace. Agglomérée sous l'influence de la gravitation, qui serait ainsi la force primitive, elle a formé un globe central animé d'un mouvement de rotation dont les particules, s'attirant constamment, se sont de plus en plus rapprochées.

En raison de sa rapidité croissante de rotation, consécutive à la condensation, ce premier noyau du soleil s'est aplati et, à un certain moment, se détachèrent de lui, par suite de la force centrifuge, des anneaux analogues à ceux existant autour de Saturne.

Continuant leur mouvement de rotation, ces anneaux finirent, toujours sous l'influence de la force centrifuge, par se rompre en fragments. De ces fragments projetés dans l'espace, naquirent les planètes tournant autour du soleil. Incandescentes d'abord, comme ce dernier, mais refroidies plus vite en raison de leur faible volume, elles sont enfin devenues habitables pour des êtres vivants.

Laplace arrêta ses investigations à la planète refroidie et ne s'occupa ni des éléments qui la formaient ni de ceux pouvant entrer dans la constitution des autres systèmes solaires.

Il est possible aujourd'hui d'aller plus loin et d'appliquer aux atomes les lois qui semblent avoir présidé à la naissance et à la formation de notre univers.

On admet maintenant que les atomes sont formés de nombreuses particules tournant autour d'une ou plusieurs masses centrales avec une vitesse de l'ordre de celle de la lumière. L'atome peut donc être comparé à un soleil entouré de son cortège de planètes. Sa petitesse ne saurait empêcher une telle comparaison. Pour une immensité sans limites, l'extrême petitesse ne diffère pas beaucoup de l'extrême grandeur. Des êtres suffisamment petits considéreraient le système planétaire formé par les éléments d'un atome comme aussi important que le sont pour nous les astres gigantesques dont l'astronomie observe la marche.

Dans l'étude de l'évolution des mondes, il est facile d'aller, comme nous le disions, beaucoup plus loin que ne le faisait Laplace.

Personne ne pouvait soupçonner à son époque que l'analyse spectrale ferait connaître la composition du soleil et y révélerait des éléments identiques à ceux de notre globe, preuve évidente que le second dérivait du premier.

Cette analyse permit, en outre, de suivre la genèse des éléments dont se composent les divers univers. La variation des spectres stellaires dans le rouge et l'ultra-violet indique la température des étoiles, par conséquent leur âge relatif, et les raies spectrales firent connaître leur composition. On a ainsi déterminé les corps apparaissant dans les astres avec les variations de température correspondant à des phases diverses d'évolution. Dans les étoiles les moins anciennes, c'est-à-dire les plus chaudes, n'existent guère que des gaz peu nombreux, l'hydrogène principalement; puis, à mesure que ces astres se refroidissent, apparaissent successivement les corps simples que nous connaissons, en commençant par ceux dont le poids atomique est le moins élevé.

Depuis que l'astronomie sait fixer par la photographie l'image des étoiles, elle en a découvert un nombre beaucoup plus grand qu'on le croyait. Elle évalue aujourd'hui à plus de 400 millions, sans parler naturellement de ceux invisibles et par conséquent inconnus, le nombre d'astres : étoiles, planètes, nébuleuses existant au firmament. L'analyse spectrale les montre à des âges très divers d'évolution. Leur passé doit être d'une effrayante longueur, puisque les géologues évaluent à plusieurs centaines de millions d'années l'existence de notre planète.

Pendant ces entassements de siècles ignorés par l'histoire, les millions d'astres dont l'espace est peuplé ont dû commencer ou terminer des cycles d'évolution analogues à celui parcouru par notre globe aujourd'hui. Des mondes peuplés comme le nôtre, couverts de cités florissantes remplies des merveilles de la science et des arts, ont dû sortir de la nuit éternelle et y rentrer sans rien laisser derrière eux. Les pâles nébuleuses aux formes incertaines représentent peut-être les derniers vestiges de mondes qui vont s'évanouir dans le néant ou devenir les noyaux d'un nouvel univers.

Comment les mondes peuvent-ils subir la phase d'évolution descendante succédant à la phase d'évolution ascendante sommairement indiquée dans ce chapitre ? C'est ce que nous étudierons bientôt.

Nous retiendrons surtout de ce qui précède que les transformations révélées par l'observation des astres indiquent la marche générale de l'évolution des mondes. Elle est toujours enfermée dans ce cycle fatal des choses : naître, grandir, décliner et mourir.

Qu'il s'agisse de la transformation des mondes ou de celle des êtres vivant à leur surface, la lenteur est toujours la loi de l'évolution. Pour arriver à former des êtres doués de la petite dose d'intelligence possédée par l'homme, la nature a fait évoluer pendant des milliers de siècles les formes animales qui l'ont précédé. Ses transformations ne se réalisent qu'au prix de très lents efforts. Elle ne saurait pas créer un monde en sept jours, comme les dieux des anciennes légendes. Si des divinités puissantes règnent quelque part, ce ne sont pas des divinités souveraines, puisque le temps les domine et qu'elles ne peuvent rien sans lui.

§ 3. — LES ÉNERGIES MOLÉCULAIRES ET INTRA-ATOMIQUES.

Il faut, pour éviter toute confusion dans ce qui va suivre, séparer nettement d'abord les énergies moléculaires des énergies intra-atomiques, bien qu'il y ait probablement d'étroites relations entre elles.

Les énergies moléculaires sont les seules connues

de la science jusqu'ici. Elles engendrent la cohésion, l'affinité, les combinaisons et les décompositions chimiques. Les manifestations de l'énergie intra-atomique les accompagnent parfois, comme dans les phénomènes d'incandescence ; mais elles échappaient jadis aux investigations.

Aux énergies moléculaires uniquement ont été appliquées les lois de la thermodynamique et de la thermochimie. Elles se ramènent toujours à ceci : un corps matériel ne peut émettre d'autre énergie que celle qu'il a reçue d'abord.

Les forces se manifestant au cours des opérations chimiques et industrielles représentent simplement des restitutions ou des déplacements d'énergie, et l'on conçoit que, dans de telles conditions, la quantité de cette dernière reste invariable. Ces opérations sont identiques à celle effectuée par l'introduction dans des réservoirs de formes variées d'une certaine quantité d'eau que contenait un autre réservoir. Cette substitution ne change naturellement pas le poids du liquide.

La science avait donc uniquement examiné ces énergies intra-moléculaires, dont on peut charger les corps. Leur étude conduisait à considérer la matière comme très distincte de l'énergie et lui servant simplement de support. La matière chauffée ou électrisée pouvait bien absorber de l'énergie, mais elle restituait ensuite cette énergie d'emprunt comme une éponge restitue l'eau qu'elle a absorbée, sans jamais en accroître la quantité.

La matière n'étant que le support de l'énergie, on semblait parfaitement fondé à établir une différence profonde et supposée, à jamais irréductible, entre la matière et l'énergie.

4. — L'ÉNERGIE INTRA-ATOMIQUE COMME SOURCE DES FORCES DE L'UNIVERS.

Les lecteurs de notre dernier ouvrage savent comment nous avons cherché à faire disparaître la grande dualité qui précède en montrant que la matière, loin de ne pouvoir restituer que l'énergie empruntée au dehors, est, au contraire, un colossal réservoir de forces. Elle n'est même qu'une forme particulière d'énergie, caractérisée par sa fixité relative et sa concentration, en quantité immense sous un faible volume. L'énergie accumulée dans 1 gramme de métal en représente autant que 3 milliards environ de kilogrammes de charbon, d'une valeur marchande de près de 70.000 francs. Nous avons enfin montré cette énergie intra-atomique source de la chaleur solaire, de l'électricité et de la plupart des forces de l'univers.

L'énergie intra-atomique est d'ailleurs très stable, autrement le monde se serait évanoui depuis longtemps. Elle est même si stable que les chimistes avaient considéré l'agrégat d'énergie nommé matière comme absolument indestructible.

Nous avons appris aujourd'hui à dissocier la matière, mais seulement des quantités extrêmement faibles. Il est cependant permis d'espérer que la science de l'avenir trouvera le moyen de la désagréger plus complètement. Elle aura alors à sa disposition une source immense de forces. J'ai montré dans mon précédent ouvrage que, par des moyens fort simples, on pouvait obliger des corps très stables à devenir, à surface égale, quarante fois plus radio-actifs que des substances spontanément dissociables, telles que l'uranium.

L'étude de l'énergie intra-atomique, encore à ses

débuts, nous a fait pénétrer dans un monde entièrement nouveau, où ne sont plus applicables les anciennes lois de la chimie et de la physique. Une des différences importantes est la suivante.

Dans le maniement des énergies intra-moléculaires, on ne peut retirer d'un système matériel isolé qu'une quantité d'énergie tout au plus égale et jamais supérieure à celle d'abord fournie. Dans les manifestations de l'énergie intra-atomique, le contraire s'observe. La matière libère spontanément de grandes quantités d'énergie, soit sans aucun apport du dehors, comme on l'observe avec les corps très radio-actifs, tels que l'uranium et le radium, soit par des influences aussi faibles qu'un rayon de lumière. Avec une quantité d'énergie très minime, on peut donc en produire une quantité considérable, contrairement à des principes considérés comme indestructibles.

En recherchant dans notre précédent ouvrage les causes de la chaleur solaire et de l'incandescence des astres qui rayonnent dans la nuit, j'ai montré qu'une énergie intra-atomique plus grande qu'elle ne l'est sur les globes refroidis devait suffire à l'entretien de leur température.

Etudiant ensuite les propriétés des émissions qui se dégagent des pôles isolés d'une machine électrique, j'ai montré leur identité avec les produits de la dissociation des corps radio-actifs. L'électricité pouvait donc être considérée comme une des manifestations de l'énergie intra-atomique.

Et c'est ainsi que son rôle, si insoupçonné il y a quelques années dans les phénomènes naturels, m'est apparu comme tout à fait prépondérant.

Notre soleil, dans la phase du monde où il est entré, ne fait que dépenser les énergies accumulées par ses atomes pendant une phase de concentration antérieure.

Cette dissociation de la provision d'énergie intra-atomique concentrée dans la matière dès le commencement des choses, explique l'origine des forces de l'univers. Aux époques lointaines du chaos de notre système solaire, dont les nébuleuses montrent une confuse image, l'éther s'est lentement condensé. Ses tourbillons localisés, formant probablement les éléments primitifs de la matière, ont accumulé par la vitesse croissante de leur rotation l'énergie intra-atomique dont nous constatons l'existence. A la phase de condensation a succédé plus tard une phase de dissociation. Notre univers est entré dans un nouveau cycle, l'énergie lentement accumulée dans l'atome a commencé de se dégager par suite de sa dissociation. La chaleur solaire, d'où dérivent la plupart des énergies que nous utilisons, représente une des plus importantes manifestations de cette dissociation.

Bien que la provision d'énergie intra-atomique de la matière soit immense, elle n'est pas infinie, et, par conséquent, son émission ne pourra continuer toujours. Les planètes entourant les astres incandescents se sont refroidies parce qu'elle s'est réduite. Le soleil, lui aussi, subira la même loi. Quand son énergie intra-atomique aura été dissipée, il cessera d'éclairer les planètes et la terre deviendra inhabitable, à moins que la science ne trouve le moyen de libérer facilement la quantité immense d'énergie intra-atomique encore contenue dans la matière.

Mais alors même qu'elle y réussirait, l'anéantissement final n'en serait pas moins inévitable, puisque la provision d'énergie intra-atomique est limitée.

Ainsi donc le soleil, générateur de la plupart des énergies terrestres, ne fait que dépenser les forces lentement accumulées par la matière à l'époque où, dans les nuages primitifs d'éther, les atomes emmagasinèrent les énergies qu'ils devaient restituer un jour.

Comment l'énergie intra-atomique, source de la chaleur solaire, de l'électricité et de la plupart des forces de l'univers, peut-elle se dissocier et se perdre ? Nous allons le rechercher maintenant.

CHAPITRE IV

L'évanouissement de l'énergie et la fin de notre univers.

---

§ I. — LA VIEILLESSE DES ATOMES ET L'ÉVANOUISSEMENT DES FORCES.

Nous venons de voir que l'énergie intra-atomique était une grandeur limitée qui se réduit chaque jour. Comment peut-elle se perdre ?

Ayant déjà traité cette question dans notre dernier ouvrage, nous résumerons simplement ce que nous y avons expliqué.

Dire comment s'évanouit la matière, c'était montrer comment disparaissent les forces, puisque la matière est une forme d'énergie spéciale différant seulement des autres par sa fixité relative et sa concentration très grande sous un faible volume.

Un des produits les plus constants de la dissociation de la matière est la particule dite électrique, dépourvue, d'après les dernières recherches, de tout support matériel, et considérée comme constituée uniquement par un tourbillon d'éther.

Les expériences précédemment relatées prouvent que ces particules émettent des lignes de force et s'accompagnent toujours dans leurs diverses manifestations de ces vibrations de l'éther dites ondes hertziennes, chaleur rayonnante, lumière visible, lumière ultra-violette invisible, etc.

Ces vibrations représentent pour nous la phase d'évanouissement des éléments de l'atome et des énergies dont ils sont le siège.

Comment les tourbillons d'éther et les énergies engendrées par eux perdent-ils leur individualité pour s'évanouir dans l'éther? La question se ramène à celle-ci : Comment un tourbillon formé au sein d'un fluide peut-il disparaître dans ce fluide en y produisant des vibrations?

Sous cet aspect, la solution du problème est assez simple. On voit facilement, en effet, comment un tourbillon engendré aux dépens d'un liquide peut, lorsque son équilibre est troublé, s'évanouir, malgré sa rigidité théorique, en rayonnant son énergie sous forme de vibrations du milieu où il est plongé. C'est de cette façon, par exemple, qu'une trombe marine formée d'un tourbillon liquide perd son existence et disparaît dans l'Océan.

De la même manière, sans doute, les tourbillons d'éther constituant les éléments des atomes peuvent se transformer en vibrations de l'éther. Celles-ci représentent le terme ultime de la dématérialisation de la matière et de sa transformation en énergie avant son anéantissement final.

Ainsi donc lorsque les atomes ont rayonné toute leur énergie sous forme de vibrations lumineuses, calorifiques ou autres, ils retournent, par le fait même des rayonnements consécutifs à leur dissociation, à l'éther primitif d'où ils dérivent. La matière et l'énergie sont alors rentrées dans le néant des choses, comme la vague dans l'Océan.

Les défenseurs du postulat de la conservation de l'énergie répondront évidemment à ce qui précède que l'énergie étant par définition supposée indestructible, n'est pas perdue en s'évanouissant dans l'éther et reste à l'état potentiel, noyée dans son immensité. Ainsi envisagée, la théorie de la conservation de l'énergie représente visiblement une conception invérifiable, créée surtout par notre besoin de croire qu'il existe dans l'univers quelque chose d'immortel. Ne voulant pas consentir à n'être qu'un éclair dans l'infini, nous rêvons d'un mouvement qui durerait toujours.

Mais, alors même que, suivant cette dernière hypothèse, l'énergie continuerait à circuler sous une forme quelconque dans l'espace, rejetée hors de la sphère de notre univers, elle n'en ferait plus partie, et de toute façon l'énergie de ce dernier serait évanouie. C'est à ce point, d'ailleurs fondamental, que se limite notre démonstration.

Il ne semble pas très compréhensible au premier abord que les mondes qui paraissent de plus en plus stables à mesure qu'ils se refroidissent puissent devenir instables au point de se dissocier ensuite entièrement. Pour expliquer ce phénomène, nous allons rechercher si des observations astronomiques ne permettent pas d'être témoins d'une telle dissociation.

On sait que la stabilité d'un corps en mouvement, tel qu'une toupie ou une bicyclette, cesse d'être possible quand sa vitesse de rotation descend au-dessous d'une certaine limite. Aussitôt cette limite atteinte, il perd sa stabilité et tombe sur le sol. J.-J. Thomson interprète même de cette façon la radio-activité et fait remarquer que quand la vitesse de rotation des éléments composant les atomes descend au-dessous d'une certaine limite, ils deviennent instables et tendent à perdre leur équilibre. Il en résulterait un commencement de dissociation, avec diminution de leur énergie potentielle et accroissement correspondant de leur énergie cinétique suffisant pour lancer dans l'espace les produits de la désagrégation intra-atomique.

Il ne faut pas oublier que l'atome, réservoir énorme d'énergie, est, par ce fait même, comparable aux corps explosifs. Ces derniers restent inertes tant que leurs équilibres intérieurs ne sont pas troublés. Dès qu'une cause quelconque les modifie, ils font explosion et brisent tout ce qui les entoure, après s'être brisés eux-mêmes.

Donc, les atomes qui vieillissent par suite de la diminution d'une partie de leur énergie intra-atomique perdent graduellement leur stabilité. Un moment arrive alors où cette stabilité est si faible que la matière disparaît par une sorte d'explosion plus ou moins rapide. Les corps de la famille du radium offrent une image de ce phénomème, image d'ailleurs très affaiblie parce que les atomes de ces corps sont seulement arrivés à une période d'instabilité où la dissociation est assez lente. Elle en précède probablement une autre, plus rapide, capable de produire leur explosion finale. Des corps tels que le radium, le thorium, etc., représentent sans doute un état de vieillesse auquel tous les corps arriveront un jour et qu'ils commencent déjà à manifester dans notre univers, puisque toute matière est légèrement radio-active. Il suffirait que la dissociation fût assez générale et assez rapide pour produire l'explosion du monde où elle se manifesterait.

Ces considérations théoriques trouvent un solide appui dans les apparitions et disparitions brusques d'étoiles. Les explosions d'un monde qui les produit nous révèlent peut-être comment périssent les univers quand ils viennent à vieillir.

Les observations astronomiques montrant la fréquence relative de ces destructions, on peut se demander si la fin des univers par explosion brusque, après une longue phase de vieillesse, ne serait pas leur terminaison la plus générale. Ces brusques anéantissements se manifestent par l'apparition subite, dans le ciel, d'un astre incandescent qui pâlit et s'évanouit parfois en quelques jours, ne laissant rien derrière lui, le plus souvent, ou seulement une faible nébuleuse.

Lorsque se montre la nouvelle étoile, son spectre, d'abord analogue à celui du soleil, prouve qu'elle contient des métaux semblables à ceux de notre système solaire. Puis, en peu de temps, ce spectre se transforme et devient finalement celui des nébuleuses planétaires, c'est-à-dire ne contient que des raies d'éléments simples et peu nombreux, dont quelques-uns inconnus. Il est donc évident que les atomes de l'étoile temporaire se sont rapidement et profondément transformés. Cette évolution descendante est l'inverse de celle signalée dans l'évolution ascendante des étoiles. Celles-ci contiennent, lorsqu'elles sont très chaudes, des éléments simples devenant de plus en plus compliqués et nombreux à mesure qu'elles se refroidissent.

– Ces étoiles transitoires, résultant sans doute de l'explosion brusque d'un monde accompagné de la désintégration des atomes, ne sont pas rares. Il ne se passe guère d'années sans qu'on en observe directement ou par l'étude des clichés photographiques. Une des plus remarquables fut celle observée récemment dans la constellation de Persée. En quelques jours elle atteignit un éclat qui la rendit la plus brillante étoile du ciel ; mais 24 heures après elle commença à pâlir, son spectre se transforma lentement, devint, comme il a été dit plus haut, celui des nébuleuses planétaires, preuve évidente, je le répète, d'une dissociation atomique. Au moment même où s'opérait cette transformation, des photographies à longue pose montrèrent autour de l'astre des masses nébuleuses, produites sans doute de la dissociation atomique et qui s'éloignaient de l'étoile avec une vitesse de l'ordre de celle de la lumière, c'est-à-dire analogue à celle des particules β qu'émettent les corps radio-actifs en se dissociant. Les astronomes assistèrent donc à la destruction rapide d'un monde.

§ 2. — RÉSUMÉ DE LA DOCTRINE DE L'ÉVANOUISSEMENT DES FORCES ET DISCUSSION DES OBJECTIONS.

L'exposé de l'évolution générale des mondes auquel ce chapitre et le précédent ont été consacrés comprend des faits d'expérience ou d'observation que nous avons tâché de relier par des hypothèses. Nous allons résumer cet exposé dans un tableau d'ensemble indiquant les diverses phases d'évolution d'un système sidéral analogue au nôtre et à ceux qui continuent à naître et se transformer dans le firmament.

LES PÉRIODES DE L'ÉVOLUTION D'UN MONDE.

1° *Phase chaotique ou de naissance de l'énergie.* — Formation sous l'action de la gravitation ou de causes inconnues de nuages d'éther. Sous leur influence s'établissent des inégalités d'où résultent des différences de potentiel. L'éther se condense en particules disséminées, qui prennent la forme de tourbillons. Animés de mouvements assez lents, ils ne contiennent d'abord que très peu d'énergie.

2° *Phase nébuleuse ou de concentration de l'énergie.* — Les tourbillons d'éther accélèrent leur mouvement. Il en résulte des attractions qui les agglomèrent en noyaux, futurs germes de la matière. Une concentration générale de la masse s'établit. Il se forme une nébuleuse aux contours d'abord vagues qui finit par devenir sphérique et sera l'origine d'un système solaire. A mesure que les particules de cette masse se condensent, les tourbillons de l'éther précipitent leurs mouvements, s'agglomèrent et forment des noyaux d'atomes qui, par suite de la rapidité croissante de leur rotation se saturent de plus en plus d'énergie.

3° *Phase d'incandescence stellaire ou de dépense de l'énergie.* — Cette phase est celle de la formation d'un soleil et des étoiles analogues. En se condensant de plus en plus, les atomes finissent par acquérir une quantité d'énergie intra-atomique qu'ils ne peuvent plus contenir et rayonnent sous forme de chaleur, de lumière ou de forces électriques diverses dont la chaleur n'est peut-être qu'une manifestation secondaire. La température de l'astre est excessive. Les futurs atomes ne sont pas individualisés encore.

4° *Phase du commencement de refroidissement stellaire et d'individualisation de la matière.* — Par suite de la continuité de son rayonnement, la température de l'astre s'abaisse, bien qu'il reste incandescent. Les éléments des atomes forment des équilibres nouveaux et donnent naissance aux divers corps simples qui se différencient et, par conséquent, se multiplient à mesure que le refroidissement de l'astre augmente.

5° *Phase planétaire ou de refroidissement et d'équilibre de l'énergie intra-atomique.* — Les planètes détachées par la force centrifuge du soleil central autour duquel elles continuent à tourner, se refroidissent par suite de la petitesse relative de leur volume et arrivent à une température assez basse pour que la vie soit possible à leur surface. Les énergies accumulées sous forme de matière ont atteint une phase d'équilibre stable. La fixité relative succède à la mobilité. Les mondes vont devenir habitables pendant de longues successions d'âges.

6° *Phase de dissociation finale de l'énergie intra-atomique et de retour du monde à l'éther.* — Tout en se maintenant en équilibre de longs siècles, les atomes n'ont pas cessé de rayonner un peu, et par ce rayonnement même et la réduction de vitesse de rotation de leurs éléments qui en est la suite, ils perdent une partie de leur stabilité ; alors commence une période de désagrégation qui croît très vite à mesure que la stabilité des éléments intra-atomiques décroît. Progressive d'abord, elle devient instantanée ensuite. A une certaine période de vieillesse, les éléments retournent à l'éther d'où ils sont sortis.

Cette destruction finale est peut-être suivie, dans la suite des âges, d'un nouveau cycle de naissance et d'évolution, sans qu'il soit possible d'assigner un terme à ces destructions et à ces recommencements probablement éternels [1].

L'exposé qui précède, déduit des recherches relatées dans mon précédent volume, peut se résumer en quelques lignes. Je les emprunte à un des savants qui ont bien voulu analyser ma doctrine.

« On imagine le monde formé d'abord d'atomes diffus d'éther qui, sous l'action de forces inconnues, ont emmagasiné de l'énergie. Cette énergie, dont une des formes est la matière, se dissocie et apparaît sous des états divers : électricité, chaleur, etc. ; de façon à ramener la matière à l'éther. *Rien ne se crée* veut dire que nous ne pouvons pas créer de la matière. *Tout se perd* signifie que la matière disparaît complètement comme matière en retournant à l'éther. Le cycle est donc complet. Il y a deux phases dans l'histoire du monde : 1° Condensation de l'énergie sous forme de matière ; 2° Dépense de cette énergie. »

Cette conception de la concentration de l'énergie à

---

1. Ce qui précède rappelle un peu le « Retour éternel » de Nietzsche ; c'est une hypothèse, dénuée d'ailleurs d'importance, que j'avais formulée bien long-temps avant lui, comme l'a rappelé M. le professeur Lichtenberger dans un livre consacré aux doctrines de ce philosophe.

l'origine d'un monde et de sa dépense dans une phase suivante de son existence a été combattue par un physicien distingué, M. Bernard Brunhes, dans un mémoire récent[1]. L'objection qu'il m'oppose est la suivante :

« La concentration de la matière cosmique et la dissociation de la matière sont deux phénomènes qui paraissent contraires mais qui possèdent un caractère commun : tous deux dégagent de la chaleur et correspondent à une dégradation d'énergie. Soyez donc sûrs que si un corps radio-actif quelconque a pu se produire, emmagasinant une provision énorme d'énergie de réserve, c'est à la faveur d'une dégradation d'énergie plus grande... la matière qui se dissocie à la fin des transformations qui semblent la ramener au point de départ, aura subi une perte définitive d'énergie utilisable. »

Cette objection a pour appui le principe de Carnot ; mais un principe applicable à la phase d'évolution descendante du monde ne l'est pas nécessairement à sa phase ascendante antérieure. L'illustre mathématicien Maxwell avait déjà montré par une hypothèse très hardie, puisqu'elle implique l'existence de démons fort subtils, comment on pourrait violer le principe de Carnot et remonter le cours des choses. Attendons de mieux connaître les lois de la nature avant de supposer qu'elle n'a pas trouvé le moyen de faire surgir du morne néant de l'éther les forces condensées dans l'atome. Si l'on rejette des hypothèses analogues à la nôtre, il faut revenir à celle d'un Dieu créateur, tirant les mondes de sa volonté, c'est-à-dire d'un néant beaucoup plus mystérieux encore que le substratum d'où nous avons tenté de les faire sortir. Les dieux ayant été éliminés de la nature où notre ignorance les avait introduits, il faut bien

---

1. *La portée du principe de la dégradation de l'énergie*, 1906.

tâcher d'expliquer les choses en nous passant d'eux.

Évidemment, depuis l'aurore des temps géologiques les phénomènes semblent avoir toujours évolué conformément à la seconde loi de la thermodynamique; mais cette loi est, je le répète, celle de la période d'usure d'un univers, et non des âges où se formaient les énergies dépensées maintenant. Puisque notre système solaire a eu un commencement, comme tous les systèmes analogues dont l'astronomie constate l'évolution, il faut bien admettre qu'il s'est formé d'abord une concentration d'énergie. M. Bernard Brunhes le reconnaît du reste lui-même, dans un passage de son mémoire qui constitue la meilleure des réponses que je lui puisse faire:

« Il n'y a pas d'inconséquence à imaginer que la période actuelle de dégradation ait été précédée et puisse être suivie de périodes où l'énergie utilisable augmente au lieu de diminuer. »

C'est d'ailleurs, comme l'indique le même auteur, à une conclusion analogue qu'est arrivé Bolzmann dans son grand ouvrage sur la théorie des gaz. La marche du monde en sens inverse de l'évolution actuelle ne lui apparaît plus d'une impossibilité absolue, mais simplement d'une probabilité très faible qui a pu se réaliser toutefois pendant la succession des âges.

A ces brèves et incertaines notions se ramène tout ce que nous pouvons dire de l'évolution des mondes dans l'écoulement infini du temps. Nous allons quitter maintenant ces ténébreuses régions pour retourner vers celles où l'expérience sert de guide. L'étude des actions de la lumière sur un fragment de métal, origine de mes recherches, m'a conduit dans des champs fort divers de la physique. Je vais y mener le lecteur et examiner quelques nouveaux problèmes.

Comme conclusion générale de cette première partie de notre ouvrage nous formulerons la proposition suivante :

L'Énergie n'est pas indestructible ; elle s'use sans cesse et tend à s'évanouir comme la matière qui représente une de ses formes.

DEUXIÈME PARTIE

LES PROBLÈMES DE LA PHYSIQUE

LIVRE I

LA DÉMATÉRIALISATION DE LA MATIÈRE ET LES PROBLÈMES DE L'ÉLECTRICITÉ

CHAPITRE I

Genèse des idées actuelles sur les relations de l'électricité avec la matière.

La première partie de ce livre a été consacrée au développement des théories déduites de nos expériences antérieures. Cette seconde partie sera surtout expérimentale. Nos observations sur la dissociation de la matière nous ont conduit à des recherches très diverses ; elles pourront, je pense, malgré leur côté fragmentaire, intéresser le lecteur. L'exposé en sera fait de façon à ne pas nuire au plan général de l'ouvrage.

§ I. — LE ROLE DE L'ÉLECTRICITÉ DANS LA TRANSFORMATION DES COMPOSÉS CHIMIQUES.

Les lois des phénomènes physiques peuvent être déterminées, mais comme on en ignore les causes profondes, leur interprétation varie nécessairement. Si les faits ne changent pas, leurs explications se modifient fréquemment. Une grande théorie acceptée est appliquée immédiatement à l'interprétation des faits connus.

La doctrine de la conservation de l'énergie a paru pendant cinquante ans pouvoir fournir la clef de tous les phénomènes. C'est à la théorie des électrons que semble devoir être bientôt réservé ce rôle.

En raison de l'importance prise aujourd'hui par les idées régnantes sur la structure atomique de l'électricité, il ne sera pas sans intérêt de montrer leur genèse.

Les dogmes nouveaux ne sont spontanés qu'en apparence. Ceux que séduit la récente croyance apprécient surtout sa nouveauté, alors qu'elle est, en réalité, très ancienne. Son historique, généralement oublié par les livres, montre comment se forment certaines idées et la lenteur de leur évolution.

C'est à l'illustre Davy, et vers le commencement du dernier siècle, que remonte l'origine des idées actuelles sur la dissociation électrique qualifiée actuellement d'ionisation. Ayant fait passer le courant d'une pile à travers de la potasse et vu le potassium se rendre à l'un des pôles et l'oxygène à l'autre, il en conclut avec raison, mais beaucoup trop tôt, que les deux éléments d'une combinaison sont chargés d'électricités différentes, neutralisées par la combinaison. L'affinité, qui rapproche les éléments des corps et les associe, aurait pour origine l'attraction des électricités contraires. On ne dit guère autrement aujourd'hui.

9.

C'est sur l'hypothèse de Davy que Berzélius fonda la théorie dualistique qui domina la chimie pendant trente ans. Les composés dits, binaires, tels que les acides et les oxydes, étaient formés d'un élément électro-négatif uni à un élément électro-positif par l'attraction de leurs électricités opposées. Les composés dits ternaires, c'est-à-dire les sels, provenaient de la combinaison d'une base électro-positive avec un acide électro-négatif.

La théorie dualistique s'évanouit quand Dumas, Laurent et Gerhard découvrirent le phénomène des substitutions et montrèrent que dans un composé un élément électro-négatif peut être remplacé par un élément électro-positif sans changer sensiblement ses propriétés. L'acide trichloracétique, par exemple, est de l'acide acétique dans lequel trois atomes de chlore (élément électro-négatif) ont remplacé trois atomes d'hydrogène (élément électro-positif). Les conceptions pourtant si justes de Davy et de Berzélius furent alors abandonnées pour longtemps.

Leur renaissance est la conséquence des recherches de l'illustre Faraday. Vers 1830, il découvrit les lois de l'électrolyse et mesura la charge électrique abandonnée par les corps aux pôles de la pile quand ils sont décomposés par le courant électrique. Il constata qu'une solution d'un sel traversée par le courant se décompose en deux éléments, chargés d'électricités contraires, qui se rendent aux deux pôles. Cette opération, dont le résultat est de résoudre les corps composés en leurs éléments, s'appelle, on le sait, électrolyse ; les corps capables de subir une telle séparation sont dits électrolytes ; les produits de la décomposition constituent des ions. Les corps simples considérés par définition comme indécomposables ne pouvaient évidemmeut être des électrolytes et, par conséquent, fournir des ions. Ce dernier point était fondamental.

Après avoir constaté l'énorme charge électrique —
96,600 coulombs pour un gramme d'hydrogène —
que portent les éléments séparés par l'électrolyse
et l'égalité de cette charge pour tous les atomes des
corps équivalant l'un à l'autre dans leurs combinaisons chimiques, Faraday admit, confirmant ainsi
l'idée de Davy et de Berzélius, que les phénomènes
chimiques ne sont que des phénomènes électriques,
c'est-à-dire des déplacements d'électricité. « Les
nombres représentant les poids équivalents des
corps, dit-il, représentent simplement les quantités
de ces corps contenant d'égales quantités d'électricité.
L'électricité détermine les nombres équivalents parce
qu'elle détermine les forces de combinaison. En
adoptant la théorie atomique, nous dirons que les
atomes des corps équivalant l'un à l'autre dans leurs
combinaisons chimiques portent les mêmes charges
d'électricité... C'est la quantité d'électricité associée
avec les divers atomes qui constitue l'affinité chimique » [1].

Les idées les plus récentes représentent simplement
l'adoption et l'extension des vues de Faraday. Aujour-
d'hui la théorie de l'ionisation règne sans rivale ; elle
a enfanté une nomenclature chimique nouvelle où les
propriétés des corps s'expriment en fonction de leurs
charges électriques et non plus, comme le voulait
Berthelot, en fonction de leurs propriétés thermiques.

La thermo-chimie est un peu envisagée aujourd'hui
comme une doctrine en voie de disparaître. On considère maintenant l'étude des réactions électriques des
corps, beaucoup plus importante que celle de leurs
réactions thermiques. Les charges électriques et la
façon dont elles se distribuent engendreraient toutes

---

1. J'ai traduit aussi littéralement que possible ce passage qui contient en
réalité toutes les idées actuelles. Il est emprunté au livre célèbre de Faraday,
Electrical Researches in Electricity et a été reproduit par W. Crookes dans un
mémoire, (*Procedings of the Royal Society*, mars 1902.)

les propriétés des corps et les réactions que leurs combinaisons présentent.

La théorie actuelle de l'ionisation peut se résumer dans l'énoncé suivant qui ne fait que répéter exactement, d'ailleurs, les idées de Faraday : Les corps sont composés d'éléments ou ions chargés, les uns d'électricité positive, les autres d'électricité négative et réunis d'abord à l'état neutre. Sous l'influence du courant de la pile, la molécule neutre se dissocie en éléments positifs et négatifs qui se rendent aux pôles de noms contraires. La décomposition d'un sel neutre peut se représenter par une équation telle que celle-ci : $NO^3K = \overline{NO^3} + \overset{+}{K}$.

Quand un ion quitte une solution pour se précipiter sur une électrode chargée d'électricité de signe contraire, en raison de l'attraction qui s'exerce entre deux charges électriques opposées, il s'y neutralise, ce qui veut dire qu'il reçoit de l'électrode une charge exactement égale, mais de signe contraire à celle qu'il possédait. Pour connaître cette quantité, pour savoir, par exemple, la charge électrique des atomes de 1 gramme d'hydrogène, il n'y a qu'à mesurer avec des instruments convenables la dépense d'électricité nécessaire pour neutraliser les ions mis en liberté.

Dans la période de l'histoire de l'ionisation que nous venons de tracer sommairement, on admettait que la dissociation des éléments des corps en ions chargés d'électricité pouvait se faire seulement sous l'influence d'un courant électrique, mais on devait bientôt aller plus loin.

Adoptant les idées théoriques émises par Clausius, Arrhénius admit que le courant électrique n'était nullement nécessaire pour produire la dissociation des composés en ions. Dans les dissolutions étendues, les corps dissous seraient séparés en ions par le seul fait de la dissolution. Lorsqu'on y plonge les électrodes d'une pile, les ions seraient attirés par elles, les ions positifs par le pôle négatif et les ions négatifs par le pôle positif.

D'après cette théorie, très hypothétique, évidemment, mais qui a été admise parce qu'elle facilite beaucoup les explications, une solution étendue d'un sel métallique contiendrait tout autre chose que ce sel. Une solution étendue de sel marin, par exemple, ne contiendrait pas du tout le chlorure de sodium que nous connaissons. Il contiendrait des ions chlore et des ions sodium en liberté.

Ce chlore et ce sodium à l'état d'ions différeraient beaucoup des substances connues sous ces noms, puisque le sodium de nos laboratoires ne peut être introduit dans l'eau sans la décomposer. La différence tiendrait à ce que, dans l'ion chlore et l'ion sodium, les électricités sont séparées, alors qu'elles sont neutralisées dans les substances connues sous les mêmes noms.

Toutes ces théories et les expériences d'où elles dérivent nous montrent que l'électricité est de plus en plus considérée comme le facteur essentiel des propriétés des corps. De leur charge électrique résulteraient ces dernières. L'activité chimique d'un acide et d'une base serait la simple conséquence de la proportion d'ions qu'ils contiennent. Un acide fort comme l'acide sulfurique renfermerait beaucoup d'ions libres, et un acide faible comme l'acide acétique, très peu. Les réactions chimiques sont de plus en plus envisagées maintenant comme de simples réactions d'ions. L'atomicité ou valence, c'est-à-dire l'aptitude des atomes à s'unir à un nombre plus ou moins grand d'autres atomes de divers corps, dépendrait de leur capacité de saturation électrique. C'est ainsi, par exemple que, dans un sel comme le chlorure de zinc ($Zn\,Cl^2$), l'atome zinc, en raison de la grandeur de sa charge positive, peut équilibrer deux ions négatifs de chlore.

Telle est la théorie actuelle. Il est bien probable que les choses se passent moins simplement, peut-être même très différemment, mais quand une explication cadre à peu près avec des faits connus, il est sage de s'en contenter.

La théorie des électrons, d'après laquelle le fluide électrique serait composé d'un agrégat de particules de grandeur définie, est une conséquence directe des vues qui précèdent, et ne pouvait que les préciser encore. Cette théorie, qui remonte à Helmholtz et fut développée par Lorenz, explique, elle aussi, les compositions et décompositions chimiques par l'aptitude des atomes à acquérir ou à perdre des électrons. Leur degré de valence dépendrait du nombre des électrons qu'ils peuvent perdre ou capter. Ceux qui, comme les atomes de l'hélium et de l'argon, sont trop stables pour en acquérir ou en perdre, ne peuvent former aucune combinaison. Toutes les forces chimiques auraient une origine électrique. L'affinité ne reconnaîtrait pas d'autre cause. C'est exactement ce que disait Faraday et ce qu'avait soutenu Davy.

§ 2. — ROLE DE L'ÉLECTRICITÉ DANS LA DISSOCIATION DES CORPS SIMPLES.

L'idée qu'on puisse séparer des particules électriques de leur support matériel n'était pas supposable avant les découvertes récentes. Elle était même tellement contraire aux anciennes expériences montrant que l'électricité ne peut être transportée sans support, sauf peut-être dans les phénomènes d'induction, que l'on considéra pendant longtemps les rayons cathodiques comme formés par la projection de particules matérielles.

Cette séparation d'une charge électrique de son support apparaissait comme impossible. Il semblait plus impossible encore qu'on put faire subir à un corps simple une ionisation, c'est-à-dire une séparation d'éléments, analogue à celle précédemment décrite. Un corps simple étant, par définition, indécomposable, ne pouvait évidemment être dissocié. Séparer le chlore et le potassium du chlorure de potassium était facile, mais comment supposer la possibilité d'extraire du chlore quelque chose qui ne fut pas du chlore et du potassium autre chose que du potassium ?

En moins de dix ans, cependant, ce qui était considéré comme impossible, a cessé de l'être. L'étude des rayons cathodiques, celle de la conductibilité dans les gaz, celle des émissions radio-actives, et enfin notre démonstration de l'universalité de la dissociation de la matière, ont prouvé qu'on pouvait extraire des corps simples quelque chose très différent d'eux. Ce quelque chose, identique pour les substances les plus diverses, étant doué de propriétés électriques, on le considéra comme constitué par ces particules auxquelles a été donné le nom d'électrons.

Quelle que fut la valeur de cette interprétation, il était certain que les corps simples pouvaient eux aussi être dissociés, mais, comme c'était là une idée fort contraire aux doctrines alors régnantes et que cependant il fallait bien trouver une théorie pour expliquer les faits observés, l'ancienne doctrine de l'ionisation fut adoptée. On admit donc que les particules électrisées provenant des gaz ou des corps simples dissociés résultaient de leur ionisation. L'expression étant reçue depuis longtemps ne pouvait choquer, alors que l'idée de la dissociation d'un corps simple eut semblé très inquiétante. Cependant les deux mots désignent exactement la même chose. Quand on regarde les faits seulement, il est évident que, lorsqu'on a retiré des atomes d'un corps simple quelque chose de fort différent de lui on a nécessairement dissocié les atomes dont il se compose.

C'est d'ailleurs à cette conclusion que l'on est arrivé finalement, après bien des hésitations. Ce fut l'étude du radium qui entraina les convictions. Ce corps présente à un degré éminent des propriétés que tous les corps possèdent à un degré très faible. Il émet en quantité abondante les produits de la dissociation de ses atomes. En étudiant ces produits, on reconnut leur analogie d'abord avec les émissions de particules des tubes de Crookes et ensuite avec les effluves émis par tous les corps sous l'action de la lumière ou d'influences variées. Finalement il fallut bien reconnaître que la dissociation de la matière est effectivement comme je l'avais prouvé depuis longtemps un phénomène universel.

Toutes ces expériences, dont beaucoup montraient les particules électriques dégagées de support matériel, ont naturellement donné une grande force à la théorie de l'électricité atomique, dite théorie des électrons. L'ayant suffisamment exposée dans mon précédent ouvrage, il serait inutile d'y revenir ici. On ne peut lui faire aucune objection quand elle se borne à envisager l'électricité comme composée de particules discontinues, mais on ne voit pas du tout la nécessité de considérer la matière comme composée d'électrons. L'électricité est comme la chaleur et les autres forces une des formes de l'énergie intra-atomique. De toute matière on peut retirer de l'électricité et de la chaleur ; mais il n'y a pas plus de raisons de dire que la matière se compose de particules électriques que d'assurer qu'elle se compose de particules de chaleur.

Il serait aussi inutile, du reste, de combattre maintenant la théorie des électrons qu'il le fut à l'époque de Newton de contester l'hypothèse de l'émission en optique. Ceux qui le tentèrent ne furent même pas écoutés, bien que l'avenir ait montré à quel point ils avaient raison.

Nous n'essaierons donc pas de discuter sa valeur.

Cette tâche est d'autant moins nécessaire qu'il est très facile d'exprimer les phénomènes dans le langage actuel. Nous continuerons donc à l'employer pour la clarté des démonstrations.

« L'électron, dit avec raison M. Lucien Poincaré, a conquis la physique, beaucoup adorent la nouvelle idole d'une adoration un peu aveugle. » L'idole, en réalité fort ancienne, a seulement changé de nom. Réduire la matière à un seul élément est une bien vieille tentative. Elle traduit surtout une aspiration mentale, un besoin de simplicité que la nature sans doute ne connaît pas. De tels besoins, on ne doit pas médire, car ils sont des générateurs d'efforts. Ces provisoires doctrines, bienfaisantes chimères, stimulent nos labeurs. Nous remontons sans cesse le rocher de Sisyphe des explications, mais toujours avec l'espérance que c'est pour la dernière fois.

CHAPITRE II

Transformation de la matière en électricité.

§ I. — TRANSFORMATION DE LA MATIÈRE EN ÉNERGIE.

Plusieurs chapitres de notre dernier ouvrage ont été consacrés à montrer comment la matière peut, en se dissociant, retourner à l'éther par une série d'étapes successives.

Parmi les produits les plus constants de cette dissociation se trouve l'électricité. Elle est une des manifestations importantes de la libération de l'énergie intra-atomique qui accompagne toujours la dématérialisation de la matière.

L'électricité en mouvement représentant de l'énergie, on peut dire que la transformation d'un corps en électricité réalise un changement de la matière en énergie. Une telle conversion étant contraire aux principes fondamentaux de la science moderne, notre théorie ne deviendra acceptable qu'après un changement profond des idées actuelles. Il n'est donc pas inutile de revenir sur un sujet si capital et d'ajouter des preuves expérimentales nouvelles à l'appui de celles exposées déjà. Il est également nécessaire de montrer que notre doctrine donne la clef de phénomènes pour lesquels on n'avait pu fournir jusqu'ici que les plus insuffisantes explications, ou même aucune explication.

§ 2. — L'ÉLECTRISATION PAR INFLUENCE.

L'électrisation par influence, en vertu de laquelle un bâton de cire frotté attire les corps légers tels qu'une balle de sureau suspendue, est le plus simple des phénomènes électriques et le plus anciennement observé.

L'explication habituelle est trop connue pour qu'il soit besoin de la reproduire ici; elle est d'ailleurs identique à celle de phénomènes du même ordre dont nous nous occuperons bientôt, en montrant combien la théorie classique est inacceptable.

Cette expérience de l'attraction des corps légers est en réalité une des plus remarquables de la physique, et il aurait suffi de l'observer attentivement pour y découvrir la preuve de la dissociation de la matière et de l'existence de l'énergie intra-atomique, c'est-à-dire deux importants principes de la science actuelle.

Dans les anciennes théories, les diverses expériences sur l'électricité par influence impliquaient cette conséquence inexplicable, qu'avec la quantité *limitée* d'électricité existant sur un corps on pouvait extraire d'un autre corps une quantité *illimitée* d'électricité.

Rappelons, pour bien mettre en évidence ce point essentiel, l'expérience classique qui démontre l'électrisation par influence.

Une sphère métallique (fig. 1) posée sur un support isolant et électrisée par un moyen quelconque, reçoit ainsi une quantité définie d'électricité dont la grandeur est d'ailleurs facilement mesurable. Approchons à une petite distance de cette sphère un corps conducteur, par exemple un long cylindre BC, de métal, monté également sur un support isolant D. On reconnaît aussitôt, par les moyens ordinaires, que le cylindre est chargé d'électricité. Si la boule a préalablement reçu de l'électricité positive, la partie du cylindre placée dans son voisinage est chargée négativement et son autre extrémité positivement. Touchant alors cette dernière, pour la mettre en

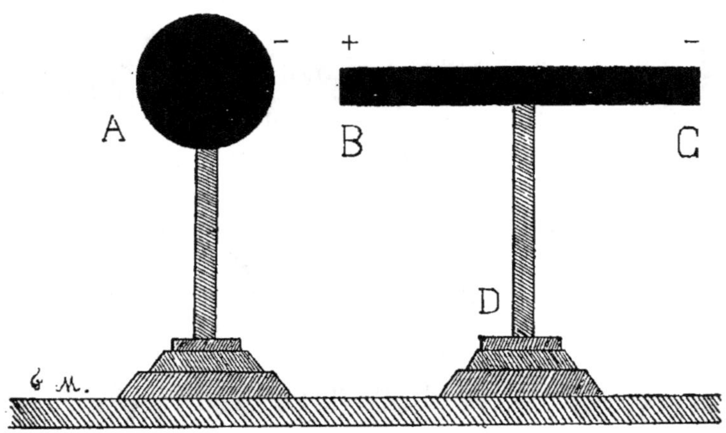

Fig. 1. — *Expérience classique de l'électrisation par l'influence.* (Génération apparente d'une quantité illimitée d'électricité au moyen d'un corps chargé d'une quantité limitée d'électricité.)

communication avec la terre, tout le cylindre reste chargé d'électricité négative. On peut la transporter sur un corps quelconque en maniant le cylindre par son support isolant.

Après avoir déchargé le cylindre, nous n'aurons, pour le recharger de nouveau, qu'à le rapprocher de la boule et opérer comme précédemment.

Ces charges et décharges successives du cylindre, pouvant être répétées indéfiniment, il s'ensuit bien qu'avec la charge limitée d'électricité d'une boule électrisée on peut engendrer sur un autre corps une quantité illimitée d'électricité.

Les physiciens le reconnaissent d'ailleurs nettement. Voici comment s'exprime Jamin[1].

« *L'influence permet d'obtenir, au moyen d'une quantité limitée d'électricité positive, une quantité indéfinie d'électricité négative.* »

On explique cette création apparente d'énergie en disant que pour charger plusieurs fois un corps par influence, il faut le déplacer, c'est-à-dire dépenser une quantité de travail représentant l'équivalent de l'électricité engendrée à chaque nouvelle opération.

Si médiocre que fût cette explication, de la transformation en électricité du simple mouvement de translation d'un corps, il était utile de lui ôter toute apparence de vraisemblance en produisant une électrisation indéfinie sans trace de déplacement du corps électrisé. C'est ce que réalise l'expérience suivante qui montre un corps isolé dans l'espace, devenant, par influence, une source continue d'électricité.

A (fig. 2) est le corps électrisé influençant. Il est chargé d'électricité positive[2] par un moyen quelconque. On voit au-dessous une feuille d'aluminium ou d'or battu d'un demi-centimètre de largeur et de 2 centimètres de hauteur. B est une tige métallique posée sur une table ou tenue à la main. Après quelques tâtonnements on trouve facilement une position dans laquelle la flèche de métal reste entièrement et indéfiniment immobile dans l'espace. Malgré son peu de consistance, elle se maintient fixe et rigide comme si elle était tendue par des ressorts et sa pointe émet de petites étincelles visibles dans l'obscurité. Ses diverses parties prennent des charges dont le sens est indiqué sur la figure.

---

1. *Cours de Physique de l'École Polytechnique*, 4ᵉ édition, t. IV, fascicule I, p. 137.

2. Si la boule était chargée d'électricité négative au lieu d'électricité positive, la feuille d'aluminium viendrait se fixer sur elle et ne resterait pas immobile dans l'espace.

Cette expérience a toujours frappé les physiciens auxquels je l'ai montrée, parce que l'équilibre

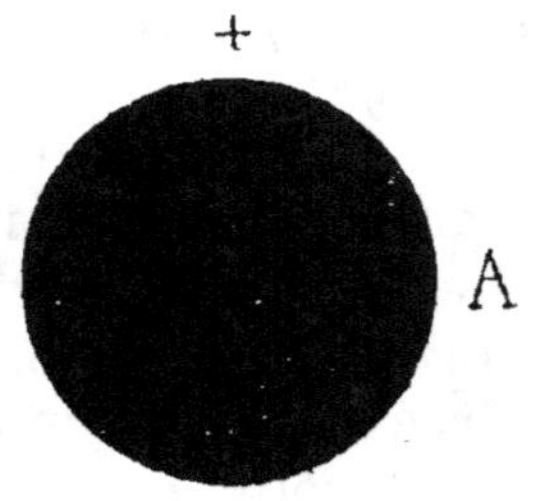

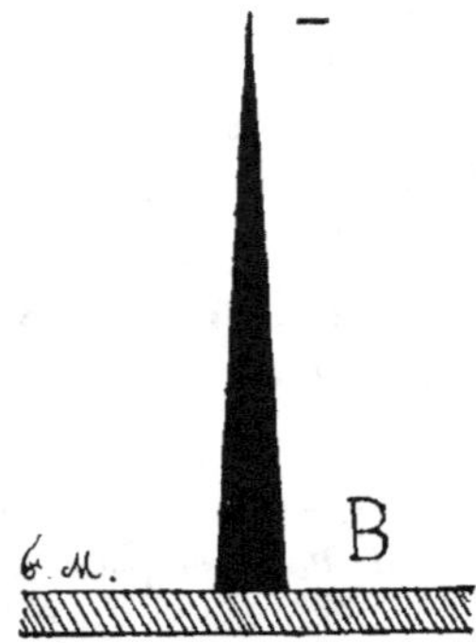

Fig. 2. — *Emission constante d'électricité par une flèche de métal maintenue immobile dans l'espace par des équilibres électriques.*

observé est d'une explication difficile. Il ne faudrait pas supposer la flèche de métal simplement immobilisée par les attractions électriques, exercées en sens contraire sur ses extrémités. Il serait impossible de maintenir dans l'espace un bloc de fer entre des pôles d'aimants agissant sur lui en sens opposé. C'est seulement dans les légendes orientales qu'on voit le tombeau de fer de Mahomet, immobilisé dans l'espace par les actions d'aimants placés dans son voisinage.

La flèche d'aluminium de l'expérience précédente ne reste immobile que parce qu'elle est le siège d'une émission constante de particules. Nous n'avons pas d'ailleurs à nous occuper ici de son équilibre, mais de l'émission continue d'électricité par le métal, sous l'influence de la boule électrisée. Cette émission est mise en évidence par les petites aigrettes faciles à percevoir dans l'obscurité, qui sortent de la pointe métallique.

Étant donné le dispositif de notre expérience, l'électricité produite ne peut sortir que des éléments dont la feuille d'aluminium se compose. Comment expliquer que d'un fragment isolé de métal on retire une quantité en apparence infinie d'électricité?

Les lecteurs au courant de mes précédentes recherches ont certainement deviné l'explication. Elle est contenue tout entière dans l'énoncé des trois principes suivants:

1° La matière contient un réservoir énorme d'énergie ; 2° elle peut se dissocier ; 3° en se dissociant, elle libère, sous des formes diverses, l'électricité, notamment, une partie de l'énergie intra-atomique accumulée en elle au moment de sa formation.

La flèche de métal de l'expérience précédente est tout à fait comparable à un fragment de radium. La seule différence est qu'au lieu de se dissocier spontanément comme le radium, le fragment d'aluminium ne se dématérialise que sous l'influence d'actions électriques.

Quand nous frottons un corps, quand nous le plaçons sous l'influence d'une source électrisée, quand nous le soumettons à un ébranlement quelconque de l'éther tel qu'un rayon lumineux, nous faisons tout autre chose que de transformer du mouvement ou une énergie quelconque en électricité comme les livres l'enseignent. Nous ne réalisons pas alors une transformation, mais une libération de forces. Nous dissocions simplement la matière, en faisant agir sur elle des réactifs convenables. L'électricité est une des manifestations de cette dissociation.

La grandeur de l'énergie intra-atomique étant immense, comme nous l'avons montré, on comprend qu'une portion minime de matière puisse émettre une quantité très grande d'électricité. Cette émission considérable n'est pas infinie, et il est probable que si l'expérience précédente se continuait pendant plusieurs siècles, on verrait l'aluminium se réduire de plus en plus par sa conversion en électricité et finalement disparaître. On aurait alors assisté à la transformation complète de la matière en énergie.

Toutes les expériences d'électrisation par influence relatées dans ce chapitre réalisent justement cette évolution. On aurait pu la lire dans des faits élémentaires, regardés depuis plusieurs siècles sans comprendre leur portée.

Il résulte encore des mêmes expériences que *l'électricité, un des produits de la dissociation de la matière, est également un des plus actifs agents de cette dissociation.* Elle constitue par ses attractions spéciales sur les éléments matériels un de ces réactifs appropriés, dont l'importance a été montrée dans un des chapitres de mon précédent ouvrage. C'est un de ceux devant lesquels la matière est sans défense, alors qu'elle sait lutter contre des actions très énergiques, mais non appropriées. Les irrésistibles puissances d'attraction d'une infime particule électrique dissocient la matière que le choc d'un obus pourrait pulvériser, volatiliser même, mais ne dématérialiserait pas.

§ 3. — LES FORMES DIVERSES DE L'INFLUENCE ÉLECTRIQUE.

Dans la dernière des expériences citées plus haut, celle de la flèche d'aluminium immobilisée dans l'espace, nous avons vu l'influence se manifester avec projections de particules lumineuses, alors que dans l'expérience classique du cylindre électrisé par le voisinage d'une sphère, cette projection ne se produit pas visiblement.

Nous avons été ainsi conduit à soupçonner que le phénomène de l'électrisation par influence pouvait s'opérer suivant des mécanismes différents. Les recherches faites pour vérifier cette hypothèse nous ont permis d'en démontrer la justesse.

Remarquons tout d'abord qu'avec la théorie des électrons, l'électrisation par influence recevrait une explication très simple, puisqu'il suffirait d'admettre que des corps soumis à l'influence partent des électrons visibles ou invisibles transformés immédiatement en ions par leur passage dans l'air, d'après un mécanisme bien connu.

M. de Heen oppose à cette interprétation une sérieuse objection. Si l'électrisation par influence était due à des projections de particules provenant du corps influençant, elle serait arrêtée par l'interposition d'un verre épais, alors qu'elle ne l'est pas du tout. On le voit très bien dans les expériences données plus loin, et qui montrent l'influence s'exerçant sur un corps entièrement protégé par trois enceintes concentriques métalliques. La théorie des électrons est donc tout à fait impuissante à expliquer l'électrisation par influence. Cette dernière peut résulter de mécanismes assez différents, en effet. Les expériences suivantes prouvent que des corps soumis à la même influence électrique pourront, suivant les circonstances, acquérir des charges de sens contraires.

Personne n'ignore — car c'est encore une dès plus élémentaires expériences de physique — que si on approche à quelque distance du bouton d'un électroscope une substance électrisée, un bâton d'ébonite ou de verre frotté par exemple, les feuilles se chargent par influence et divergent immédiatement. Elles retombent dès que le corps électrisé est retiré, parce que les charges de sens contraire produites sur la boule et les feuilles se recombinent dès que l'influence a cessé.

Des générations de physiciens et d'élèves ont répété cette expérience. S'ils avaient essayé de prolonger la présence du corps électrisé au-dessus du bouton de l'électroscope pendant quelques minutes au lieu de l'y laisser pendant quelques secondes, ils auraient constaté alors — non sans quelque étonnement peut-être — que les feuilles d'or restent écartées après qu'on a retiré le bâton électrisé et que le sens de la charge de la boule a changé, c'est-à-dire qu'elle est devenue négative de positive qu'elle était d'abord. Les effets produits dépendent d'ailleurs de la forme donnée au corps influencé, comme le montrent les figures ci-jointes (fig. 3 à 5). On voit s'y succéder des modes d'influence qui se suivent et ne se superposent pas. Impossible de les confondre, car, à chacun d'eux, correspond une charge électrique différente.

Dans le cas de la figure 5, la forme en plateau du corps influencé fait que le sens de la charge ne change pas et que les feuilles retombent quand on retire le bâton électrisé.

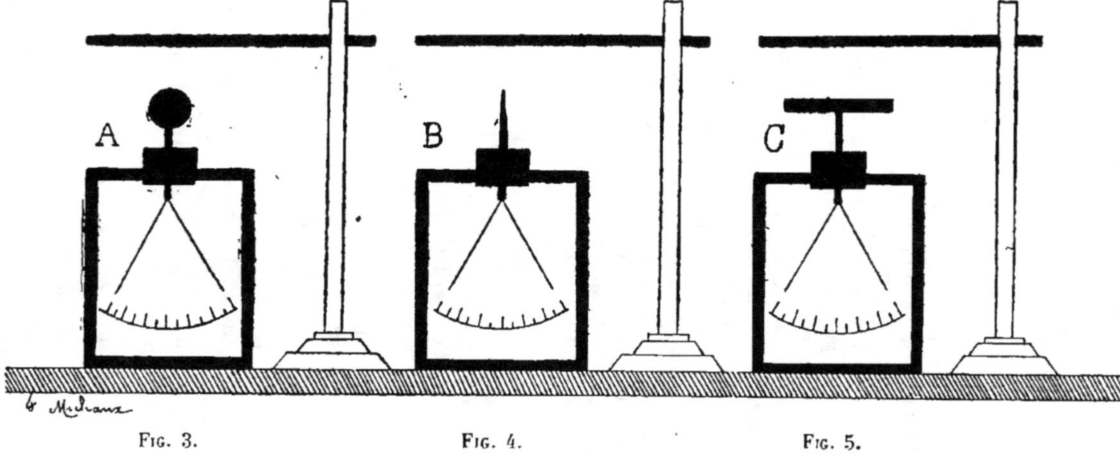

Charges électriques de sens contraires données à un électroscope, suivant sa forme, par un corps chargé négativement.

Dans le cas des figures 4 et 3, il en est tout autrement : les feuilles restent chargées quand on retire le bâton. Avec l'électroscope de la figure 4, l'expérience réussit en quelques secondes alors qu'il faut maintenir la présence du bâton d'ébonite pendant une douzaine de minutes pour qu'elle réussisse avec l'électroscope à boule de la figure 3.

L'explication du maintien de la charge ou de son renversement après que le bâton d'ébonite a été retiré est très simple.

Prenons par exemple le cas de la figure 3. La charge de la boule sous l'influence de l'action du bâton d'ébonite, électrisé négativement, est d'abord positive et celle des feuilles négative, ainsi qu'on le sait. Si on touche la boule avec le doigt comme pour charger un électroscope par influence, la charge négative s'écoule dans le sol alors que la charge positive, retenue par l'électricité négative de l'ébonite, reste sur le bouton et se répand dans les feuilles dès qu'on retire le doigt et le bâton d'ébonite. Finalement, les feuilles sont chargées positivement.

En laissant le bâton d'ébonite un temps suffisant en présence de la boule, on constate au contraire qu'en le retirant sans toucher le bouton de l'électroscope avec le doigt, les feuilles restent chargées négativement au lieu de l'être positivement. Pourquoi ?

Dès qu'on approche le bâton d'ébonite de la boule de l'électroscope, elle se charge positivement par influence — comme dans l'expérience du cylindre relatée dans un autre paragraphe — et l'électricité négative est repoussée dans les feuilles. Si au lieu de retirer le bâton d'ébonite on prolonge sa présence, il attire lentement les particules d'électricité positive de la boule et, quand il est éloigné, les feuilles d'or gardent l'électricité négative qu'elles avaient prise tout d'abord et qui se répand sur la boule. Donc, cette dernière, qui était d'abord chargée positivement, se trouve maintenant chargée négativement. Finalement tout l'instrument possède une charge d'électricité négative.

Dans la figure 4, cette transformation de la charge positive de la boule en charge négative se fait beaucoup plus vite que dans la figure 3 en raison de la forme en pointe donnée à la tige de l'électroscope. Dans la figure 5, la transformation du sens de la charge ne se fait pas du tout à cause de la disposition en plateau qui donne à l'électricité une densité beaucoup trop faible par unité de surface pour qu'elle puisse s'échapper.

La théorie de la charge d'un électroscope par influence est exactement la même que celle de l'électrisation au moyen d'une sphère électrisée placée dans le voisinage d'un cylindre, discutée dans un précédent paragraphe. La sphère électrisée représente le bâton d'ébonite, le cylindre représente les feuilles d'or et la boule de l'électroscope à laquelle elles sont fixées.

Mais si ces deux instruments sont les mêmes, la théorie de l'origine de l'électricité donnée pour l'un est valable pour l'autre. Nous avons vu qu'une sphère électrisée placée dans le voisinage d'un cylindre métallique isolé dissocie la matière de ce dernier, et la transforme en électricité. Lorsqu'on approche un bâton électrisé de la boule d'un électroscope, on dissocie également le métal de cette boule et l'électricité qui s'y manifeste est le produit de cette dissociation.

Comme conclusion de tout ce qui précède, nous répéterons que l'électricité est un des produits de la dématérialisation de la matière, et que, si un corps simple, dissocié par un moyen quelconque, peut engendrer des quantités d'électricité immenses, c'est que la matière est un réservoir d'énergie intra-atomique colossal. Ce qu'on lui enlève, par les moyens dont la science dispose, représente des portions insignifiantes de cette énergie.

Trouver le moyen d'accroître la dissociation de la matière sera, comme je l'ai dit ailleurs, mettre dans les mains de l'homme une source de forces presque illimitée et transformer, du même coup, toutes les conditions d'existence de nos civilisations.

§ 4. — MÉCANISME DE LA DÉPERDITION DES CHARGES ÉLECTRIQUES PAR LES CORPS ISOLANTS.

L'électricité peut se propager dans les corps conducteurs par conduction, par convection et par influence. Comment se fait sa propagation dans les corps non conducteurs ?

On connaît la théorie de Maxwell. Pour lui, l'électricité ne circule pas dans les diélectriques parce qu'elle aurait à surmonter une résistance élastique qui va sans cesse en croissant et s'oppose bientôt à sa propagation.

Il est vrai qu'un diélectrique peut conserver très longtemps une partie de sa charge. J'ai électrisé des blocs de paraffine qui, au bout de dix-huit mois, conservaient encore une faible électrisation résiduelle. Évidemment aussi les diélectriques perdent très vite une grande partie de leur électricité, puisqu'un bâton d'ébonite frotté, dont le potentiel peut dépasser 1.500 volts, a perdu la majorité de sa charge en quelques minutes. Il est même étonnant qu'elle ne disparaisse pas plus vite si l'on admet que la quantité d'électricité retenue dans un corps se maintient à sa surface par la pression du gaz isolant et de l'éther également isolant qui l'entourent. Quand il n'y a plus équilibre entre ces actions antagonistes, l'électricité s'échappe en partie.

Nos recherches prouvent que cette perte d'électricité d'un corps isolant se fait de deux façons : 1° par convection, c'est-à-dire par émission de particules, et 2° par conduction, c'est-à-dire en se propageant, comme pour les conducteurs, le long du corps électrisé à une de ses extrémités.

Ce dernier mode de propagation, contraire aux théories régnantes, se met en évidence par l'expérience suivante :

On se procure des tiges d'ébonite ou de paraffine ayant environ un mètre de longueur. Après les avoir électrisées à une de leurs extrémités en les frottant sur deux centimètres seulement de leur étendue, on met le bout non électrisé en contact avec un corps conducteur relié au bouton d'un électroscope. Aucun déplacement des feuilles d'or n'est d'abord observé ; mais en maintenant le contact pendant quelques minutes, l'instrument se charge lentement. L'électrisation s'est donc propagée le long de la partie non électrisée.

Cette expérience montre qu'en réalité l'électricité peut se propager dans les isolants comme dans les conducteurs, mais beaucoup plus lentement dans les premiers que dans les derniers. En parlant de la vitesse de l'électricité, il faut donc dire que, suivant les corps, elle circule avec une rapidité variant entre quelques centimètres par seconde, et 300.000 kilomètres pendant le même temps.

§ 5. — CAUSES DES DIFFÉRENCES DE TENSION OBSERVÉES DANS L'ÉLECTRICITÉ PROVENANT DES DÉCOMPOSITIONS CHIMIQUES ET CELLE PRODUITE PAR L'INFLUENCE OU LE FROTTEMENT.

On sait que l'électricité obtenue par les réactions chimiques qui se passent dans une pile quelconque est émise en quantité variable avec la grandeur de la pile, mais sous une tension indépendante de ses dimensions. Que la pile soit de la grandeur d'un dé à coudre ou de celle d'une maison, la tension est la même et toujours très faible puisqu'elle ne dépasse guère deux volts par élément.

Il en est tout autrement pour l'électricité retirée de la matière sans faire intervenir aucune réaction chimique, c'est-à-dire par frottement ou influence. La quantité d'électricité produite est alors extrêmement faible, mais sa tension extrêmement grande. Elle peut dépasser 1.500 volts pour un simple bâton d'ébonite frotté et atteindre facilement 50.000 volts avec la plus petite machine statique des laboratoires. Si on voulait obtenir le même voltage avec des piles, il faudrait — les tensions s'additionnant — en réunir environ 25.000 éléments.

Ces différences entre l'électricité des piles et celle des machines à frottement se traduisent par des effets très frappants. Avec les dernières, on observe de bruyantes étincelles que ne produisent pas les premières.

Ce phénomène a beaucoup impressionné les anciens physiciens et fut l'origine de la séparation établie entre l'électricité dite statique et l'électricité dynamique, distinction qui a pesé sur la science pendant plus de cinquante ans. Malgré les dissemblances apparentes qui résultent des différences de tension, l'électricité, engendrée par une pile, est identique à celle produite par une machine statique. La pile et la machine statique fournissent l'une comme l'autre, quand on réunit leurs pôles par un fil, un courant électrique entouré d'un champ magnétique, capable de dévier l'aiguille d'un galvanomètre.

Une pile, dont les pôles sont séparés, est tout à fait comparable à une machine statique chargée, dont les pôles sont éloignés. Entre les pôles de la machine ou ceux de la pile, existe une certaine différence de potentiel. Quand ils sont réunis par un fil, l'électricité s'écoule d'un pôle à l'autre, et cet écoulement constitue le courant électrique.

L'électricité, engendrée par les décompositions chimiques des piles et celle produite par simple frottement des machines statiques, ne différant pas, pourquoi l'électricité d'une pile, produite par des décompositions chimiques, n'a-t-elle qu'une tension de 1 ou 2 volts, alors que celle obtenue par simple frottement se trouve à une tension 20 ou 30.000 fois plus forte ? Les livres sont muets sur cette question.

Aucune des décompositions chimiques connues n'intervenant dans la machine à frottement ou à influence, la production d'électricité dans ces dernières a vraisemblablement une autre origine que des réactions moléculaires. Elle provient, comme nous l'avons précédemment montré, de la dissociation des atomes. Quand on retire de l'électricité d'un corps simple soit par influence, soit par frottement, on libère simplement de l'énergie intra-atomique. Or, comme cette dernière existe dans la matière à un état de condensation extrême, il n'est pas étonnant que l'électricité en sorte sous une tension élevée. Elle est, au contraire, à un potentiel très faible lorsqu'elle résulte, non de la dissociation de l'atome, mais de changements d'équilibres moléculaires. Relativement aux énergies intra-atomiques, les énergies intra-moléculaires sont extrêmement faibles.

J'ai constaté dans diverses expériences dont la plus importante fut déjà relatée plus haut, avec quelle facilité l'énergie intra-atomique se transforme en électricité à haut potentiel.

L'électrisation par le frottement a toujours été obtenue en frottant des corps isolants : résine, verre, etc. Il est préférable, pour justifier la thèse qui précède, de se servir de corps conducteurs. En employant des corps simples, tels que des métaux purs, on évite tous les facteurs étrangers susceptibles d'intervenir quand on fait usage de substances complexes telles que le verre ou la résine.

Pour réaliser facilement les expériences qui vont suivre, on ajuste solidement dans des manches d'ébonite des lames de métaux divers : cuivre, aluminium, etc., ayant la forme d'un rectangle d'environ 10 centimètres de côté. Si, tenant le manche d'ébonite d'une main, on frotte légèrement la lame de métal avec une peau de chat tenue dans l'autre main, on reconnaît, en approchant ensuite le métal de l'électroscope, qu'il est chargé d'électricité à un potentiel de 1.000 à 1.500 volts. Les feuilles d'or de l'instrument deviennent parfois horizontales et même peuvent être arrachées.

L'expérience ne réussit que lorsque l'atmosphère est très sèche. Si, pour dessécher le métal, on le chauffait à 100 degrés environ ou au-dessus, il ne pourrait plus être ensuite électrisé que très faiblement par le frottement après le refroidissement. Il ne reprend alors qu'au bout d'un certain temps, variable suivant les métaux, la propriété d'être électrisé à un haut potentiel.

La température exerce peu d'influence sur certains métaux, comme le cuivre, mais une notable sur d'autres, tels que l'aluminium. Ce dernier ne reprend la propriété d'être fortement électrisé qu'au bout d'un quart d'heure après avoir été chauffé.

Lorsque le métal est dans les conditions où il est électrisable facilement, il suffit de passer légèrement sur lui une seule fois la peau de chat pour qu'il s'électrise à un potentiel de quelques centaines de volts. Il est donc bien exact, comme je l'ai dit ailleurs, qu'il suffit de toucher la matière pour en retirer de l'électricité. Une transformation si rapide obtenue par un moyen si simple paraît toujours extraordinaire quand on y réfléchit. Elle est d'autant plus frappante que dans l'électrisation par simple contact de deux métaux hérérogènes, le potentiel obtenu n'est que de quelques volts, c'est-à-dire si faible qu'on ne peut le constater avec un électroscope ordinaire. Volta, qui découvrit l'électrisation par contact, ne réussit à la mettre en évidence qu'avec son électroscope condensateur.

Si l'électrisation de métaux par le frottement ou par influence ne dépendait pas autant de conditions atmosphériques très variables, il pourrait y avoir avantage à remplacer les plateaux isolants en verre ou en ébonite des machines statiques, par des plateaux en métal convenablement isolés.

Fig. 6. — *Plaque métallique tenue par un manche isolant d'ébonite et qu'il est possible de porter à un potentiel d'un millier de volts en la frottant très légèrement comme il est expliqué dans le texte.*

Bien souvent, dans le cours de cette longue étude, nous avons constaté avec quelle facilité la matière se dissocie, malgré sa stabilité apparente, dès qu'on fait agir les réactifs auxquels elle est sensible. Les forces les plus puissantes semblent n'avoir aucune prise sur elle ; on peut la broyer, la calciner, la volatiliser sans que son poids éprouve aucun changement. Et, pourtant, il suffit de la toucher légèrement, de faire tomber un faible rayon de soleil à sa surface pour que l'instabilité succède à la stabilité et que sa désagrégation commence. De cette instabilité les forces dérivent. L'électricité, la chaleur et toutes les énergies de l'univers représentent des formes instables de la matière.

Ce qui frappe aussi dans cette étude, ce sont les énergies colossales contenues dans d'infimes particules de matière. Ces énergies jouent peut-être un rôle prépondérant dans les phénomènes biologiques. Nous l'entrevoyons déjà par l'importance du rôle de substances, comme les toxines, les diastases, les corps colloïdaux, qui ne renferment que des traces impondérables de matière, mais sans doute sous une forme où peuvent se libérer les énergies. Nous sommes en présence d'un monde nouveau de phénomènes, dont l'étude approfondie modifiera toutes nos conceptions actuelles de l'univers.

CHAPITRE III

Les problèmes du magnétisme, de l'induction et des lignes de force.

§ I. — LE PROBLÈME DE L'AIMANTATION.

Le problème qui s'est posé devant nous à propos de l'électrisation par influence se présente également pour les phénomènes d'aimantation et d'induction.

On sait qu'un aimant permanent peut aimanter un nombre indéfini de barreaux de fer. Une quantité limitée de magnétisme semble donc pouvoir en produire une quantité illimitée.

Dire que le magnétisme d'un aimant sert uniquement à orienter les molécules du fer exposé à son action, ne constitue nullement une explication ; car cette orientation nécessiterait une dépense de travail qui épuiserait le magnétisme du corps aimantant.

L'interprétation du magnétisme étant évidemment difficile, on s'en tient encore à la vieille hypothèse des courants particulaires d'Ampère, malgré toutes les objections qu'elle soulève. Celle de Lorenz — sur laquelle il insiste peu d'ailleurs — n'est pas beaucoup plus satisfaisante. « On peut, suivant lui, supposer qu'il existe dans un aimant des électrons qui tournent ou tourbillonnent. »

L'observation montre qu'il sort d'un aimant des lignes de force dont l'existence et la direction sont mises en évidence par l'expérience classique du spectre magnétique. Leur ensemble constitue ce que l'on appelle le champ d'un aimant.

Tenons nous-en à ce fait d'expérience que le magnétisme s'accompagne d'une émission de choses de structure inconnue, appelées lignes ou tubes de force. Leur réunion forme un faisceau dont la grandeur dépend de certaines conditions, telle que la section de l'aimant. Il suffirait, pour expliquer le phénomène de l'aimantation de toutes les barres de fer introduites successivement dans le champ d'un aimant, d'admettre que ses lignes de force sont captées par les masses de fer qu'elles rencontrent et remplacées immédiatement par d'autres, égales en nombre, sorties de l'aimant.

Mais nous ne faisons ainsi que reculer la difficulté. Comment un aimant remplacera-t-il indéfiniment les lignes de force perdues par lui en aimantant un autre corps?

Nous expliquerons cette production, d'apparence illimitée, en recourant encore à notre théorie de la dissociation de la matière et de la libération de l'énergie intra-atomique qu'elle contient en quantité immense. Ses manifestations sont nombreuses. A celles déjà mentionnées, chaleur et électricité, il faut sans doute ajouter le magnétisme.

Un aimant peut engendrer un nombre presque illimité de lignes de force, absolument comme un fragment de radium peut engendrer une quantité presque illimitée de chaleur et de certaines radiations. Ces radiations, elles aussi, sont susceptibles d'être captées par les corps voisins et de leur donner les propriétés du radium lui-même. Ce phénomène auquel on donne le nom de radio-activité induite, présente de grandes analogies avec l'aimantation induite par le voisinage d'un corps aimanté.

Je n'insisterai pas sur l'interprétation qui précède

parce qu'il est impossible d'en vérifier expérimentalement la valeur. Les physiciens ont à peu près renoncé d'ailleurs à expliquer les problèmes relatifs à l'aimantation. M. Lucien Poincaré a très bien montré dans le passage suivant combien est misérable l'explication la plus généralement admise :

« Un aimant attire un courant ; il y a donc du travail mécanique produit ; mais d'où provient-il, ce travail ?... Il nous resterait toujours, pour ne pas avouer notre embarras, la ressource de nous payer de mots et de dire que le travail recueilli provient d'une diminution de l'énergie potentielle du système. Aussi bien, est-ce de cette façon que l'on traduit — je ne dis pas que l'on explique — la manière dont agissent l'un sur l'autre deux aimants permanents.

« Mais lorsque l'on voit un courant qui se déplace sous l'action des forces électromagnétiques et que l'on constate que l'on peut ainsi obtenir des rotations continues, il paraît bien peu vraisemblable que le travail recueilli puisse provenir, dans ce cas, d'une perte compensatrice dans l'énergie potentielle du système. Il faudrait, en effet, supposer que cette énergie a, pour ainsi dire, une valeur infinie ; et cette supposition répugne presque au bon sens. »

§ 2. — LE PROBLÈME DE L'INDUCTION.

Le même problème se pose également pour l'induction. Comment, avec une quantité définie de magnétisme, pouvons-nous produire une quantité en apparence illimitée d'électricité induite ?

En coupant les lignes de force d'un aimant par un fil métallique formant une boucle dont les extrémités sont reliées aux bornes d'un galvanomètre, on constate pendant le passage du fil à travers les lignes de force l'apparition d'un courant dit d'induction. L'opération peut être répétée indéfiniment. Il suffit de déplacer d'une façon continue le fil métallique dans le champ magnétique pour obtenir, tant que se répéteront les déplacements, des courants d'induction.

Sur ce fait fondamental de la production d'un courant par un corps conducteur coupant des lignes de force sont basées les machines magnéto-électriques dont les dynamos ne diffèrent que parce qu'un électro-aimant remplace l'aimant fixe. Nous n'envisagerons ici que les premières qui permettent de rendre plus claire notre démonstration.

Dans ces machines magnéto-électriques, le fil unique supposé plus haut est enroulé sur une bobine tournant entre les pôles d'un aimant fixe, de façon à couper et recouper ses lignes de force. Tant que la bobine continuera son mouvement, le magnétisme de l'aimant se transformera en électricité. Avec une quantité finie de magnétisme, nous produirons donc une quantité illimitée d'électricité.

Dans les théories actuelles on explique cette génération indéfinie d'électricité aux dépens d'une quantité limitée de magnétisme, en disant que le mouvement de rotation de la bobine s'est transformé en électricité, ou, si on préfère, que le travail dépensé contre les forces électromotrices se retrouve sous forme d'énergie électrique. Une telle métamorphose serait aussi merveilleuse en réalité que celle du plomb en or, en se bornant à le secouer dans un flacon. Il est peu vraisemblable que de l'énergie cinétique puisse subir une semblable transformation, et il faut chercher une autre interprétation au phénomène.

L'explication proposée, et qui sera encore celle donnée plus haut pour des phénomènes du même ordre, ne fait appel à aucune transmutation. La matière se dissociant facilement et constituant un immense réservoir d'énergie intra-atomique, il suffit d'admettre que les lignes de force captées par le corps conducteur qui les coupe et les laisse s'écouler sous forme de courant électrique, sont constamment remplacées aux dépens de l'énergie intra-atomique. Cette dernière étant relativement presque inépuisable, un seul aimant pourra fournir un nombre de lignes de force presque infini.

Le déplacement du corps conducteur dans le champ magnétique sert uniquement à le mettre dans la condition nécessaire pour absorber des lignes de force et leur donner la forme de courant électrique. Il faut une quantité déterminée de mouvement et, par conséquent, de travail pour engendrer une certaine quantité d'électricité ; mais on n'est nullement fondé à en déduire la transformation en électricité du simple mouvement d'un corps.

Donc, en voyant fonctionner ces gigantesques dynamos, d'où s'écoulent des torrents de fluide électrique, nous ne devons pas dire qu'elles représentent du mouvement transformé en électricité. C'est simplement l'énergie intra-atomique de la matière dissociée qui apparaît sous forme d'électricité.

Ici encore se montre la fécondité des principes que nous avons posés sur la dissociation de la matière et la grandeur de l'énergie intra-atomique. L'immense réservoir des forces contenues dans la matière permet l'explication de la plupart des phénomènes, depuis l'électricité qui éclaire nos rues, jusqu'à la chaleur solaire d'où la vie dérive.

§ 3. — LE PROBLÈME DE L'ORIGINE DES LIGNES DE FORCE.

Dans la plupart des phénomènes précédemment étudiés sont intervenues les lignes de force. Elles semblent l'élément fondamental de l'électricité.

Faraday, partant de cette idée, contraire d'ailleurs à celles de la plupart des physiciens de son temps, que la matière ne peut agir à distance, c'est-à-dire là où elle n'est pas, avait déduit l'existence d'un intermédiaire reliant les corps électrisés. Il fut ainsi amené à reconnaître que ces derniers sont entourés de lignes de force dans tout l'espace, dit champ électrique, où se produit leur action.

L'illustre physicien attribuait à ces lignes une existence très réelle et ne les considérait nullement comme une simple expression mathématique. Il y voyait des sortes de ressorts élastiques se repoussant mutuellement et reliant les corps chargés d'électricité de nom contraire. Leurs extrémités, fixées à ces corps, constituaient la charge électrique.

Faraday mit en évidence les lignes de force entourant les aimants au moyen de l'expérience classique du carton saupoudré de limaille de fer, au-dessous duquel sont placés les deux pôles d'un aimant. Cette limaille se répartit sur le carton dans la direction des lignes de force.

Par voie d'extension, Faraday supposa les corps électrisés entourés de lignes de force analogues à celles enveloppant les pôles d'un aimant. Plusieurs moyens permettent, aujourd'hui, de rendre leur existence évidente. On peut même les photographier en utilisant les ions lumineux qui, pendant les décharges électriques, suivent leur direction. La figure 7 montre les lignes de force rayonnantes autour d'un corps électrisé isolé. La figure 8 indique la répulsion des lignes de force entre deux corps chargés d'électricité de même nom.

De quoi se composent les lignes de force? Quelle est leur structure? Maxwell les considérait comme formées de cellules d'éther tourbillonnant autour de lignes prises comme axes, entre lesquelles existeraient des particules constituant l'électricité. Aucune expérience ne permet de justifier cette théorie. Nous devons nous borner à constater l'action des lignes de force sans rien pouvoir dire de leur structure.

Elles possèdent des propriétés montrant qu'elles se produisent dans l'éther plutôt que dans la matière, dont cependant elles semblent sortir.

Une des plus fondamentales, quoi qu'on ne la mentionne guère dans les livres, est de traverser sans aucune difficulté, ou de se conduire comme si elles traversaient toutes les substances matérielles, conductrices ou isolantes, ce que ne font qu'à un faible degré les rayons X et les particules émises par le radium. Ce fut précisément, parce que cette propriété

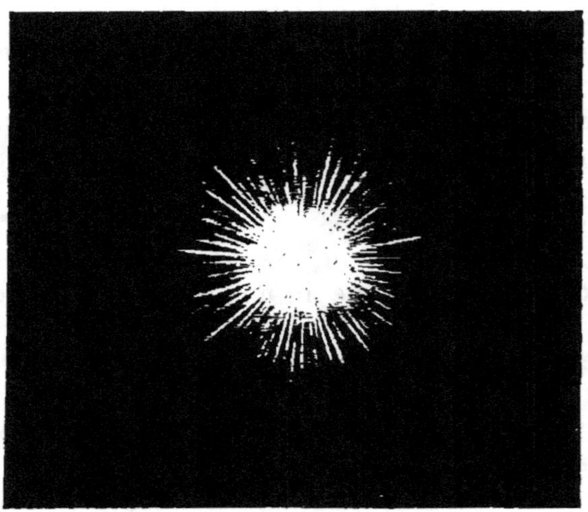

Fig. 7. — *Photographie des lignes de force entourant un corps électrisé isolé.*

avait très peu frappé les physiciens qu'ils furent si impressionnés à l'époque de la découverte de radiations passant à travers la matière. Les corps peuvent cependant être traversés par les lignes de force beaucoup plus facilement que par les rayons X. Si les premières avaient été capables d'agir sur la plaque photographique, les rayons X n'eussent jamais provoqué l'émotion dont on se souvient. Leur passage imparfait à travers les corps permit seul la célèbre photographie du squelette de la main dont on a tant parlé.

L'expérience de la cage de Faraday, montrant que les corps entourés d'une enceinte métallique reliée à

la terre ne reçoivent aucune charge électrique, fait
oublier la facilité des métaux à se laisser traverser
par les lignes de force. Mais en supprimant cette
mise à la terre, un métal n'oppose pas d'obstacle à
leur passage.

L'appareil représenté figure 9, que j'ai construit

FIG. 8. — *Photographie des répulsions des lignes de force entre deux corps
chargés d'électricité de même signe.*

pour rendre évident ce passage des lignes de force
à travers les métaux et les isolants, prouve que l'on
peut charger instantanément un électroscope protégé
par trois cylindres concentriques qui peuvent être en
métal ou en ébonite. Bien entendu, les cylindres
métalliques reposent sur un support isolant.

La transparence des corps pour les lignes de force
magnétiques est aussi complète que pour les lignes
de force électriques, mais trop connue pour avoir
besoin de démonstration. Chacun sait qu'un aimant
agit sur une boussole à travers une porte ou un corps

métallique non magnétique. Rien de plus facile à vérifier d'ailleurs. A quelque distance d'un aimant, on observe la déviation de l'aiguille d'une boussole,

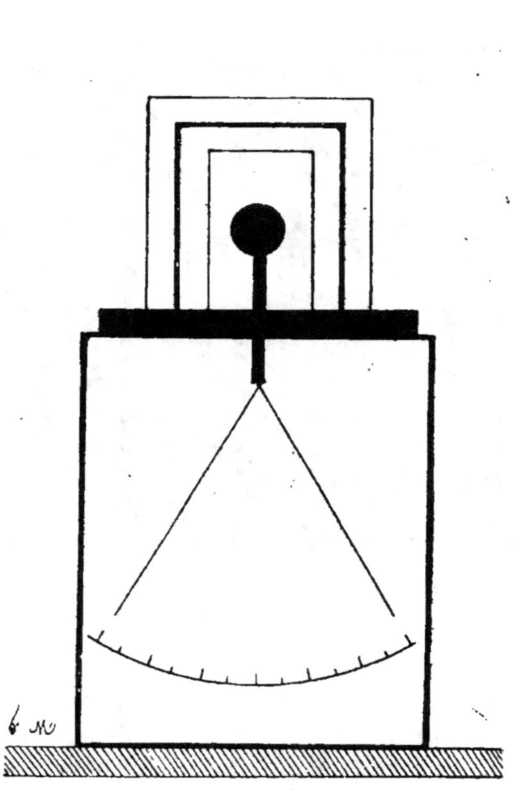

Fig. 9. — *Passage des lignes de force à travers trois enceintes concentriques métalliques ou isolantes d'épaisseurs variées entourant la boule d'un électroscope. Sous l'influence d'un bâton de verre ou de résine frottée approché de l'instrument les feuilles d'or divergent immédiatement.*

puis on interpose entre eux une plaque épaisse de métal non magnétique. L'aiguille de l'instrument ne se déplace pas. Les lignes de force traversent donc le métal sans y subir aucune trace d'absorption pour agir sur la boussole. Mais si le corps interposé était susceptible d'aimantation, il capterait les lignes de force de l'aimant et constituerait alors ce qu'on appelle un écran magnétique. C'est justement, nous l'avons dit, ce captage des lignes de force qui produit l'aimantation et aussi l'induction quand on déplace un conducteur dans un champ magnétique.

Ces lignes de force, dont nous venons de montrer les propriétés, n'ont aucune analogie avec les substances matérielles, il est pourtant évident qu'elles proviennent de la matière. Le voisinage d'un bâton de verre ou de résine électrisé les en fait sortir, et il suffit de retirer ces derniers pour qu'elles y retournent.

Sans même approcher de la matière un corps électrisé, on en retire des lignes de force. Il suffit de mettre en contact deux substances hétérogènes. On constate alors que les deux corps sont reliés par des lignes de force qui s'allongeront ou se raccourciront suivant l'écartement des surfaces. Ce sont de véritables fils élastiques, comme l'admettait Faraday ; mais de quoi sont-ils formés? S'ils se composent uniquement d'éther, leur propriété de s'allonger indéfiniment ou de se raccourcir jusqu'à des dimensions moléculaires n'est pas d'une interprétation facile.

Il n'est plus guère possible aujourd'hui de contester l'existence très réelle des lignes de force. Un champ magnétique, formé par leur réunion, est une sorte de milieu visqueux entraînant les corps qui y sont plongés quand on le met en mouvement. Les masses métalliques, introduites dans un champ magnétique, le suivent dans sa rotation. L'industrie électrique utilise aujourd'hui ces « champs tournants » pour mettre en mouvement un corps sans aucun mécanisme matériel.

12.

Ces faits, peu explicables encore, contribuent surtout à mettre en évidence les relations étroites de la matière avec l'éther, sur lesquelles nous avons tant insisté et dont la science actuelle fait encore deux domaines profondément distincts. Lorsqu'on n'en étudie que des formes extrêmes, un rayon de soleil et un bloc de métal, par exemple, ils semblent en effet très divers. Mais, par l'examen des éléments intermédiaires reliant leurs si dissemblables apparences, on montre que l'éther et la matière ne sont pas deux mondes séparés, mais un seul et même monde.

CHAPITRE IV

Les ondes électriques.

———

En 1888, le physicien Hertz découvrit que les décharges électriques oscillantes engendrent dans l'éther une série d'ondulations analogues à celles produites par la chute d'un corps dans l'eau. Il démontra que ces ondes se propagent, se réfractent, se polarisent comme la lumière et circulent avec la même vitesse, n'en différant que par leurs dimensions. Les plus petites ont 5 millimètres de longueur, alors que les ondes lumineuses, les plus grandes, ont 50 microns. Les dernières sont donc cent fois plus petites que les premières.

Les ondes électriques produisent sur les corps conducteurs qu'elles rencontrent des courants d'induction. Ce fut en observant les étincelles ainsi engendrées que Hertz révéla l'existence des ondes qui portent actuellement son nom. C'est sur la propagation de ces ondes, dans l'espace, qu'est basée la télégraphie sans fil. Pour déceler au loin leur présence, il suffisait de trouver un réactif analogue à l'oreille pour le son ou la plaque photographique pour la lumière.

Les seuls caractères communs aux ondes électriques et à la lumière sont leur vitesse de propagation et leur propriété de pouvoir être réfléchies, réfractées et polarisées. Mais il faut remarquer qu'un ébranlement périodique de l'éther, quelle qu'en soit la cause, possédera nécessairement de semblables propriétés. Il est donc peut-être excessif d'en déduire l'identité des ondes hertziennes et lumineuses. On n'en aurait le droit que si ces dernières possédaient elles aussi des propriétés électro-magnétiques et pouvaient, par conséquent, produire des courants d'induction sur les conducteurs. Or, on n'a jamais pu obtenir avec elles aucun phénomène électrique ou magnétique ni constater leur propagation le long d'un fil, comme pour les ondes électriques.

Il serait sans intérêt d'insister sur ces différences, la théorie électro-magnétique de la lumière généralement admise correspond à ce besoin de simplification et d'unification si général en physique aujourd'hui. Le temps seul peut remonter de tels courants.

Renonçant donc à contester la valeur d'analogies universellement acceptées maintenant, nous nous bornerons à remarquer, en passant, que les ondes hertziennes sont à l'électricité ce qu'est la chaleur rayonnante à celle qui circule dans la matière. Un corps chaud rayonne dans l'éther des ondes dites de chaleur rayonnante, qui élèvent la température des substances sur lesquelles elles tombent. Un corps électrisé déchargé brusquement rayonne des ondes dites électriques, qui peuvent charger d'électricité le corps qu'elles rencontreront. Il y a là un parallélisme qui ne conduit nullement d'ailleurs à une identité. Les causes déterminant la production des ondes de la chaleur rayonnante ne semblent posséder que de lointaines analogies avec celles des ondes électriques.

§ 2. — SENSIBILITÉ DE LA MATIÈRE POUR LES ONDES ÉLECTRIQUES.

Plus on étudie la matière, plus on est frappé par son extraordinaire sensibilité. Sous son apparente rigidité elle possède une structure très compliquée et une vie intense. Des fragments de métal peuvent être impressionnés à plusieurs centaines de kilomètres par de simples vibrations de l'éther, au point de devenir conducteurs pour des courants électriques qu'ils ne laissaient pas d'abord passer. Cette impressionnabilité fournit un nouvel indice des relations qui relient l'éther et la matière.

Le réactif des ondes électriques employé par Hertz était peu sensible. Il consistait simplement en un fil courbé en cercle, terminé à ses extrémités par deux boules très rapprochées. Promenant dans l'espace ce récepteur, il vit éclater entre les boules, sur le passage des ondes, de petites étincelles d'induction produites par leur action. Recevant ces ondes sur de grands miroirs cylindro-paraboliques en métal, il reconnut que la plus grande production d'étincelles se manifestait à leur foyer. Leur faisant traverser un prisme d'asphalte, il observa qu'elles étaient déviées. Ainsi furent démontrées leur réflexion et leur réfraction..

Le récepteur de Hertz était très peu sensible, puisqu'il ne permettait pas de révéler l'existence des ondes électriques à plus de quelques mètres de leur point d'émission. Cette insensibilité fut une circonstance heureuse, si Hertz avait fait usage des récepteurs employés maintenant pour la télégraphie sans fil, les phénomènes de la réflexion, de la réfraction et de la polarisation n'auraient pu être découverts qu'avec la plus grande difficulté. Nous avons souvent constaté, en effet, que des récepteurs sensibles, placés au foyer des miroirs de Hertz, à côté ou même derrière eux, donnent des indications identiques. Nous aurons occasion d'expliquer pourquoi. Comme cela fut souvent observé dans l'histoire des sciences, l'instrument grossier rend plus de services qu'un instrument délicat.

Avec les récepteurs peu sensibles qu'employait Hertz, les appareils producteurs des ondes devaient

Fig. 10. — *Appareil employé pour révéler la présence des ondes hertziennes.* (Tube à limaille de Branly et sonnerie intercalés dans le circuit d'une pile).

être très puissants et par conséquent fort volumineux. Grâce au récepteur découvert par Branly, les plus insignifiantes étincelles suffisent, au contraire, à les impressionner.

Malgré sa merveilleuse sensibilité, le récepteur, dit radio-conducteur ou tube à limaille, est si simple que chacun peut le construire facilement.

Il consiste uniquement, en effet, en un petit tube

de verre contenant deux tiges de métal écartées de 2 ou 3 millimètres, entre lesquelles on interpose un peu de limaille métallique. Ainsi constitué ce tube est isolant ; frappé par les ondes électriques d'un radiateur qui peut être placé à des centaines de kilomètres, il devient conducteur et laisse passer le courant de la pile dans le circuit de laquelle il est intercalé avec un électro-aimant destiné à faire fonctionner un télégraphe Morse ordinaire. Un simple choc sur le tube, donné automatiquement par un autre électro-aimant, intercalé dans le même circuit avec un relai, le ramène à son état primitif et permet un nouveau signal.

Comme je le disais à l'instant, ces récepteurs sont tellement sensibles que la source la plus faible d'électricité est suffisante pour agir sur eux. La difficulté n'est pas d'obtenir des ondes électriques, mais plutôt de réussir à n'en pas produire, lorsqu'on désire les éviter. Toute décharge brusque d'un corps électrisé, si petite que soit l'étincelle, produit des ondes électriques. On en détermine en frottant un bâton de résine, en faisant fonctionner une sonnette électrique, en ouvrant ou en fermant le circuit d'une pile, etc. J'ai pu faire agir, à 50 centimètres, un récepteur sensible avec l'étincelle d'un simple bâton d'ébonite frotté et touché ensuite par un objet métallique de capacité quelconque, une clef ou une pièce de monnaie par exemple.

La découverte, par Branly, de la variation de conductibilité des limailles métalliques sous l'influence des ondes hertziennes, bien que restée inaperçue lors de sa publication, constitue certainement une des plus remarquables découvertes de la physique moderne, non pas seulement parce qu'elle a rendu possible la télégraphie sans fil, mais surtout parce qu'elle ouvre des horizons fort imprévus sur des phénomènes encore très mystérieux, et sur lesquels la sagacité des physiciens aura sans doute à s'exercer pendant long-temps.

Il s'agit là de ce fait très général et n'ayant rien de spécial aux limailles métalliques que des fragments de métaux en contact, présentant au passage de l'électricité une résistance extrêmement considérable, 30.000 ohms, par exemple, deviennent conducteurs sous l'influence d'ondes électriques très faibles et perdent cette conductibilité par simple choc. Ces différences indiquent une grande variabilité dans l'agrégation des atomes sous des actions infiniment faibles, mais appropriées.

La plupart des conducteurs discontinus peuvent présenter ces variations. Or, nous ne manions guère que des conducteurs discontinus. Un conducteur continu, tel qu'un fil métallique, devient discontinu dès qu'on le relie par des bornes à une pile. Et, comme nous venons de voir, que dans un conducteur discontinu la résistance n'est pas du tout — au moins pour un grand nombre de métaux — une grandeur constante dépendant de la section et de la longueur du fil, comme le voudrait la loi de Ohm, il s'ensuit que la conductibilité de certains corps métalliques peut varier dans d'immenses proportions, suivant le serrage des fils par les bornes et les circonstances dans lesquelles on en fait usage. Même avec un serrage constant, cette résistance peut encore considérablement varier, puisqu'il suffit de faire éclater une étincelle dans le voisinage pour modifier la résistance du contact. Or, le fait seul d'ouvrir ou fermer un courant produit de telles étincelles. Un tube à limaille à résistance variable ne constitue qu'une exagération de ces effets.

Il est facile d'illustrer ce qui précède par une expérience fort curieuse due à Branly. On forme une colonne métallique de 30 à 40 centimètres de hauteur par la superposition d'une série de disques métalliques polis, fer, bismuth, aluminium, etc., de la dimension d'une pièce de 5 francs. La colonne peut être même uniquement formée de billes d'acier poli superposées dans une éprouvette. La résistance au passage d'un courant électrique est toujours considérable. Elle devient presque nulle si on fait éclater une petite étincelle dans son voisinage. Pour la faire reparaître, il suffira de donner un choc sur la partie supérieure de la colonne.

Ces variations s'exagèrent encore, si la colonne au lieu d'être faite d'un même métal est composée de disques de métaux différents. Avec une colonne de disques alternés de plomb et d'aluminium, quelques chocs portent la résistance à environ 30.000 ohms et des ondes électriques très faibles envoyées à distance réduisent cette énorme résistance à 3 ohms.

Cette variabilité de la résistance ne s'observe pas chez tous les métaux en contact, le cuivre notamment fait exception, et il est heureux qu'il en soit ainsi. La loi de Ohm, $I = \dfrac{E}{R}$, implique naturellement la connaissance de R. Or, si les physiciens qui l'ont établie s'étaient servis de fils de divers métaux autres que le cuivre ou ceux jouissant des mêmes propriétés, elle n'eût pu être trouvée. Ils auraient constaté en effet, en se servant d'un appareil de mesure quelconque — un pont de Wheastone par exemple — que la résistance varie constamment dans de grandes proportions pour une longueur donnée de fil et que les variations de serrage des bornes n'expliquaient pas ce phénomène. Eurent-ils même reconnu l'influence d'une étincelle éclatant dans le voisinage, — que l'ouverture ou la fermeture du courant de la pile employée dans les expériences produit toujours — ils n'en auraient déduit aucune mesure, tant les effets de ces étincelles sont variables d'une expérience à l'autre. La conclusion finale eût été sans doute qu'un fil de dimension constante peut, dans des circonstances en apparence identiques, laisser écouler des quantités très différentes d'électricité, contrairement à la loi de Ohm. Cette loi, base de toutes nos connaissances en électricité, n'eût été sans doute trouvée que beaucoup plus tard et par des moyens très détournés.

La propriété particulière à un petit nombre de métaux, tel que le cuivre, de ne pas être influencés par les ondes électriques semble pouvoir se communiquer aux corps voisins, comme si ces métaux possédaient une sorte d'atmosphère métallique. Prenons une colonne de disques de cuivre, métal de conductibilité invariable. La résistance de cette colonne sera une grandeur constante dépendant de la hauteur des disques et de leur diamètre et obéissant par conséquent à la loi de Ohm. Prenons une seconde colonne de disques d'aluminium, métal à conductibilité variable, leur résistance changera dans des proportions considérables suivant les conditions, — choc, envoi d'ondes électriques que nous avons énumérés. Mélangeons maintenant les disques des deux colonnes, de façon qu'à un disque de cuivre succède un disque d'aluminium. Le cuivre communique ses propriétés à l'aluminium et la colonne se conduit comme si elle se composait uniquement de cuivre. Sa résistance est devenue invariable. Elle obéit maintenant à la loi de Ohm.

§ 3. — LA PROPAGATION DES ONDES ÉLECTRIQUES A DISTANCE ET LEUR FUTURE UTILISATION.

Nous avons vu les ondes hertziennes se propager dans l'espace à des centaines de kilomètres et déterminer sur les corps métalliques qu'elles rencontrent des courants électriques d'induction capables de se manifester sous forme d'étincelles.

Cette production d'électricité à distance est très faible parce que les ondes électriques dispersent leur énergie dans toutes les directions de l'horizon. Mais il en serait tout autrement si nous pouvions les concentrer sur un seul point au moyen de miroirs ou de réflecteurs comme on le fait pour la lumière. De tels réflecteurs (miroirs cylindro-paraboliques) ont bien été utilisés par Hertz dans ses expériences, puisqu'il démontra grâce à eux la réflexion des ondes électriques, malheureusement en raison de la grandeur de ces ondes et des phénomènes de diffraction qui en sont la conséquence, une grande partie de l'énergie est perdue. Pour la concentrer, il faudrait donner au miroir des dimensions gigantesques.

Cependant je ne crois pas du tout la solution du problème impossible et si je n'ai pas exécuté le plan des recherches que j'avais l'intention de réaliser à ce sujet, c'est uniquement en raison des dépenses qu'elles devaient entraîner. Je me proposais de placer, à côté l'un de l'autre et en contact un grand nombre de miroirs cylindro-paraboliques. Il n'est pas nécessaire de les supposer très hauts, car on amène facilement les ondes à se former dans un plan de faible épaisseur. J'aurais ensuite essayé de produire des champs électriques extrêmement intenses comme ceux obtenus avec divers instruments, le résonateur de Oudin, notamment. Quand ce dernier fonctionne avec une bobine de 60 centimètres d'étincelle, tous les objets métalliques d'une chambre de 10 mètres de longueur sont chargés d'électricité par induction, à ce point qu'ils émettent spontanément des milliers d'étincelles. Elles produisirent une fois devant moi à plusieurs mètres des courts-circuits dans un tableau de distribution comprenant des voltmètres, ampèremètres, etc., reliés par des fils métalliques à double couche isolante. Ces courts-circuits eurent pour résultat de faire fondre les fils, et il fallut arrêter vite l'expérience sous peine d'incendie.

Le problème, d'envoyer à distance un faisceau d'ondes hertziennes parallèles, ne possède pas seulement un intérêt théorique. Il est permis de dire que sa solution rendant les guerres impossibles changerait l'orientation de nos civilisations. Le physicien qui réalisera le premier cette découverte pourra profiter de la présence de cuirassés d'une puissance ennemie, réunis dans une rade, pour les faire exploser en quelques minutes, à plusieurs kilomètres de distance, simplement en dirigeant sur chacun d'eux une gerbe de radiations électriques. Arrivant aux fils métalliques dont sont sillonnés aujourd'hui ces navires, elles provoqueront une atmosphère d'étincelles qui fera éclater aussitôt les obus et les torpilles accumulés dans leur flancs.

Avec le même réflecteur donnant un faisceau de radiations parallèles, il ne sera pas beaucoup plus difficile de provoquer l'explosion de la provision de poudre et d'obus contenus dans une forteresse, puis celle des parcs d'artillerie d'un corps d'armée, enfin les cartouches métalliques des soldats. Les guerres que la science rendit d'abord si meurtrières deviendraient finalement impossibles. Les relations entre peuples devront alors s'établir sur des bases nouvelles.

Il ne faudrait pas supposer qu'un moyen quelconque pourrait protéger un navire ou une forteresse de l'action des ondes hertziennes. Sans doute nos expériences ont prouvé, comme nous le verrons dans un prochain chapitre, qu'une feuille de métal de 1/100 de millimètre arrête complètement les ondes électriques ; mais ces mêmes expériences prouvent aussi que cette protection théorique est entièrement illusoire. La moindre fente existant entre les joints d'une enceinte laisse passer sans difficulté les ondes hertziennes.

Il serait sans intérêt d'insister davantage. J'ai plus d'une fois rencontré, dans mes recherches, de ces problèmes dont la solution modifierait plus profondément la marche de la civilisation que tous les changements de constitutions et de réformes. C'est uniquement aux progrès de la science que les grandes transformations sociales peuvent être demandées.

CHAPITRE V

Transparence de la matière pour les ondes électriques.

---

§ I. — HISTORIQUE DES IDÉES RELATIVES A LA TRANSPARENCE DES CORPS POUR LES ONDES HERTZIENNES.

Les idées qui régnaient sur la transparence des corps pour les ondes hertziennes, lorsque nous publiâmes nos recherches en 1899, étaient très erronées. L'expérience paraissait indiquer que tous les métaux sous une faible épaisseur et les corps isolants sous une épaisseur quelconque, étaient traversés.

Dès le début de ses recherches, Hertz reconnut que les métaux réfléchissaient les ondes électriques, et par conséquent, présentaient une certaine opacité; mais cette opacité était-elle totale ou partielle ? Voilà ce qu'on ignorait complètement.

Pour la plupart des auteurs, la transparence semblait probable sous de faibles épaisseurs. « M. Joubert a reconnu qu'un mur de zinc de $2^{mm},5$ d'épaisseur, de 4 mètres de hauteur et de 8 mètres de longueur affaiblit les étincelles sans les détruire complètement, et qu'on peut encore les observer de l'autre côté de ce mur [1]. »

A la suite de nombreuses expériences sur les ondes hertziennes Lodge crut également constater la transparence des métaux, mais il suppose que sous une épaisseur « raisonnable », ces derniers doivent être opaques [2]; nous ignorons quelle valeur

---

1. Cité par H. Poincaré, *Électricité et optique*, 1re édition, t. II, p. 256. M. Poincaré, en mentionnant cette expérience, fait remarquer qu'elle pourrait peut-être s'expliquer par la diffraction, ce qui est bien l'interprétation réelle, comme nous le verrons plus loin.

2. Lodge, *The Work of Hertz and some of his successors*, p. 32. Londres, 1894.

numérique il faut donner à ce que cet auteur entend par épaisseur « raisonnable ».

Le professeur Böse, auquel on doit une étude très complète des ondes hertziennes et qui inventa des appareils fort ingénieux pour mesurer leur longueur, était arrivé également, par des expériences précises et en apparence démonstratives, à la conclusion que les métaux possèdent de la transparence pour les ondes hertziennes. Je traduis ici le passage du mémoire où il indique comment il fut conduit à cette conclusion. Après avoir expliqué toutes les précautions prises pour enfermer ses instruments dans une boîte métallique bien close, ce savant physicien ajoute :

- « Malgré toutes ces précautions, je fus dérouté pendant plus de six mois par une cause d'erreur inconnue que je ne pus découvrir pendant longtemps. Je découvris récemment, alors que j'étais presque convaincu de l'inutilité de poursuivre mes recherches, que je me trompais en supposant les parois de fer étamé de la caisse parfaitement opaques aux radiations électriques. La caisse de métal contenant le radiateur semble transmettre une petite quantité de radiations à travers ses parois, et si le récepteur est sensible, il indique cette faible transmission. Je fis faire alors une seconde enveloppe métallique, et cette précaution fut trouvée efficace à condition que le récepteur ne fût pas mis trop près du radiateur. *Malgré ces deux enveloppes métalliques, le récepteur est encore affecté s'il est placé immédiatement au-dessus du radiateur* [1]. »

Plus récemment encore, M. Henri Veillon fit au laboratoire de physique de l'Université de Bâle des expériences analogues ayant pour but de rechercher « le rôle que jouent des corps conducteurs placés entre le récepteur et l'excitateur d'où partent les oscillations». Après avoir reconnu la difficulté de ce sujet, l'auteur déclare ne donner à ses expériences « que le caractère d'une simple contribution à une étude qui offre de grandes difficultés ». La plus importante est la suivante : le récepteur était placé dans une caisse en zinc de 1 millimètre d'épaisseur fermée par un couvercle glissant dans une rainure, et le radiateur au dehors. Dans ces conditions, l'expérience lui démontra que l'action des ondes envoyées par le radiateur « traversait l'enveloppe métallique, mais à condition que les étincelles n'éclatassent pas à une distance trop grande ($1^m 50$ environ) [2] ». Cette conclusion est, comme on le voit, la même que celle du professeur Böse.

Il résulte clairement des citations qui précèdent, que les plus précises recherches semblaient prouver la transparence des métaux pour les ondes hertziennes. Elles paraissaient fort concluantes. Nous verrons bientôt qu'elles ne l'étaient pas.

---

1. CHUNDER BÖSE, *On the determination of the Waves length of Electric radiation by diffraction Grating* (*Procedings of the Royal Society*, 16 octobre 1896).
2. *Archives des Sciences physiques et naturelles de Genève* (mai 1898).

En ce qui concerne la transparence des corps conducteurs, on la considérait comme absolue. — Dès le début de ses recherches, Hertz avait constaté la transparence des diélectriques : soufre, bois, verre, etc. C'est même grâce à elle qu'il réussit à démontrer le phénomène de la réfraction des ondes électriques au moyen de grands prismes d'asphalte.

Depuis cette époque, les diélectriques ont toujours été considérés comme très transparents pour les ondes électriques, et l'on se demandait même s'ils pouvaient exercer des traces d'absorption. Righi, dans ses recherches, était arrivé à cette conclusion qu' « on ne peut considérer comme démontré que la diminution d'intensité que subissent les radiations qui traversent certaines lames diélectriques soit réellement due à l'absorption ».

Les expériences de télégraphie sans fil semblaient confirmer tout à fait cette hypothèse. La plupart des observateurs ont noté en effet que les murs, les collines mêmes, étaient traversés par les ondes électriques, et cette observation est encore reproduite aujourd'hui dans plusieurs ouvrages classiques.

Nous nous trouvions donc en présence de deux problèmes :

1° Les métaux peuvent-ils, sous une faible épaisseur, être traversés par les ondes hertziennes comme on l'admettait ? 2° les corps non conducteurs sont-ils transparents sous une épaisseur quelconque ?

Ces questions avaient un intérêt théorique très grand. Leur solution étant fort délicate et nécessitant un laboratoire de grandes dimensions que je ne possédais pas, je demandai au professeur Branly de vouloir bien s'associer à mes recherches. Nous avons publié en commun[1] les résultats obtenus.

Les difficultés de toute sorte qu'il fallut surmonter avant d'arriver à un résultat définitif expliquent fort bien les conclusions erronées auxquelles des physiciens fort habiles avaient été précédemment conduits.

---

1. *Comptes rendus* de la séance du 1ᵉʳ avril 1899, p. 879 et suiv.

§ 2. — OPACITÉ DES MÉTAUX POUR LES ONDES ÉLECTRIQUES.

Afin de savoir si les métaux en lames minces ou épaisses laissaient passer les ondes électriques, nous fîmes construire, M. Branly et moi, des caisses cubiques de 50 centimètres environ de côté en métaux divers, d'épaisseur variant entre $0^{mm},02$ et 2 millimètres, dans lesquelles on plaçait les appareils récepteurs. Une porte ajustée avec le plus grand soin fermait l'ouverture de ces caisses.

Le radiateur producteur des ondes était placé à quelques mètres de l'appareil. On introduisait naturellement le récepteur dans l'intérieur de la caisse. Il révélait le passage des ondes électriques à travers ses parois en faisant fonctionner une sonnerie qui s'y trouvait renfermée.

Les premières expériences semblèrent confirmer entièrement les recherches citées plus haut. Comme M. Böse et les autres expérimentateurs, nous constatâmes que les ondes électriques paraissaient traverser le métal. Dès que le radiateur fonctionnait, la sonnerie placée dans l'intérieur de la boîte métallique se faisait entendre.

Bien que ces expériences fussent conformes à celles des précédents auteurs, nous ne voulûmes pas nous en contenter. Nous fîmes refaire l'ajustement des portes métalliques en adaptant à chacune d'elles une demi-douzaine d'écrous de façon à pouvoir les serrer hermétiquement. Ces précautions prises, nous constatâmes que, dès qu'on serrait les écrous, la sonnerie restait silencieuse. Il suffisait alors de desserrer un peu ces écrous pour qu'elle se fît entendre. Les ondes électriques ne traversaient donc pas le métal; elles passaient simplement par les très étroites fentes des portes métalliques. La transparence constatée par les précédents observateurs tenait uniquement au défaut de fermeture suffisant des boîtes métalliques où ils enfermaient leur appareils. Les précautions que prennent les photographes pour préserver leur laboratoire et leurs châssis du passage de la lumière seraient tout à fait insuffisantes pour empêcher le passage des ondes électriques.

Ces expériences furent répétées plusieurs centaines de fois avec les mêmes résultats. Serrage des écrous, silence de la sonnerie. Desserrage des écrous, retentissement de la sonnerie.

Nous essayâmes ensuite avec plusieurs métaux l'action de l'épaisseur. Elle se montra totalement nulle. Une caisse en bois mince, garnie de feuilles d'étain n'ayant que 1/100 de millimètre d'épaisseur, se montra aussi opaque que des boîtes de métal de 2 millimètres.

La protection exercée par une enceinte métallique est tout à fait remarquable. Dans la porte en métal fermant la caisse, soudons perpendiculairement à son milieu une tige de laiton pénétrant de 30 centimètres dans son intérieur et faisant la même saillie au dehors[1]. Relions le circuit du tube à limaille à la portion intérieure de cette tige et mettons en contact sa partie extérieure avec le radiateur. Il semblerait que dans de telles conditions le récepteur dût fonctionner. Or, il n'en est rien. Bien que les ondes électriques se propagent, comme on le sait, le long des fils, la partie de la tige qui pénètre dans la boîte métallique cesse entièrement d'être conductrice. Les parois de la caisse forment écran, les ondes électriques suivent le plus court chemin qui est évidemment la surface extérieure de la cage métallique. En touchant cette dernière avec le doigt pendant l'expérience, on peut en tirer de nombreuses étincelles.

---

1. Cette tige existe dans la paroi métallique de la caisse représentée dans les deux figures suivantes.

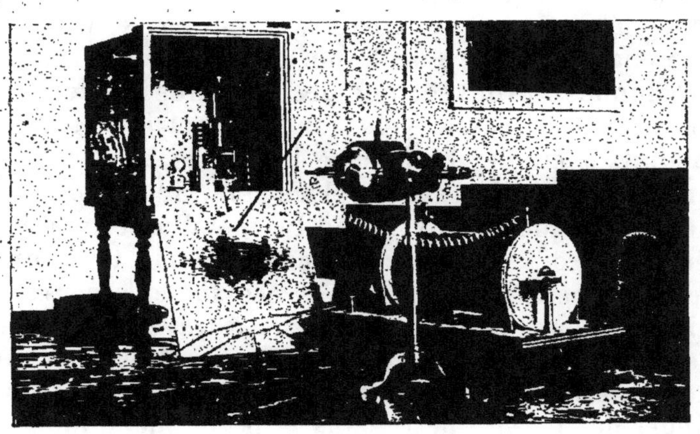

Fig. 11 et 12. — *Dispositif employé dans nos expériences pour étudier l'opacité des corps métalliques pour les ondes hertziennes ainsi qu'il est expliqué dans le texte. On voit sur une des photographies la caisse métallique ouverte contenant l'appareil révélateur des ondes électriques, et sur l'autre, la caisse fermée au moyen d'écrous fortement serrés. En face de la caisse métallique sont la bobine d'induction et le radiateur produisant les ondes électriques.*

Les expériences précédentes, et notamment celle qui consiste à provoquer ou empêcher le passage des ondes électriques en desserrant ou en serrant les écrous de fermeture de la porte obturant les caisses métalliques, prouvent que les plus fines ouvertures permettent le passage des ondes électriques. Ainsi conduits à étudier l'influence des fentes, nous constatâmes que, si l'on en remplace une, intentionnellement pratiquée dans la porte métallique, par une série de trous dont la surface totale soit très supérieure à celle de la fente, le passage des ondes se fait beaucoup moins facilement à travers. Il suffit d'éloigner le radiateur de quelques mètres pour que la sonnerie reste silencieuse. Ainsi cent ouvertures rondes de 1 centimètre dans la porte métallique ne donnent pas passage aux ondes électriques dès que le radiateur se trouve à plus de 50 centimètres, tandis qu'avec une fente de 1 millimètre de largeur sur 20 centimètres de longueur, le récepteur placé dans la boîte était impressionné alors même qu'on plaçait le radiateur dans une salle voisine. Avec une fente pratiquée, simplement en passant sur le métal le tranchant d'un rasoir, la boîte extérieure est encore traversée, mais à une distance six fois moindre qu'avec la fente de 1 millimètre.

Si la fente est perpendiculaire à l'axe des quatre boules du radiateur, la caisse se laisse traverser à une distance six à huit fois plus grande que par celle parallèle à cet axe.

Ces expériences permettaient de pressentir qu'une toile métallique à mailles fines devait agir exactement comme une feuille pleine et l'observation le vérifia facilement. Une caisse en toile métallique dont les trous ont 1 millimètre carré de section est opaque, sauf quand on place le radiateur à quelques centimètres.

Il résulte de ce qui précède que les enveloppes métalliques agissent à l'égard des ondes électriques à peu près comme la cage de Faraday à l'égard de l'induction électro-statique. On remarquera cependant, dans le cas des ondes électriques, que les fentes exercent une influence qu'elles ne produisent pas dans le cas de l'électricité statique. Il faut également noter pour les ondes électriques la facilité avec laquelle elles traversent les fentes très étroites, alors que des ouvertures carrées assez grandes pour recevoir le doigt ne les laissent pas passer. Les ondes électriques semblent se comporter comme si elles étaient rigides et analogues à un disque métallique qui peut passer sans difficulté à travers une fente suffisamment large, mais est arrêté par un orifice inférieur à son diamètre.

Nous avons eu bien des fois l'occasion, au cours de ces expériences, de constater la facilité des ondes électriques à contourner les obstacles. Ce phénomène de diffraction dépend de la grandeur des ondes produites par le radiateur en usage. Dans les expériences précédentes le radiateur placé devant, derrière ou à côté de la face de la boîte contenant le récepteur avec la porte métallique mal fermée, agit sur la sonnerie. Précisément pour cette raison, avec des appareils aussi sensibles, il eût été bien difficile à Hertz, comme je l'ai déjà dit plus haut, d'exécuter ses recherches sur la réfraction, la réflexion et la polarisation des ondes dont il découvrit l'existence. Lodge put les répéter avec des tubes à limaille, parce que leur construction défectueuse les rendait aussi peu sensibles que les récepteurs de Hertz.

C'est ce contournement des obstacles par diffraction qui illusionna les observateurs sur la transparence des corps volumineux pour les ondes électriques. Qu'il s'agisse d'une onde liquide, sonore, électrique ou acoustique, un obstacle est d'autant mieux contourné

14

que sa longueur est plus grande relativement aux dimensions de l'obstacle. Le son d'une flûte jouée derrière une maison est moins perceptible que celui d'un trombone, précisément parce que les ondes sonores produites par le trombone sont plus longues que celles de la flûte, et par conséquent contournent plus facilement la maison. Les ondes électriques étant très grandes contournent aisément les grands obstacles, les ondes lumineuses étant très petites sont arrêtées par des obstacles de la dimension d'un cheveu. Pour cette raison le phénomène de la diffraction, si facile à observer avec le son et les ondes électriques, fut très difficile à reconnaître pour la lumière. Ne pouvant le constater, Newton combattit la théorie des ondulations. Si la lumière était constituée par des ondes, disait-il, les corps ne porteraient pas d'ombre, parce qu'elles tourneraient autour de leurs bords, comme le son tourne un angle et les ondes liquides un rocher.

Nous pouvons conclure, de tout ce qui précède, que les enceintes métalliques rigoureusement closes, et quelque faible que soit l'épaisseur du métal, offrent un obstacle absolu au passage des ondes électriques.

Il ne sera pas inutile de faire remarquer que la protection exercée par les enveloppes métalliques sera toujours illusoire, parce qu'il est extrêmement difficile de réaliser des fermetures hermétiques.

Nos recherches montrent les métaux opaques pour les ondes électriques. Leur transparence, que semblaient démontrer toutes les expériences antérieures, n'avait rien d'improbable. Elle ne s'accordait pas sans doute avec les équations de Maxwell, mais comme on ne tire jamais d'une équation que ce qu'on y a d'abord mis, il aurait suffi d'y mettre autre chose pour en tirer des conclusions différentes. Les

métaux sont très transparents, comme nous l'avons
vu dans un autre chapitre, pour les lignes de force
électriques et magnétiques et rien ne prouvait absolument qu'ils ne l'étaient pas pour les ondes électriques. L'expérience seule permettait donc de fixer
la question.

§ 3. — TRANSPARENCE DES CORPS NON CONDUCTEURS POUR LES ONDES ÉLECTRIQUES.

La transparence des corps non conducteurs pour
les ondes hertziennes, connue depuis les premières
recherches de Hertz, fut confirmée par toutes les
expériences de télégraphie sans fil. Mais cette transparence est-elle complète ? Les ondes hertziennes
traversent-elles réellement les collines et les maisons,
comme on l'enseignait?

On pouvait se demander : 1° si la transparence des
corps non métalliques ne varie pas suivant ces corps,
et aussi suivant leur épaisseur; 2° si la transparence
des corps très volumineux comme les collines n'était
pas une simple apparence résultant de ce que les
ondes électriques, analogues sur ce point aux ondes
sonores, contournaient les obstacles.

Pour résoudre définitivement ces questions, les
expériences suivantes ont été réalisées avec M. Branly :

Nous avons d'abord fait construire une caisse cubique en
ciment de Portland, dont les parois avaient 10 centimètres d'épaisseur et dont on pouvait fermer la face restée libre par une porte
métallique soigneusement ajustée pouvant être serrée hermétiquement au moyen d'écrous. Dans cette caisse, on plaçait avant sa
fermeture les instruments destinés à révéler le passage des ondes,
c'est-à-dire une pile, une sonnerie électrique, et le tube à limaille
qui devient conducteur dès qu'il est frappé par les ondes électriques.

La caisse hermétiquement close et un radiateur à boules actionné
par une bobine de 15 centimètres d'étincelle placée tout près d'elle,
on fit fonctionner l'appareil. Dès la première étincelle on reconnut

par la sonnerie que les parois de la caisse étaient parfaitement traversées.

L'expérience répétée en éloignant progressivement le radiateur, on constata par le silence de la sonnerie qu'à partir de 7 mètres aucune onde électrique ne traversait la caisse. Il suffisait alors de desserrer les écrous de la porte pour entendre la sonnerie fonctionner, ce qui démontrait bien que les parois de la caisse constituaient le seul obstacle au passage des ondes électriques. Après plusieurs jours de dessiccation, la caisse devint un peu plus transparente, mais cependant le radiateur n'agissait plus à partir de 12 mètres.

Ces premières expériences prouvaient que si une enceinte close par un mur en mortier de 12 centimètres d'épaisseur laisse passer les ondes électriques, elle exerce déjà une absorption notable et devient tout à fait opaque à une faible distance.

Pour confirmer cette influence de l'épaisseur, nous fîmes construire une seconde caisse de ciment semblable à la première et différant seulement parce que ses parois avaient 30 centimètres d'épaisseur. Douze heures après sa fabrication, alors qu'elle était encore humide, elle présenta aux ondes hertziennes une opacité absolue même en plaçant le radiateur à quelques centimètres de ses parois. Desséchée, elle se laissa un peu traverser, mais à la condition de ne pas éloigner le radiateur de plus de 1 mètre environ ; au delà, elle resta opaque.

Ces expériences confirmaient les premières et montraient que l'absorption croissait bien avec l'épaisseur, comme on pouvait le supposer. Elles semblaient indiquer aussi que l'eau possédait des propriétés absorbantes notables.

Pour vérifier ce dernier fait nous fîmes construire une caisse de bois, remplie de sable sec, dont les parois avaient 30 centimètres d'épaisseur. A son centre fut aménagée, comme dans les expériences précédentes, une cavité fermée par une porte métallique et destinée à recevoir les appareils révélateurs des ondes.

Tout étant ainsi disposé, on fit fonctionner le radiateur et on reconnut que le sable se conduisait comme un corps absolument transparent n'exerçant aucune absorption perceptible au moins à la distance de 40 mètres dont nous disposions.

On versa alors dans la même caisse autant d'eau que le sable put en absorber, et, répétant l'expérience précédente, une diminution considérable de la transparence fut constatée.

La facilité avec laquelle le sable sec se laissait traverser nous fit supposer que des corps à grains grossiers, tels que la pierre, pourraient être beaucoup plus aisément traversés que le ciment.

Afin de nous en rendre compte, nous fîmes tailler un bloc de pierre à bâtir de 1 mètre cube dans l'intérieur duquel on aménagea, comme précédemment, la petite cavité nécessaire pour recevoir les appareils récepteurs des ondes. Cette cavité fut fermée par une porte métallique soigneusement ajustée.

L'épaisseur de pierre que les ondes électriques devaient traverser pour atteindre le récepteur était de 40 centimètres. Cette épaisseur fut cependant traversée sans difficulté, alors même que nous placions le radiateur à l'extrême limite du jardin dans lequel nous opérions, c'est-à-dire à 40 mètres environ du récepteur. La pierre était donc beaucoup plus transparente que le ciment.

La pierre fut ensuite mouillée pendant plusieurs jours et aussitôt sa transparence diminua. Elle n'était plus traversée qu'en plaçant le radiateur à 25 mètres d'elle.

Dans les expériences précédentes le sable sec et la pierre sèche semblent tout à fait transparents, mais ce n'est là qu'une simple apparence résultant de ce que nous ne disposions pas d'un espace permettant de reculer le radiateur assez loin pour constater l'absorption. Pour s'en convaincre, il suffit de réduire l'intensité des ondes émises par le radiateur en se servant d'une bobine d'induction plus petite, ce qui revient au même que si l'on augmentait la distance avec une source de radiation plus forte. On constate alors que le sable et la pierre exercent une absorption notable et ne sont pas du tout complètement transparents. Avec un radiateur entretenu par une bobine ne donnant que 2 centimètres d'étincelle, le bloc de sable sec de 30 centimètres d'épaisseur n'est plus traversé au delà de 16 mètres, et le bloc de pierre sèche au delà de 13 mètres.

Ces chiffres n'ont évidemment rien d'absolu. Ils prouvent simplement que la transparence des corps pour les ondes électriques n'est pas du tout complète comme on le supposait. Suivant l'intensité de la source on observera naturellement des différences d'absorption. Des ondes de 100 mètres de longueur traversent mieux les corps que les ondes de 20 centimètres ; mais il est également certain qu'il y aura toujours absorption, et que, par conséquent, les montagnes et les maisons ne sont pas traversées comme on le supposait autrefois.

Nous résumerons ce qui concerne la transparence des diélectriques pour les ondes hertziennes dans les propositions suivantes :

1° La transparence des corps non métalliques pour les ondes hertziennes dépend de leur nature et varie considérablement d'un corps à l'autre ; 2° cette transparence est toujours beaucoup plus grande que celle des mêmes corps pour la lumière ; 3° l'absorption augmente à mesure que l'épaisseur du corps consi-

14.

déré s'accroît ; 4° l'humidité augmente beaucoup l'absorption ; 5° lorsque les ondes électriques rencontrent de grands obstacles tels que les collines, ces obstacles sont contournés et non traversés.

Bien que les déductions pratiques que l'on pourra tirer de nos recherches ne nous préoccupent pas, il ne sera pas sans intérêt de faire remarquer que les observations précédentes trouveront peut-être des applications dans l'établissement des postes de télégraphie sans fil. Les ondes électriques étant en partie absorbées et par conséquent affaiblies par les petits obstacles qu'elles rencontrent et obligées de contourner les grands obstacles, ce qui les affaiblit également, il sera toujours utile de placer les postes d'émission et de réception sur des points élevés. La traversée des bras de mer et la communication des continents avec les îles constituent pour les raisons précédentes les meilleures conditions de transmission.

CHAPITRE VI

Les formes diverses de l'électricité et leurs origines.

D'après une théorie très vite devenue pour beaucoup de physiciens un dogme, la matière serait composée uniquement de particules électriques, dites électrons, et sa propriété fondamentale, l'inertie, d'origine électro-magnétique.

Notre ouvrage sur l'*Évolution de la Matière* a déjà montré le peu de fondement de cette hypothèse. Mais, pour ne pas compliquer une description déjà difficile de choses nouvelles, nous avons adopté les termes presque classiques dérivés de cette théorie. Elle ne pouvait gêner nullement, d'ailleurs, notre exposé puisque les choses se passent bien en apparence exactement comme si l'électricité existait toute formée dans la matière au lieu d'être, comme nous le soutenons, une transformation secondaire de l'énergie intra-atomique.

La théorie des électrons est maintenant populaire. On en trouvera la preuve dans le passage suivant d'un discours prononcé par M. Balfour, alors premier ministre d'Angleterre, à l'une des dernières sessions de l'Association anglaise pour l'avancement des sciences. L'auteur y défend les idées nouvelles avec toute l'ardeur d'un néophyte.

« Les savants en sont arrivés, dit-il, à regarder la matière brute comme une simple apparence dont l'électricité est physiquement la base réelle et à penser que l'atome élémentaire du chimiste n'est autre chose qu'un groupement systématique de monades électriques ou électrons — qui ne sont pas de la matière électrisée, mais l'électricité elle-même. »

Cette théorie, qui confond sans cesse les effets et les causes, ne dérive pas seulement de raisonnements mathématiques. Elle s'appuie aussi sur l'interprétation de certaines observations, telles que la composition des émissions radio-actives, le phénomène de Zeeman, etc. Mais le fait ayant — inconsciemment au moins — le plus pesé peut-être sur les idées des savants est certainement la facilité avec laquelle on retire l'électricité de la matière. On peut dire, en effet, sans trop d'exagération, qu'il est impossible de toucher la matière sans en faire sortir de l'électricité. On pourrait soutenir aussi, et sans aucune exagération cette fois, qu'on ne touche pas un corps sans en faire sortir de la chaleur. Personne ne songe à soutenir cependant que la matière se compose de particules calorifiques.

Si le fluide qualifié d'électricité existait tout formé dans la matière, il devrait s'y trouver dans un état de condensation complètement inexplicable. On sait, en effet, qu'il est facile d'extraire d'une petite parcelle de matière une quantité d'électricité hors de proportion avec celle que nous pouvons faire tenir sur les corps les plus volumineux. Une faible partie des 96.000 coulombs retirés de la décomposition de 9 grammes d'eau, chargerait d'électricité au potentiel de 7.000 volts un globe grand comme la terre.

Il faudrait donc admettre que, si l'électricité existe

dans la matière, elle s'y trouve sous une forme
que nous ne pouvons concevoir. Impossible d'imaginer une sorte de condensation par rapprochement
des électrons supposés composer le fluide électrique,
car ils exerceraient alors les uns sur les autres
des répulsions tellement immenses que la matière,
ne subsisterait pas un seul instant. Dans notre dernier livre, nous avons vu que, s'il était possible de
concentrer une charge de un coulomb sur une petite
sphère et de l'amener à 1 centimètre d'une autre
sphère portant la même charge, le travail qu'elle
produirait en se déplaçant de 10 centimètres en une
seconde serait égal à 82 milliards de kilogrammètres,
soit plus de 1 milliard de chevaux-vapeur pendant le
même temps.

Mais si l'électricité n'existe pas dans la matière,
comment expliquer qu'il soit si facile de retirer la
première de la seconde ?

On retire l'électricité de la matière sans qu'elle
y soit, absolument comme d'un explosif la chaleur qui n'y est pas contenue, mais qui se forme
quand les équilibres de ses molécules sont mo-
difiés. L'électricité n'existe pas toute formée dans
la matière, mais prend naissance dès que certains
équilibres intra-moléculaires ou intra-atomiques sont
changés.

On peut, assurément, pour la commodité du langage, parler de l'électricité contenue dans un corps
ainsi que de la chaleur contenue dans un composé chimique ; mais de telles images ne correspondent à aucune réalité et empêchent même de la
percevoir.

S'il n'est pas vrai du tout que la matière soit formée de particules électriques, d'où vient l'électricité
qu'on en retire si facilement ?

A l'époque où l'on considérait la matière comme
une chose inerte restituant seulement l'énergie qui

lui avait d'abord été fournie, aucune réponse à cette question ne pouvait être formulée. Depuis que nous avons montré, contrairement à l'ancienne croyance, qu'elle constituait un colossal réservoir d'une énergie spéciale, *l'énergie intra-atomique*, il est devenu facile de comprendre qu'on obtienne, aux dépens de cette énergie, de la chaleur, de l'électricité ou toute autre force. Sans invoquer aucun phénomène inconnu, nous avons fait voir comment un minuscule atome contenait une immense quantité d'énergie, et par des calculs inutiles à reproduire ici, qu'une sphère un peu plus grosse qu'une tête d'épingle, tournant sur elle-même avec la vitesse de projection des particules cathodiques, posséderait une énergie cinétique égale à celle produite en une heure par 1.500 locomotives ayant chacune la puissance de 500 chevaux-vapeur.

Les mouvements de rotation supposés aux éléments matériels expliquent seuls que les particules des corps radio-actifs soient projetées dans l'espace avec une vitesse de l'ordre de celle de la lumière.

Ces vitesses de rotation sont nécessaires, non seulement pour expliquer les projections dont nous venons de parler, mais encore l'équilibre des éléments dont sont formés les atomes. De même que la toupie tombe sur le sol dès qu'elle cesse de tourner, les éléments de la matière ne se maintiennent en équilibre que par leurs mouvements. Si ces derniers s'arrêtaient un seul instant, les corps se réduiraient en une invisible poussière d'éther et ne seraient plus rien.

C'est pourquoi on a pu comparer l'atome à un petit système solaire composé de particules gravitant autour de un ou plusieurs centres avec une immense vitesse. Dès qu'une cause quelconque fait que la force centrifuge résultant de la rotation de ces éléments dépasse la force d'attraction les retenant dans leur orbite, les particules périphériques s'échappent dans l'espace en suivant la tangente de la courbe parcourue comme la pierre lancée par une fronde.

Dans notre dernier livre nous avons considéré l'électricité comme une substance intermédiaire, engendrée par certaines perturbations d'équilibre de l'éther consécutives à la désagrégation partielle des atomes. Suivant la nature de ces perturbations, il résulte de la lumière, de la chaleur, de l'électricité, etc.; mais les éléments produisant de tels effets n'ont en eux-mêmes rien d'électrique, ni de calorifique.

Donc, si la matière peut, en se dissociant, produire des énergies diverses, lumière, chaleur, électricité, etc., cela ne veut nullement dire qu'elle soit composée de lumière, de chaleur ou d'électricité. La conception des électrons, très parente de l'ancien phlogistique, est, comme l'a montré le professeur de Heen, une des plus malheureuses idées métaphysiques récemment formulées.

§ 2. — LES FORMES DIVERSES DE L'ÉLECTRICITÉ.

La notion de perturbation d'équilibre, comme origine d'une force quelconque, précédemment exposée, est fondamentale, et il faut toujours l'avoir présente à l'esprit pour comprendre les manifestations de l'énergie. Des particules en repos ne sont pas plus de l'électricité que l'éther en repos n'est de la lumière. L'éther, quand son équilibre est troublé, éprouve certaines vibrations qualifiées de lumière. Dès que ces vibrations cessent, c'est-à-dire qu'il reprend son équilibre, la lumière disparaît. De même pour l'électricité. Dès que les particules, constituant le fluide dit électrique ne sont plus en équilibre, alors, et seulement alors, apparaissent les phénomènes qualifiés d'électricité. Ils disparaissent quand ces particules reprennent leur équilibre. On ne devrait pas plus parler d'électricité neutre que de mouvement neutre, de chaleur neutre ou de lumière neutre.

Toutes les formes d'énergie étant produites par des perturbations d'équilibre, il en résulte qu'en faisant varier ces perturbations on engendre des forces différentes. Trouver de nouveaux moyens de modifier les équilibres de la matière et de l'éther, c'est découvrir des énergies nouvelles. Tant que l'équilibre de l'éther ne fut modifié que d'une seule façon, on observa seulement de la lumière. Lorsqu'on sut y créer des formes d'équilibre nouvelles, on obtint les actions d'induction, les ondes hertziennes, les rayons X, etc.

C'est uniquement parce que les moyens de modifier les équilibres de l'éther et de la matière commencent à se multiplier que nous assistons à la découverte de nouvelles manifestations de l'énergie. La science les classe très difficilement, ne pouvant les rapprocher de choses déjà connues. La confusion qui en résulte sera facilement mise en évidence par l'examen des phénomènes divers actuellement classés sous le nom d'électricité.

L'énumération suivante comprend des formes d'énergie très dissemblables, mais possédant ce caractère commun de pouvoir directement, ou indirectement, produire ce qu'on appelle une charge électrique. Cette seule raison permet de les classer dans le chapitre de l'électricité. Si l'on adoptait d'une façon générale ce procédé sommaire de classification, il faudrait qualifier de chaleur toutes les causes en produisant toujours : le frottement et le mouvement par exemple.

1° *Le fluide électrique.* — On le suppose constitué par la réunion des particules électriques dont il sera parlé plus loin. Après avoir admis l'existence de deux fluides, l'un positif, l'autre négatif, on tend maintenant à n'en admettre qu'un seul, formé d'éléments négatifs. Le fluide positif se composerait de particules matérielles privées de quelques-uns de leurs corpuscules négatifs.

2° *Électricité statique.* — Formée par l'accumulation du fluide électrique sur un corps. Est caractérisée par la possibilité de produire des attractions et des répulsions, mais n'exerce aucune action sur un aimant.

3° *Électricité dynamique.* — Quand on relie par un fil conducteur un corps électrisé à un corps qui ne l'est pas, l'électricité s'écoule dans ce fil avec une vitesse pouvant atteindre celle de la lumière, en produisant un courant. Par le fait seul que le fluide électrique est en mouvement, le fil qui le conduit s'entoure d'un champ dit magnétique parce qu'il jouit des propriétés d'un aimant.

4° *Magnétisme.* — Forme particulière de l'électricité caractérisée par des équilibres de nature inconnue. Le magnétisme peut dans certaines conditions engendrer un courant électrique, de même qu'un courant électrique peut engendrer du magnétisme.

5° *Les atomes électriques ou électrons.* — Particules dites électriques de grandeur définie, qu'on suppose constituées par des tourbillons d'éther. Existeraient sans support matériel dans les tubes de Crookes et dans les émissions des corps radio-actifs. Peuvent traverser des lames métalliques quand leur vitesse est suffisante.

6° *Les rayons cathodiques.* — Formés par la projection de particules électriques dans un tube où passe un courant après qu'on y a fait le vide.

7° *Les rayons X.* — Constitués par des ébranlements de l'éther, de forme encore ignorée, prenant naissance quand les rayons cathodiques frappent un obstacle. Traversent d'épaisses lames métalliques. Ne possèdent aucune propriété magnétique ni électrique.

8° *Les ions négatifs.* — Sont supposés formés de particules électriques entourées par attraction d'éléments matériels.

9° *Les ions positifs.* — Seraient constitués par des atomes matériels ayant perdu quelques-unes de leurs particules négatives. N'ont jamais été isolés.

10° *Le fluide ionique.* — Formé d'ions positifs ou négatifs mélangés de particules gazeuses. Peut circuler à travers un serpentin métallique avant que se recombinent les éléments dont il est formé.

11° *L'Électricité neutre.* — Forme d'électricité totalement inconnue, dont aucun réactif ne peut révéler la présence et qu'on suppose engendrée par la réunion du fluide positif et du fluide négatif. On admet de plus en plus qu'elle ne saurait avoir d'existence.

12° *L'Électricité condensée dans les composés chimiques.* — Forme d'électricité supposée exister à l'état neutre dans les composés chimiques. N'apparaît que sous la forme de fluide positif ou négatif. Se trouverait dans les corps à un état de condensation extrême, puisqu'on peut retirer de 1 gramme d'eau une quantité d'électricité supérieure à celle qu'il serait possible de maintenir sur un globe grand comme la terre.

13° *Les ondes électriques.* — Ébranlements de l'éther accompagnant les décharges électriques et se propageant par vibrations dans l'éther avec une vitesse pouvant atteindre celle de la lumière. Elles sont à l'électricité ordinaire ce qu'est la chaleur rayonnante aux phénomènes calorifiques dont la matière peut être le siège. Par induction, les ondes électriques peuvent engendrer à distance, sur les corps qu'elles viennent frapper, des charges électriques capables de se manifester sous forme d'étincelles.

Ainsi donc, par le fait seul que nous produisons dans l'éther ou la matière des perturbations d'équilibre dissemblables, nous créons des énergies différentes. C'est uniquement notre besoin de simplification qui conduit à les rapprocher. On pourrait évidemment simplifier encore en disant que ces énergies représentent de simples transformations de mouvement, mais une telle définition conviendrait à tous les phénomènes, y compris ceux de la vie. De semblables généralisations ne traduisent que notre ignorance.

LIVRE II

LES PROBLÈMES DE LA CHALEUR
ET DE LA LUMIÈRE

CHAPITRE I

Les problèmes de la chaleur.

§ I. — LES IDÉES ANCIENNES ET MODERNES SUR LES CAUSES
DE LA CHALEUR.

Il n'est guère de sujet scientifique ayant provoqué
autant de recherches que la chaleur. Grâce à elles la
thermodynamique et la mécanique énergétique, qui
en dérivent, sont devenues des sciences précises et
fécondes.

Mais si l'on se demande seulement ce que ces
recherches révélèrent des causes de la chaleur, il faut
reconnaître que nous sommes à peine plus avancés
qu'il y a cent ans. On ne trouverait pas beaucoup
à ajouter aux lignes suivantes, écrites par l'illustre
Humphry Davy, il y a un siècle :

« Puisque toute matière peut être amenée, par le refroidissement, à occuper un espace plus petit, il est évident que les
particules de matière doivent avoir de l'espace entre elles ; et

puisque chaque corps peut communiquer le pouvoir d'expansion à un corps de température plus basse, c'est-à-dire peut animer les particules de ce corps d'un mouvement expansif, il est très probable que ses propres particules sont elles-mêmes en possession d'un mouvement ; mais, comme il n'y a pas de changement dans la position de ses parties, aussi longtemps que la température est uniforme, le mouvement, s'il existe, doit être un mouvement vibratoire ou ondulatoire, ou un mouvement des particules autour de leurs axes, ou, enfin, un mouvement des particules les unes autour des autres.

« Il semble possible de rendre compte de tous les phénomènes de la chaleur, si l'on admet que, dans les solides, les particules sont dans un état constant de mouvement vibratoire, les particules des corps les plus chauds se mouvant avec la plus grande vitesse, et parcourant un plus grand espace ; que dans les liquides et les fluides élastiques, en outre du mouvement vibratoire, qui doit être conçu plus grand dans les derniers, les particules doivent être animées d'un mouvement de rotation autour de leurs propres axes avec une vitesse différente, les particules des fluides élastiques se mouvant avec une plus grande vitesse ; enfin que, dans les substances éthérées, les particules doivent se mouvoir autour de leurs propres axes, séparées les unes des autres, et s'élancer en droite ligne à travers l'espace. On peut concevoir que la température dépende de la vitesse des vibrations, et l'augmentation de capacité calorifique de ce que l'espace parcouru est plus grand. A son tour, l'abaissement de température, dans la conversion des solides en fluides ou en gaz, peut être expliqué par une perte de mouvement vibratoire, provenant de ce que les particules commencent à tourner autour de leur axe quand le corps devient fluide ou aériforme, ou par une diminution dans la vitesse de vibration, par suite du mouvement de translation dans l'espace dont les particules commenceraient à être animées. »

Aujourd'hui, comme à l'époque de Davy, on suppose que la chaleur serait la conséquence des mouvements vibratoires, rotatoires, etc., des particules de la matière. Toutes les recherches sur la structure des atomes ont justifié l'existence de ces mouvements. Chaque atome est comparé maintenant à un système solaire. Naturellement, on n'observe jamais ces mouvements, et des considérations mécaniques conduisent seules à les supposer identiques à ceux des planètes autour du soleil.

Chacune des particules entrant dans la composition

de ces atomes serait animée de deux mouvements : 1° rotation des particules sur elles-mêmes ; 2° révolution circulaire autour d'un centre. Ces mouvements de rotation peuvent varier, ainsi que la vitesse de translation et aussi le diamètre de l'orbite parcouru. Obligeant les molécules à s'écarter ou à se rapprocher, ils expliquent la dilatation des corps par la chaleur et leur contraction par le froid.

Les variations d'équilibre de ces éléments en mouvement produiraient le magnétisme, l'électricité et la chaleur, mais nous ignorons complètement comment ces forces sont engendrées.

Nous savons mesurer la chaleur sans en connaître l'essence. Cette expression « une quantité de chaleur » constitue une notion arbitraire représentant simplement la mesure d'un effet dont la cause est ignorée. « Elle n'est pas autre chose, écrit M. Duhem, que la mesure fournie par le calorimètre et ne se définit pas autrement. La quantité de chaleur qui est dégagée dans une modification, c'est par définition même une quantité proportionnelle au poids d'eau que cette modification porterait de la température zéro à la température de un degré ». L'insuffisance d'une telle conception est évidente.

Les physiciens ont fini, du reste, par laisser de côté ce problème des causes de la chaleur, et, sans rechercher comment des mouvements peuvent se transformer en chaleur, ils se sont bornés à tâcher de déterminer leur nature. Bien que le problème ait été abordé par des physiciens comme Clausius et Helmhotz, aucun succès n'a couronné ces efforts. Assimilant, pour simplifier, les éléments des corps à des points matériels en mouvement, ils ont admis que la force moyenne de ce mouvement était proportionnelle à la température et ont essayé d'en déduire les lois de la thermodynamique, le principe de Carnot notamment, au moyen des théo-

.rèmes de la mécanique. Il est assez généralement -admis aujourd'hui que cette tentative échoua complètement. Elle ne fournit d'ailleurs aucune espèce d'indication sur les variations de trajectoire des particules des corps suivant leur état solide, liquide ou gazeux, ni sur les résultats de leurs actions réciproques.

Les anciens physiciens avaient envisagé le problème de la chaleur d'une façon beaucoup plus simple. Elle était pour eux un fluide imprégnant tous les corps et se dégageant par la combustion. Cette théorie dite du phlogistique fut très ébranlée quand Lavoisier prouva que loin de perdre du poids par la combustion, les corps en gagnent au contraire. Cependant à l'époque de Carnot, on considérait encore la chaleur comme un fluide que les corps peuvent perdre ou absorber et différant seulement de l'ancien phlogistique par son impondérabilité.

Les physiciens finirent par renoncer à l'idée d'un fluide calorifique, mais après s'être donné un mal énorme, pendant plus de cinquante ans, pour substituer la théorie mécanique de la chaleur produite par du mouvement à la conception d'un fluide, ils semblent maintenant — un peu indirectement d'ailleurs — revenir à cette dernière. Comme le fait très justement remarquer le professeur de Heen, « l'idée ancienne de mélanger à la matière du fluide phlogistique est *identique* à celle qui a cours actuellement et qui consiste à mélanger à la matière des corpuscules électriques ». Il n'y a pas moins de raison pour supposer des atomes de chaleur que des atomes d'électricité.

L'idée que la chaleur serait une sorte de fluide fut d'ailleurs très féconde. Sans elle, Sadi Carnot n'aurait peut-être jamais songé à comparer son écoulement à celui d'un liquide, ni découvert le principe qui porte son nom et a si profondément modifié l'orientation des sciences physico-chimiques.

Il faut bien reconnaître, du reste, que si les physiciens et les chimistes repoussent l'idée d'assimiler la chaleur à un fluide, ils la traitent presque toujours comme si elle en était réellement un. Les chimistes parlent constamment de chaleur absorbée ou dégagée par un corps. Suivant eux, une combinaison garderait indéfiniment cette chaleur jusqu'à sa destruction. Elle la rendrait alors en quantité exactement égale à celle absorbée. Les physiciens nous disent, de leur côté, que lorsqu'on échauffe un corps, il absorbe de la chaleur et la restitue en se refroidissant. Si la chaleur était réellement un fluide, on ne s'exprimerait pas autrement.

Les mathématiciens eux-mêmes emploient souvent un langage analogue. Toutes leurs formules furent établies comme si la chaleur était constituée par un fluide. Laplace, Poisson, Lamé, etc., assimilaient le calorique à un fluide expansif et la température des particules à la tension de ce fluide dans ces particules. Les variations de chaleur s'expliquaient par des échanges, entre ces particules de calorique, proportionnels à la différence de leurs températures respectives. Aujourd'hui que la chaleur est considérée comme un mouvement vibratoire des particules matérielles, on continue encore à raisonner souvent comme si elle était un fluide, dont elle possède, en effet, bien des propriétés.

« L'analogie existant entre la propagation de la chaleur dans les corps athermanes et la filtration des fluides dans les masses poreuses, est si étroite, écrit M. Bousinesq dans sa *Théorie analytique de la chaleur*, qu'on pourrait lui demander une théorie mécanique de la conductibilité, s'il y avait un fluide calorique. »

Nous ne sommes pas certains, au surplus, que ce fluide n'existe pas. Dans les phénomènes calorifiques, on commence à faire jouer un grand rôle aux électrons. Après nous avoir ramené à l'antique fluide électrique, ils feront revivre peut-être le fluide calorique. Pour le moment, notre ignorance à cet égard est complète.

§ 2. — CHANGEMENTS D'ÉTAT DES CORPS SOUS L'INFLUENCE DE LA CHALEUR ET VARIATIONS D'ÉNERGIE QUI EN RÉSULTENT.

Les effets de la chaleur sur la matière sont d'une observation journalière. Le simple examen des mouvements de la colonne d'un thermomètre montre que les corps se dilatent par la chaleur et se contractent par le froid. La sensibilité de la matière est telle, qu'une variation de température d'un millionième de degré suffit déjà à modifier d'une façon expérimentalement appréciable sa résistance électrique. La plus légère oscillation de l'éther la fait vibrer et rayonner. Il y a ainsi échange permanent d'énergie entre la matière et l'éther.

Il n'est plus possible maintenant de considérer la matière indépendamment de son milieu. Les variations de ce dernier conditionnent ses équilibres et aussi sa forme, la rendant solide, liquide ou gazeuse. La matière correspond à un état d'équilibre entre ses énergies intérieures et les énergies extérieures qui l'entourent.

Les mouvements de rotation et de révolution des éléments d'atomes varient sans cesse sous l'action de la chaleur. Elle modifie non seulement leurs vitesses de rotation, mais encore les diamètres des orbites parcourus. Quand ces derniers s'accroissent, les particules des corps s'écartent de plus en plus, les attractions moléculaires constituant la cohésion sont surmontées et la matière passe à l'état liquide, puis à l'état gazeux.

Pendant ces changements, les corps absorbent des proportions déterminées de chaleur, qu'ils restituent en quantité exactement égale lorsqu'ils retournent à leur état primitif. L'énergie absorbée étant alors exactement rendue, on était fondé à croire que la matière n'en créait ni n'en détruisait jamais.

La chaleur peut au point de vue physique être définie, un mode d'énergie produisant le changement de volume des corps et par conséquent leur dilatation. Cette dilatation représente un excellent moyen de la mesurer; le thermomètre, basé sur elle, peut n'indiquer cependant qu'une partie de la chaleur fournie à un corps. Quand on chauffe de la matière pour la faire changer d'état, pour la liquéfier, je suppose, on produit trois effets différents, dont le premier seulement est révélé par le thermomètre : 1° on augmente sa température; 2° on change la disposition de ses molécules, travail interne que ne décèle pas le thermomètre; 3° on change son volume, travail externe contre la pression extérieure, que ne révèle pas davantage le thermomètre. Il n'y a donc qu'une partie de la chaleur produite qui ait servi à changer la température du corps.

On peut, du reste, faire varier la température d'un corps sans lui fournir ni lui soustraire de chaleur. Cela s'observe dans les opérations dites adiabatiques, par exemple quand on comprime un gaz dans un réservoir imperméable à la chaleur. La température est augmentée par la transformation en chaleur du travail effectué.

L'énergie calorifique nécessaire pour obliger les corps à changer d'état est considérable. Pour transformer de la glace à zéro en eau à la même température de zéro, il faut lui donner autant de chaleur que pour élever de 1 degré 80 fois son poids d'eau, soit 80 calories. Si l'eau se congèle de nouveau, elle restitue la chaleur absorbée. Pour transformer de l'eau à 100 degrés en vapeur saturante à la même température, le travail nécessaire est bien plus considérable encore puisque cette tranformation exige 537 fois autant de chaleur que pour élever de 1 degré la même quantité d'eau. Comme précédemment ces 537 calories sont restituées exactement quand les molécules se rapprochent pour repasser à l'état liquide, c'est-à-dire quand la vapeur à 100 degrés se condense en eau également à 100 degrés[1].

Pour montrer la grandeur des énergies ainsi déplacées, Tyndall donne les exemples suivants : la chaleur résultant de la combinaison de 1 kilogramme d'hydrogène avec 8 kilogrammes d'oxygène élèverait de 1 degré la température de 34.000 kilogrammes d'eau, ce qui correspond à plus de 14 millions de kilogrammètres. La condensation en eau des 9 kilogrammes de vapeur formés par cette combinaison, représente un travail de plus de 2 millions de kilogrammètres. Si, continuant à descendre cette échelle, on amène l'eau à l'état solide par l'abaissement de sa température, elle produirait encore près de 700.000 kilogrammètres.

Les chiffres représentant les forces nécessaires pour modifier les états moléculaires sont évidemment considérables à l'égard de nos unités habituelles d'énergie, mais ils sont immensément faibles à l'égard de ces

---

1. Voici, exprimées en kilogrammètres, les diverses quantités d'énergie qu'il est possible de concentrer dans 1 kilogramme de matière. Il serait trop long de donner ici les détails de nos calculs :

kilo-grammètres.

Énergie libérée par la décomposition sous l'influence du courant électrique de 1 kilogramme d'eau 1.095.000

Énergie libérée par 1 kilogramme de vapeur d'eau à 100° condensée et refroidie à 0° 270.725

Énergie libérée par 1 kilogramme de fer refroidi de 1.500° à 0°. 72.675

Énergie cinétique libérée par le choc d'une masse de fer pesant 1 kilogramme et animée d'une vitesse de 1.000 mètres par seconde. 51.000

Énergie libérée par la décharge de 1 kilogramme d'accumulateurs au plomb ayant emmagasiné 10 ampères-heures 7.300

Maximum de l'énergie électrique accumulable dans une bouteille de Leyde de 1 décimètre cube environ de capacité. . . . . 0,05 forces intra-atomiques dont nous avons étudié ailleurs la grandeur.

Il faut retenir de ce qui précède la constance des chiffres représentant l'énergie calorifique déplacée dans les diverses variations d'état de la matière. Ce qu'elle absorbe pour passer d'un état à un autre est toujours rigoureusement rendu quand elle revient à son état primitif. Il y a donc de simples déplacements d'énergie sans destruction ni création.

Ce fait si constant semblait un argument très solide en faveur non seulement de la conservation de l'énergie, mais aussi de cette notion capitale que la matière et l'énergie sont deux choses fort distinctes, la première servant de support à la seconde, mais ne la créant jamais.

Nos lecteurs savent comment ont été renversés ces principes. Pratiquement, d'ailleurs, les données anciennes conservent toute leur valeur. Car si la matière, transformée en énergie, dont elle est un immense réservoir, peut devenir une source de forces diverses, nous ne savons encore en extraire jusqu'ici que des quantités insignifiantes.

§ 3. — LA CHALEUR PEUT-ELLE SERVIR DE MESURE A TOUTES LES FORMES D'ÉNERGIE.

Dans tous les changements d'état des corps, nous avons parlé uniquement de la chaleur dégagée ou absorbée sans nous occuper des autres formes d'énergie mises en jeu. Jadis on n'en tenait aucun compte, mais l'étude approfondie des lois de l'électrolyse ayant montré la plupart des changements chimiques s'accompagnant d'une production rigoureusement constante d'électricité pour chaque réaction, il s'ensuivait que ces dernières peuvent s'exprimer en unités électriques tout aussi bien qu'en unités caloriques. Aujourd'hui on tend de plus en plus, nous l'avons vu, à mesurer dans les électrolytes les réactions par la quantité d'électricité déplacée au lieu de les mesurer par celle de chaleur mise en jeu.

La génération de la chaleur et de l'électricité suivant une marche assez parallèle, on peut se demander si ces forces ne seraient pas des manifestations secondaires d'énergies inconnues dont on aperçoit seulement des effets. L'énergie chimique, par exemple, est probablement aussi différente de l'électricité et de la chaleur qu'elle engendre, que ces dernières le sont du frottement qui peut aussi les engendrer.

La chaleur étant très anciennement connue, et toutes les énergies paraissant pouvoir revêtir cette forme, il était naturel de la prendre comme unité de mesure. Quand on fait tomber des radiations sur une surface absorbante, on considère comme équivalentes celles qui produisent le même échauffement. De cette façon fut étudiée la répartition de l'énergie dans le spectre lumineux. Mais il apparaît maintenant que des énergies très actives peuvent se manifester sous d'autres états que la chaleur et ne sauraient par conséquent être évaluées par elle. La température, en avançant dans le spectre solaire vers l'extrême ultraviolet, devient de plus en plus faible et finit par être tellement minime qu'elle n'est perceptible que pour des instruments d'une sensibilité très grande. S'en tenant aux mesures calorifiques, on pourrait dire l'énergie à peu près nulle dans cette extrémité. Or, elle est, au contraire, extraordinairement active, dissociant les corps les plus résistants et les transformant en un torrent de particules de la famille des rayons cathodiques.

Il y a donc sans doute des formes d'énergie qui ne peuvent se ramener à la chaleur et que la chaleur ne saurait par conséquent permettre de mesurer. Ce point très important finira certainement par attirer l'attention des physiciens.

§ 4. — LA CONCEPTION DU ZÉRO ABSOLU.

Les mouvements des particules des corps échauffés se communiquent aux substances en contact avec elles et font changer leur volume. Le thermomètre est basé sur ce fait. Plongé dans un milieu plus ou moins chaud, il indique la différence de température entre ce milieu et celle de la fusion de la glace prise comme zéro de la graduation de l'instrument.

Ce zéro est évidemment très arbitraire, puisqu'on aurait pu prendre comme origine de la graduation le point de fusion d'un corps quelconque. Tous nos zéros, tel par exemple celui des tensions électriques, sont également des points de repère conventionnels.

Les physiciens furent cependant conduits depuis longtemps à concevoir pour la température un zéro qui mériterait bien le nom d'absolu par lequel on le désigne, puisque les corps amenés à ce zéro ne contiendraient plus aucune énergie calorifique.

Cette conception fut imaginée à l'époque où la chaleur était considérée comme un fluide. La température à laquelle les corps auraient expulsé toute leur provision de ce fluide constituait le zéro absolu.

Les discussions théoriques permettant de le fixer ont été nombreuses. Laplace et Lavoisier le plaçaient entre 1.500 et 3.000 degrés au-dessous de la glace fondante. Dalton le fixait à 1.500 degrés. Les raisons de ces choix divers étaient d'ailleurs fort médiocres.

Bien qu'abandonnée, la théorie de la matérialité de la chaleur a continué à peser sur la pensée des physiciens. Des considérations tirées de l'étude de la thermodynamique conduisirent lord Kelvin à adopter pour le zéro absolu le chiffre de —273 degrés, déjà déduit de cette considération que les gaz se contractant de 1/273 de leur volume par degré, ne pourraient plus se contracter à 273 degrés au-dessous du zéro ordinaire.

Dans la conception du zéro absolu, les corps ne contiendraient donc plus de chaleur à — 273 degrés. Si la chaleur n'est que la conséquence des mouvements des particules matérielles, comme on l'admet généralement, ces mouvements cesseraient alors entièrement. Avec cette cessation disparaîtraient sans doute aussi les autres forces comme la cohésion. On ne voit pas très bien alors ce que la matière deviendrait. Divers physiciens considèrent d'ailleurs aujourd'hui le zéro absolu comme une limite théorique inaccessible, un simple point de repère pour les calculs.

Sa théorie est très antérieure à l'époque de la découverte de l'existence de l'énergie intra-atomique. On peut supposer à la rigueur que les énergies intra-moléculaires, relativement très faibles, puissent disparaître à une certaine température; mais il est impossible d'admettre l'évanouissement des énergies intra-atomiques. Elles sont tellement considérables, en effet, que pour les annuler il faudrait des forces immensément supérieures à toutes celles dont nous pouvons disposer. Si, par un moyen quelconque, tel que l'abaissement de la température, on parvenait à troubler profondément les équilibres intérieurs des éléments toujours en vibration et rotation des atomes d'un fragment de matière, ils se désagrégeraient et retourneraient à l'éther.

Dans ce chapitre consacré à l'étude de la chaleur, nous n'avons pas eu à nous occuper de la sensation désignée par ce terme. « Ce qui dans notre sensation, dit Locke, est de la chaleur, n'est dans l'objet que du mouvement. »

Le physicien étudie ces mouvements, mais sans

avoir réussi à les expliquer jusqu'ici. La chaleur est un chapitre de la physique dont quelques fragments se précisent, mais qui se compose surtout d'incertitudes. Nous verrons en grandir le nombre, en étudiant les relations des mouvements matériels produits par la chaleur avec ceux de l'éther que ces mouvements engendrent.

CHAPITRE II

Transformation des mouvements de la matière en vibrations de l'éther. La chaleur rayonnante.

---

§ I. — NATURE DE LA CHALEUR RAYONNANTE. ABSORPTION ET TRANSFORMATION PAR LA MATIÈRE DES VIBRATIONS DE L'ÉTHER.

Le terme classique de chaleur rayonnante est un des plus erronés de la physique, malgré sa justesse apparente. En s'approchant d'un foyer, on est échauffé ; il rayonne donc quelque chose. Que serait-ce, sinon de la chaleur ?

On mit fort longtemps pour découvrir qu'un corps chaud ne rayonne rien qui ressemble à de la chaleur. On sait aujourd'hui qu'il produit des vibrations de l'éther, n'ayant par elles-mêmes aucune température, et nous échauffe à distance, parce que les vibrations de l'éther qu'il engendre étant arrêtées par les molécules de l'air ou les corps placés devant lui engendrent de la chaleur. Ces vibrations ne sont pas de la chaleur, mais simplement une cause de chaleur, comme le serait un mouvement quelconque.

Cette confusion de la chaleur rayonnante avec la chaleur des corps, que perpétuent encore bien des livres classiques, empêcha pendant longtemps de reconnaître l'identité de la chaleur rayonnante et de la

lumière considérées jadis comme deux choses différentes.

Ce qu'on désigne du nom très impropre de chaleur
rayonnante, a pour unique origine des vibrations de
l'éther. Elles produisent de la chaleur lorsque leur
mouvement est détruit, comme une pierre par son
choc ; mais elles ne possèdent, je le répète, aucune
température. On le prouve facilement en interposant
une lentille de glace sur le passage d'un faisceau de
chaleur rayonnante. Si intense que soit ce faisceau,
la lentille n'est pas fondue, alors qu'un morceau de
métal placé à son foyer deviendra incandescent.
L'éther n'ayant aucune température et la glace étant
très transparente pour ses vibrations, elles l'ont traversée sans provoquer sa fusion. Le métal les arrêtant, au contraire, est devenu incandescent par l'absorption des vibrations de l'éther qu'il restitue ensuite
sous forme d'autres vibrations, en devenant à son tour
une source de cette chaleur rayonnante, sans température, dont nous venons d'indiquer les effets.

Puisque les vibrations de l'éther, qualifiées de chaleur rayonnante, ne produisent de la chaleur qu'après
leur absorption par un corps, il est évident que dans
les espaces célestes où n'existe pas, comme autour de
la terre une atmosphère absorbante, un froid considérable doit régner même dans le voisinage d'astres
incandescents, tels que le soleil. Le thermomètre,
plongé dans ces espaces, y marquerait cependant une
température très élevée, parce qu'il intercepterait des
vibrations de l'éther ; la température qu'il indiquerait
alors ne serait pas du tout celle du milieu ambiant,
mais sa propre température. La glace n'y fondrait pas
laissant passer, sans les arrêter, les vibrations de
l'éther ; mais un métal deviendrait incandescent, car
il absorbe les mêmes vibrations.

La vie n'est possible sur notre globe qu'à cause de
l'absorption des vibrations de l'éther par l'atmosphère

et la terre. S'ils étaient transparents pour ces vibrations, un froid très grand régnerait à la surface de notre planète.

Toutes les réactions chimiques qui se passent dans le sein des végétaux, la transformation de l'acide carbonique en carbone, notamment, ont pour origine cette absorption [1].

Les vibrations de l'éther, absorbées par un corps, peuvent donc être retenues par lui et devenir l'origine de transformations chimiques variées. Elles sont ainsi fixées jusqu'au jour où, décomposant ce corps, c'est-à-dire le ramenant à son état primitif, on les fera reparaître, sous forme de chaleur. On a là une preuve nouvelle des relations intimes de l'éther avec la matière et des échanges d'énergie dont ils sont le siège.

Si les vibrations de l'éther absorbées par la matière ne servent pas à des transformations chimiques, elles élèvent la température des corps et disparaissent par rayonnement avec une rapidité dépendant de la structure de ces corps ou des substances dont ils sont recouverts. Un vase de métal poli perd lentement sa chaleur, c'est pourquoi on l'emploie pour conserver les liquides à une température élevée. Le même métal, recouvert d'un vernis, perd, au contraire, très vite sa chaleur. Ces faits, connus depuis longtemps, furent

---

1. Robert Mayer, l'immortel auteur de la théorie de la conservation de l'énergie, eut le premier l'idée de cette corrélation des forces naturelles. Ce petit médecin, si ignoré de ses contemporains, si contesté après sa mort « était, « écrit Tyndall, un homme de génie, animé seulement par l'amour du sujet adopté « par lui et arrivant aux plus importants résultats bien avant ceux dont la vie « est entièrement consacrée à l'étude des sciences physiques ». Si on mesurait l'importance d'un savant aux conséquences de ses œuvres, on pourrait dire que Mayer fut un des cinq ou six plus grands hommes de son siècle. Par la simple application de son principe de la conservation de l'énergie, toutes les sciences physico-chimiques ont été profondément transformées. Seuls, Darwin et Pasteur ont exercé une influence aussi profonde. Malgré son indépendance, Tyndall n'a pas osé reproduire, dans la dernière édition de son livre sur la chaleur, le passage que j'ai cité plus haut. Les professeurs officiels, qui voyaient grandir chaque jour l'importance du principe de la conservation de l'énergie, ne pouvaient accepter qu'une découverte aussi considérable ne fut pas sortie de leurs laboratoires, et réunirent tous leurs efforts pour tâcher de rayer des annales de la

mis en évidence par Leslie, avec son cube plein d'eau bouillante, dont les faces étaient formées de diverses substances. Chacune rayonnait des quantités de chaleur différentes.

Les pouvoirs émissifs et absorbants dépendent donc de la nature et de la surface des corps. Si l'on chauffe au rouge une lame de platine dont une partie a été noircie, on constate que cette partie noircie est celle qui brille le plus.

Tous ces faits trouvent une ébauche d'explication dans le phénomène de la résonance acoustique. Un diapason insensible, aux bruits violents, vibrera s'il est frappé par des ondes sonores de période convenable. Il saura même trier ces ondes sonores dans un mélange de sons très dissemblables. Il est donc sensible aux unes et insensible aux autres. De même pour les corps frappés par la chaleur rayonnante. Ils absorbent seulement certaines vibrations et laissent passer les autres. Nous reviendrons sur ce point dans notre prochain chapitre.

§ 2. — PERMANENCE DU RAYONNEMENT DE LA MATIÈRE.

Jusqu'au zéro absolu, la matière envoie sans discontinuer des vibrations dans l'éther. Un bloc de

---

science le grand nom de Mayer. On aura un exemple curieux de cet état d'esprit en lisant la série d'injures que Tait, professeur de physique à Édimbourg, lui adresse dans son livre : *Les Progrès récents de la Physique*. Tout ce qu'il lui concède, c'est d'être, « par une chance heureuse tombé sur une méthode qui s'est trouvée être bonne. » Chance heureuse, en effet, celle permettant de découvrir un principe que personne n'avait soupçonné et de trouver la valeur numérique de l'équivalent mécanique de la chaleur dont la vérification seule demanda à Joule dix années de recherches et les ressources d'un grand laboratoire. Ce qualificatif de chance heureuse est assez généralement d'ailleurs appliqué à ceux qui découvrent quelque chose. Dans une longue polémique publiée dans une grande revue anglaise, entre un membre de la *Royal Institution* qui défendait mes recherches, et un physicien de Cambridge qui les attaquait, ce dernier déclarait que la dissociation universelle de la matière que j'avais fait connaître était « la plus importante théorie de la physique moderne »; mais, ajoutait-il, je ne l'avais trouvé que « par une divination heureuse ». Tout le mérite en revenait aux spécialistes ayant fait des mesures pour en contrôler la justesse.

glace peut donc être considéré comme source de chaleur rayonnante au même titre qu'un fragment de charbon incandescent. La seule différence entre eux est dans la quantité rayonnée. Les plaines glacées du pôle sont une source de chaleur rayonnante comme les plaines brûlantes de l'équateur, et si la sensibilité de la plaque photographique n'était pas aussi limitée, elle pourrait, pendant la nuit la plus profonde, reproduire l'image des corps au moyen de leurs propres radiations réfractées par les lentilles d'une chambre noire.

Naturellement, ces radiations que tous les corps émettent constamment n'impressionnent lé thermomètre que s'il est plongé dans un milieu plus froid que lui. Si l'instrument, placé d'abord dans un mélange réfrigérant, capable d'abaisser sa colonne au niveau correspondant à 50 degrés au-dessous de zéro, est mis ensuite en présence d'un bloc de glace à zéro, la chaleur rayonnée par ce bloc élèvera de 50 degrés, c'est-à-dire amènera à zéro la température de l'instrument; mais si ce dernier était déjà à la température de la glace, aucun mouvement de la colonne liquide ne révélerait le rayonnement. La glace continuerait à rayonner sur le thermomètre et l'instrument rayonnerait sur elle; mais ils ne feraient qu'échanger leurs radiations. Le rayonnement n'en aurait donc pas moins continué, quoique masqué par cet échange. Quand on dit qu'un corps se refroidit par rayonnement, cela implique nécessairement son séjour dans un milieu de température inférieure à la sienne. Recevant de ce dernier moins de chaleur qu'il ne lui en envoie, sa température s'abaisse jusqu'à ce que celle des deux corps en présence soit égale.

Lorsqu'on est obligé de conserver à basse température un corps destiné à être placé dans un milieu de température supérieure, on l'entoure avec des substances imperméables au rayonnement et dites,

pour cette raison, athermanes. La laine et les four-
rures jouissent de cette propriété. Pictet a montré
que, pour des températures inférieures à — 70°, la
plupart des corps athermanes perdent leurs propriétés
et deviennent diathermanes. On ne réussit à conserver
l'air liquide, qu'en l'enfermant dans des vases à doubles parois, entre lesquelles on fait le vide et dont la
surface est argentée. Ces mêmes vases peuvent être
employés à garder les liquides très chauds, puisqu'ils
empêchent aussi bien l'absorption que l'émission du
rayonnement.

§ 3. — ÉMISSIONS ÉLECTRIQUES QUI ACCOMPAGNENT LA CHALEUR.

Nous venons de voir que la matière rayonne et
absorbe sans cesse. L'échange entre l'éther et elle ne
s'arrête jamais. Les vibrations de l'éther captées par
la matière y subissent des transformations variées, au
mécanisme ignoré, et dont nous ne percevons que les
termes extrêmes.

On n'a pas cessé d'insister dans cet ouvrage et le
précédent sur les relations de l'éther avec la matière.
Elles apparaissent encore avec les phénomènes électriques accompagnant les variations calorifiques des
corps.

Les physiciens ont pressenti depuis longtemps la
parenté de la chaleur et de l'électricité et reconnaissent de plus en plus que la production de l'une
s'accompagne en même temps de la manifestation
de l'autre. Un corps frotté engendre à la fois de la
chaleur et de l'électricité. La chaleur qui se propage
dans un fil simplement tordu sur lui-même engendre
de l'électricité. Une substance, en se combinant avec
une autre, peut dégager de la chaleur et aussi de
l'électricité.

On sait également que les conductibilités électrique

et calorifique sont sensiblement dans les mêmes rapports pour tous les métaux. Ceux qui conduisent très bien la chaleur conduisent de même l'électricité et inversement. La principale différence réside dans la vitesse de propagation. Immense pour l'électricité, elle est très lente au contraire pour la chaleur.

Si la chaleur se transforme facilement en électricité, cette dernière se transforme non moins facilement en chaleur. Il suffit de faire traverser un fil métallique par un courant, pour le voir rougir plus ou moins suivant sa résistance. En envoyant le courant à travers un fil conducteur, dont une moitié est de platine et l'autre d'argent, le platine est porté au rouge blanc alors que le fil d'argent dix fois plus conducteur, c'est-à-dire offrant moins de résistance au passage de l'électricité, reste obscur.

Les recherches récentes dont j'ai parlé dans mon dernier livre, permettent d'aller beaucoup plus loin encore dans la voie de ces analogies.

On sait maintenant que quand, par un moyen quelconque, un corps est porté à l'incandescence il émet non seulement de la chaleur rayonnante et de la lumière — ce qui d'ailleurs est exactement la même chose — mais en outre des torrents de particules électriques. On est même arrivé à admettre, hypothèse appuyée sur les expériences de Zeemann, qu'une flamme est constituée par des particules électriques en vibration. Les mouvements de ces électrons propagés à l'éther engendreraient la chaleur rayonnante et la lumière. Il serait cependant très possible que le dégagement de particules électriques accompagnant l'incandescence et aussi beaucoup de réactions chimiques ne fût, dans plusieurs cas, qu'un phénomène secondaire, une sorte d'excédent inutilisé des énergies employées à modifier les équilibres de la matière.

Il doit exister entre les énergies intra-moléculaires

et les énergies intra-atomiques une relation constante. Les atomes représentent les pierres avec lesquelles sont bâtis les édifices moléculaires. Dans toutes les opérations de la chimie ordinaire, nous ne faisons que déplacer ces pierres, et c'est sans doute pourquoi l'on retrouve toujours les quantités de chaleur ou d'électricité alors mises en jeu. Lorsque par des moyens divers, très insuffisants encore, nous touchons à la structure des pierres de l'édifice, c'est-à-dire aux atomes, nous les dissocions et libérons sous forme de chaleur, d'électricité, etc., des forces intra-atomiques dont la grandeur pourra être sans rapport avec les causes de tels changements.

Tout ce chapitre et celui qui précède sont, au point de vue des explications, d'une insuffisance évidente. Malgré toutes les formules dont on l'a hérissée, cette région de la physique est extrêmement obscure et le problème de la chaleur un des plus difficiles, parce que sa solution implique la connaissance de choses très peu accessibles encore.

CHAPITRE III

Transformation de la matière en lumière.

---

§ I. — L'ÉMISSION DE LA LUMIÈRE PAR LA MATIÈRE.

La lumière est produite par des vibrations de la matière propagées sous forme d'ondes dans l'éther. Quand ces ondes possèdent une longueur convenable pour impressionner l'œil, on leur donne le nom de lumière visible. On les qualifie de lumière invisible lorsque la rétine, qui n'est impressionnée que par une faible partie de l'étendue du spectre solaire, reste insensible à leur action.

Qu'il s'agisse de vibrations produisant la sensation de bleu et de rouge ou de celles sans action sur l'œil, l'infra-rouge ou l'ultra-violet, les vibrations sont de même espèce, ne diffèrent que par leur fréquence et méritent le même nom de lumière.

De cette définition générale de la lumière, la seule qui s'accorde avec les données de la science actuelle, une première conséquence découle. Nous devons donner le nom de lumière aux radiations visibles ou invisibles émises par la matière à toutes les températures, jusqu'au zéro absolu, comme nous l'avons fait voir en étudiant la chaleur rayonnante.

La matière se transforme donc incessamment en lumière à toutes les températures. Un œil à rétine suffisamment sensible verrait dans l'obscurité tous les objets entourés d'une auréole lumineuse, et les ténèbres lui seraient inconnues. Cet œil n'existe pas peut-être, mais divers instruments permettent de le remplacer.

Examinons maintenant quelques-unes des conditions de transformation de la matière en lumière.

Quand on chauffe un corps, les vibrations de ses particules deviennent plus rapides et son émission d'ondes éthérées s'accroît. Ces ondes, d'abord trop longues pour être perçues, sont assez courtes vers 500 degrés pour devenir visibles et donner la sensation du rouge. De 800 à 1.000 degrés, des ondes plus courtes encore apparaissent et les radiations. émises comprennent toute l'étendue du spectre. Je serais assez porté à croire, d'après certaines expériences encore incomplètes, qu'à toutes les températures les corps émettent des radiations comprenant l'étendue complète du spectre. Leur faible amplitude empêche seule de les apercevoir. La température agirait surtout en augmentant l'amplitude des ondes émises, ce qui les rend visibles.

A chaque température, le corps échauffé émet des ondes de longueur très différente, suivant sa nature. L'éclat des flammes dépendant, à température égale, du rapport existant entre les grandes et les petites longueurs d'onde émises par les corps incandescents, ceux qui émettent davantage des secondes que des premières sont les plus lumineux.

L'éclat des becs Auer est précisément dû à la faiblesse de leur pouvoir émissif dans le rouge et l'infra-rouge, comparé à leur puissance d'émission dans le spectre visible. La température (1.650 à 1.700 degrés environ) n'y diffère pas notablement de celle d'un simple bec de gaz ordinaire.

Il n'y aurait pas d'intérêt au point de vue de l'éclat de la lumière à trop élever la température d'un corps, parce qu'alors on produirait, cas de l'arc électrique, des radiations ultra-violettes invisibles. A mesure, en effet, que la température d'une source lumineuse augmente, les radiations qu'elle émet se déplacent vers l'ultra-violet.

De la structure des corps matériels dépend, pour des raisons inconnues, leur pouvoir d'émettre des radiations diverses pour une même température. A 1.650 degrés le manchon d'un bec Auer imbibé d'une solution d'oxyde de thorium contenant 1 °/₀₀ d'oxyde de cérium, émet beaucoup de radiations visibles brillantes et relativement assez peu d'invisibles. Si l'on modifie le rapport entre les deux oxydes, on voit se modifier également celui des ondes émises à la même température. Les radiations visibles diminuent et les radiations invisibles augmentent. Ces dernières produisant beaucoup de chaleur, on a songé à utiliser les becs à incandescence pour le chauffage simplement en mod.fiant le rapport des oxydes dont sont imbibés les manchons. On obtient ainsi des becs très peu lumineux, mais donnant beaucoup de chaleur, alors que ceux employés pour l'éclairage donnent, au contraire, beaucoup de lumière et peu de chaleur.

Le rayonnement des corps engendré par l'échauffement est produit par toutes les actions capables d'accroître leurs vibrations, les réactions chimiques notamment, qui fournissaient les anciennes sources d'éclairage. Comme type, on

Fig. 13. — *Spectre solaire d'après Langley. Il va de* 0..4 *jusque au delà de* 7... (La petite bande foncée à gauche de A à h est la seule partie visible. Tout le reste est constitué par des radiations invisibles.)

peut citer la combustion du gaz ordinaire. Formé par un mélange d'hydrogène et de carbures d'hydrogène, il se combine violemment avec l'oxygène de l'air quand on l'allume. Les particules de carbone des carbures étant mises en liberté et portées à l'incandescence donnent à la flamme un éclat que l'hydrogène pur ne possède pas. Le gaz ne doit le sien qu'à ces particules incandescentes en suspension ; un corps solide quelconque, du platine par exemple, pourrait les remplacer.

En réalité, les phénomènes qui se passent dans une flamme, telle que celle d'une simple bougie, sont d'une complication bien autre. Ils le sont même assez pour qu'on puisse considérer un corps en combustion comme un des phénomènes les plus difficiles à interpréter de la physique et comportant la solution, à peine entrevue, d'un grand nombre de problèmes relatifs à la dissociation de la matière. Toute incandescence s'accompagne, en effet, du dégagement d'un torrent de particules électriques, comparable aux rayons cathodiques ou aux émissions du radium. Ce dégagement implique nécessairement un commencement de désagrégation de l'atome, autrefois ignorée, parce que la provision d'énergie contenue dans la matière est tellement immense que la perte subie pendant la combustion passait inaperçue.

Cette dissociation de l'atome dans la flamme a été mise en évidence non seulement par la production des particules électriques provenant de cette dissociation, mais encore par la déviation des électrons des flammes dans un champ magnétique ; elle a pour conséquence le dédoublement des raies spectrales de la flamme sur laquelle le champ magnétique agit.

§ 2. — ROLES RESPECTIFS DE LA LONGUEUR D'ONDE ET DE SON AMPLITUDE DANS LES ACTIONS DE LA LUMIÈRE.

Un corps jeté dans l'eau détermine à sa surface une série d'ondes circulaires concentriques comparables à de petites collines parallèles séparées par des vallées. La distance du sommet d'une colline à l'autre s'appelle la longueur d'onde, la hauteur de chaque colline au-dessus du fond de la vallée représente l'amplitude de l'onde. Il en est de même, on le sait, pour la lumière, avec cette seule différence que les ondulations se font dans l'éther au lieu de se produire dans un liquide.

La longueur d'onde et sa hauteur constituent deux choses très différentes à bien séparer, si l'on veut comprendre certaines actions de la lumière.

Qu'il s'agisse du son, de la lumière ou de toute perturbation périodique d'un fluide quelconque, la longueur d'onde est un élément de grandeur invariable pendant tout le temps d'une vibration, alors que son amplitude peut varier dans des limites étendues. Les ondes perdent de leur amplitude en se propageant, mais leur longueur et, par conséquent, le nombre de vibrations par seconde reste le même. L'analogie avec les oscillations du pendule est complète. Que l'on écarte peu ou beaucoup un pendule de la verticale, le chemin qu'il parcourra dans sa trajectoire oscillante sera très court ou très long, mais le temps employé pour le parcourir invariable, ne dépendant que de la longueur du pendule.

Quel est le rôle de ces deux éléments, la longueur d'onde et son amplitude ? En ce qui concerne le pendule, la force vive de sa masse croît avec l'amplitude de ses vibrations. Pour le son, la longueur d'onde détermine la hauteur d'une note donnée, alors que l'amplitude détermine l'intensité de cette note. Pour la lumière, les ondulations de l'éther donnent, suivant leur longueur, des notes que nous nommons bleu, rouge, vert, etc. Leur longueur est rigoureusement invariable pour chaque note ; mais l'intensité qu'elles produisent, c'est-à-dire leur éclat, peut varier dans d'énormes proportions avec l'amplitude des ondes émises : de 1 à 1 million, entre 600 et 1.800 degrés, par exemple pour les radiations rouges, d'après les mesures de M. Lechatelier. L'intensité d'une radiation pourra la faire osciller entre l'obscurité et un éclat éblouissant, sans que la longueur d'onde éprouve aucun changement.

En dehors de la température, divers moyens existent d'augmenter ou de réduire l'amplitude des ondes éthérées, par conséquent l'intensité d'un faisceau lumineux. Il suffit de le concentrer ou, au contraire, de le disperser au moyen de lentilles de formes convenables.

L'intensité d'une note ou d'une couleur est donc très variable, mais la longueur des ondes qui produisent cette note ou cette couleur reste absolument la même pendant toute la durée des vibrations.

L'œil et l'oreille ne sont pas organisés de façon à accumuler les impressions. Une couleur ou une note d'intensité donnée produiront toujours le même effet, quelle que soit la durée de leur action.

Il en est autrement pour certains réactifs, la plaque photographique par exemple, capables d'accumuler les impressions. On peut alors, avec une intensité très faible, mais prolongée, produire des effets identiques à ceux obtenus par une intensité très grande, agissant pendant un temps très court. La possibilité de cette accumulation m'a permis de photographier des corps doués de phosphorescence invisible pour l'œil, simplement parce que l'amplitude des vibrations lumineuses émises était trop faible pour impressionner la rétine.

La plaque sensible voit les radiations émises parce qu'elle peut les accumuler, et photographie les étoiles que l'œil ne voit pas, à cause de leur amplitude trop faible, bien que la sensibilité de la rétine soit énormément supérieure à celle de la plaque. L'œil est pour la lumière comme l'oreille pour le son. Il existe de la lumière obscure et du son silencieux, que l'œil et l'oreille ne perçoivent pas, mais que peuvent révéler des réactifs convenables.

Se basant sur ce que les étoiles, qui sont à la limite de la visibilité, exigent une heure de pose pour être photographiées, Deslandres fait remarquer que « le rapport entre les sensibilités de l'œil et de la plaque photographique serait le rapport entre $1/10^e$ de seconde et 1 heure, soit $1/36.000$ ».

Quel que soit le réactif employé : rétine, plaque photographique, composé chimique, il y a toujours un minimum d'amplitude, variable pour chacun d'eux, au-dessous duquel la lumière est sans action. M. Berthelot a fait observer que l'oxydation du sulfure de carbone, qui se fait en quelques heures au soleil, ne s'effectue jamais à la lumière diffuse, même au bout d'une année. Pour d'autres réactions, telles que la combinaison du chlore et de l'hydrogène, l'intensité lumineuse peut, au contraire, être extrêmement faible. Ce sont là des phénomènes dont on ne tient pas toujours compte, mais il faut les connaître pour comprendre les effets de la lumière. C'est parce qu'ils ont été méconnus que les variations de certaines fonctions des végétaux, dans les diverses régions du spectre, donnèrent lieu, nous le verrons, à tant d'interprétations contradictoires.

§ 3. — LE SPECTRE INVISIBLE.

Les recherches effectuées dans ces dernières années ont prouvé que le spectre invisible de la lumière solaire était beaucoup plus étendu que son spectre visible. Alors que ce dernier va seulement de $0\mu,40$ à $0\mu,80$, le spectre invisible va un peu au delà de 5μ, d'après les recherches de Langley[1], c'est-à-dire est environ douze fois plus long que le premier. Le spectre invisible des lumières artificielles est beaucoup plus étendu encore, puisqu'il va, d'après Rubens, jusqu'à 60μ.

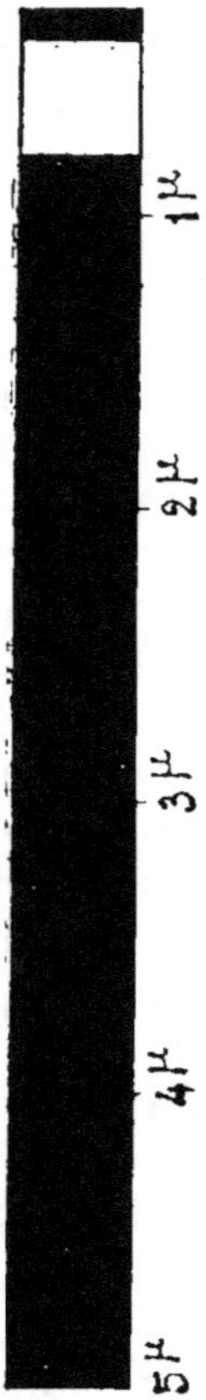

Les gravures du spectre solaire publiées dans les traités de physique en donnent une idée très fausse. Non seulement elles ne reproduisent que sa région visible, mais la répartition des couleurs y est très inexacte, parce que les spectres prismatiques ayant servi de modèle réduisent quatre ou cinq fois l'étendue du rouge et exagèrent beaucoup celle du violet.

La répartition des couleurs n'est exacte qu'avec

Fig. 14. — *Proportion des radiations visibles et invisibles dans un spectre solaire normal.*

La grande bande noire à gauche représente la région infra-rouge invisible, elle va jusqu'à un peu plus de 5 %, d'après les dernières mesures. La petite bande blanche représente la portion visible du spectre. Elle a environ 12 fois moins d'étendue que la précédente. La mince bande noire à droite représente la région ultra-violette invisible.

---

1. L'instrument employé par Langley était le bolomètre, qui permet de mesurer le cent millionième de degré. Il est basé sur ce fait, qu'en échauffant un corps conducteur on accroît sa résistance électrique. Si on fait tomber des radiations d'intensités diverses sur le fil microscopique constituant la partie essentielle de l'instrument, sa résistance électrique varie. Elle est mesurée par les moyens connus.

les spectres de diffraction obtenus au moyen de réseaux. La distance entre les raies y étant proportionnelle à la longueur d'onde, le rouge occupe une étendue beaucoup plus considérable que dans les spectres prismatiques.

C'est précisément l'emploi des prismes pour produire les spectres qui conduisit à interpréter assez inexactement la position du maximum de l'énergie calorifique. On le plaçait autrefois dans l'infra-rouge. On sait aujourd'hui qu'il se trouve dans la partie lumineuse du spectre ; mais comme, à l'égard de la longueur totale de ce dernier, la région visible est très peu étendue, il s'ensuit que l'énergie calorifique totale est beaucoup plus grande dans l'infra-rouge invisible. Suivant les dernières mesures de Langley, le spectre solaire visible ne contiendrait que le cinquième de l'énergie calorifique de la région infra-rouge. La région invisible du spectre constitue donc la portion la plus importante de la lumière. Seule, la sensibilité de l'œil crée la limite entre les parties visibles et invisibles du spectre. Elle n'est pas, sans doute, la même pour tous les animaux.

Cette immense région invisible du spectre où se trouve la plus grande partie de son énergie doit jouer dans les phénomènes de la vie végétale et dans ceux de la météorologie un rôle très important, quoique à peine soupçonné. On ne connaît encore de ses propriétés que les actions calorifiques. Ses variations jouent probablement un rôle considérable dans les saisons. Langley a reconnu que le spectre solaire changeait aux diverses périodes de l'année et que la distribution de son énergie n'était pas la même aux différentes saisons.

La proportion d'un cinquième de la radiation solaire, qui apparaît sous forme de lumière visible, semble faible au premier abord. Elle est en réalité très grande, si on la compare à celle des lumières artificielles.

D'après les recherches récentes de Wedding (1905), toutes les sources artificielles de lumière, y compris l'arc électrique, n'utiliseraient pas plus de 1 °/₀ des

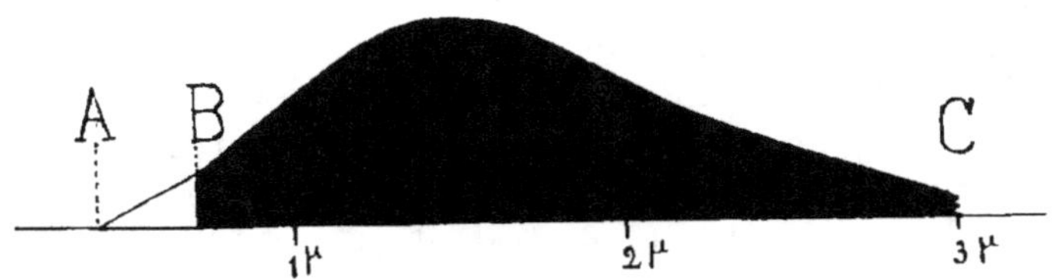

Fig. 15. — *Distribution de l'énergie visible et invisible dans la lumière de l'arc électrique.*
Toute la partie teintée en noir représente l'énergie inutilisée d'après Langley. La partie blanche A B est la seule utilisée dans l'éclairage. La graduation s'arrête à 3 μ. — Pour rendre la figure tout à fait exacte, il aurait fallu la prolonger à droite considérablement.

radiations produites. 99 °/₀ des radiations émises seraient donc invisibles [1].

Bien que ces chiffres varient avec les observateurs, il n'en est aucun qui ait trouvé une perte inférieure à 90 °/₀. Si donc on évalue à 3 ou 400 millions, ainsi qu'on l'a fait, la dépense annuelle d'un grand pays comme l'Angleterre pour son éclairage artificiel, on voit que la découverte du moyen de transformer l'énergie calorifique invisible en lumière visible économiserait près de 300 millions annuellement pour un seul pays.

Le problème n'apparait pas du tout comme insoluble, puisque la nature a trouvé sa solution. La lumière des animaux phosphorescents se compose presque exclusivement de rayons appartenant à la région visible du spectre. Tous les corps phosphorescents produisent également de la lumière sans échauffement préalable. Il est probable que ce sont

---

1. Ces chiffres ont notablement varié, suivant les observateurs. Chwolson donne 10 °/₀ pour la partie utilisable de l'arc électrique et 4 °/₀ pour le gaz. S. Thomson (*The manufacture of Light*, 1906), adopte le chiffre de 1 °/₀ seulement d'énergie utilisée résultant des recherches récentes de Wedding.

alors des énergies atomiques qui entrent en jeu et non des ébranlements moléculaires, comme dans le cas de l'incandescence. Nous reviendrons sur ce point en étudiant la phosphorescence des gaz dans un autre chapitre.

§ 4. — LA RÉPARTITION DE L'ÉNERGIE DANS LE SPECTRE.

La répartition de l'énergie dans les diverses régions du spectre a été l'objet de nombreuses recherches. Elles n'ont pas conduit cependant à des résultats très utiles, précisément parce que pour une température uniforme l'intensité des diverses radiations varie beaucoup suivant les sources lumineuses. Nous avons vu, par exemple, que la répartition de l'énergie dans le spectre d'un bec de gaz et d'un bec Auer était fort différente, bien que leur température fut presque identique.

Il n'y a pas davantage à tirer parti des recherches publiées sur la répartition de l'énergie dans le spectre solaire en raison de la variation très grande qu'il éprouve dans l'infra-rouge suivant les jours, les heures, l'altitude, l'absorption exercée par la quantité plus ou moins grande de vapeur d'eau atmosphérique, etc.

Toutes les anciennes mesures d'énergie dans le spectre étaient, je l'ai dit, affectées d'une erreur due à l'emploi du prisme pour séparer les diverses radiations. Le prisme ramassant les radiations dans l'infra-rouge et les étalant considérablement à l'autre extrémité du spectre, il était naturel que la chaleur fût très élevée dans la partie où les radiations étaient les plus condensées. On vit donc dans l'infra-rouge la partie la plus chaude du spectre solaire. Cette erreur et la courbe qui la traduit traînent encore dans la plupart des traités de physique élémentaire.

Dès qu'on eut réussi, au moyen de réseaux, à produire des spectres où la déviation des radiations est proportionnelle à la longueur d'onde, il devint évident, comme je l'ai montré déjà, que ce n'était pas du tout dans l'infra-rouge invisible, mais bien dans la partie la plus lumineuse du spectre, c'est-à-dire de A à D, que se trouve pour la lumière solaire le maximum d'action calorifique.

Aucune partie du spectre n'est dépourvue en réalité d'action calorifique, comme les physiciens le crurent longtemps. Il suffirait de donner à une radiation quelconque une intensité suffisante pour lui faire produire toutes les actions calorifiques voulues.

Indépendamment des causes d'erreur que je viens d'énumérer, il en est une beaucoup plus grave encore et qui touche au principe même des méthodes.

Les physiciens ont été conduits à mesurer l'énergie dans le spectre, uniquement en évaluant les actions calorifiques de ses diverses parties. M. Jamin montre très bien dans le passage suivant le processus mental de cette conception :

« On a supposé autrefois que trois agents distincts émanaient du soleil, la chaleur, la lumière et les rayons chimiques, et que chacun d'eux donnait lieu à un spectre partiellement superposé aux deux autres, mais distinct dans sa nature autant que dans ses propriétés. Mais on a été conduit par la force des choses à rejeter cette hypothèse compliquée parce que tous les procédés se montraient impuissants à réaliser pratiquement la séparation supposée possible en théorie. Tout le monde admet aujourd'hui que le soleil envoie des vibrations qui sont toutes de même nature, qui ne se distinguent que par leur longueur d'onde. Ces actions diverses (lumineuses, chimiques, calorifiques), s'exécutent toutes aux dépens de l'énergie des vibrations, mais l'action calorifique en fournit la seule mesure rationnelle[1]. »

Ce procédé de mesure ne fut pas appliqué uniquement à la lumière, mais à toutes les formes d'énergie. Il est déduit de l'idée que tous les modes d'énergie pouvant se transformer en chaleur, sont mesurables par leurs effets calorifiques évalués en calories ou en kilogrammètres, par conséquent équivalents.

En ne considérant que la chaleur dans le spectre, on est naturellement amené à lui attribuer toutes les actions observées. C'est justement ce que fait l'auteur cité plus haut. « C'est aux dépens de l'énergie calori-
« fique disponible des radiations, dit-il, que se pro-
« duisent, soit l'impression lumineuse sur la rétine,
« soit l'impression photographique. »

S'il en était bien ainsi, les rayons pouvant produire le maximum de chaleur devraient le mieux agir sur la plaque photographique et sur l'œil. Or, c'est justement le contraire qui se produit.

On n'observe pas seulement dans les actions photographiques le défaut de parallélisme entre l'intensité calorifique et les effets observés. Il est même frappant de voir dans l'ultra-violet, aux actions calorifiques presque nulles, certains effets tels que la dissociation de la matière se produire d'une façon très énergique, alors qu'ils sont insignifiants dans les parties les plus chaudes du spectre.

On doit en conclure que les diverses régions du spectre possèdent des actions n'ayant pas de commune mesure. La répartition de l'énergie sera très différente, suivant les réactifs employés, œil, plaque photographique, thermomètre, électromètre. Ceux fortement impressionnés par une certaine radiation sont muets devant une autre. Il faut, en réalité, une courbe pour chacun d'eux et ne pas prétendre déter-

____

1. *Physique*, t. III, 3ᵉ partie, p. 100, 4ᵉ édition.

miner l'énergie spectrale avec un seul comme on l'a fait jusqu'ici.

§ 4. — L'ABSORPTION DE LA LUMIÈRE PAR LA MATIÈRE.

A sa propriété d'émettre des radiations lumineuses la matière joint celle de pouvoir les absorber ou de se laisser traverser par elles. Il y a ainsi un échange permanent entre la matière et l'éther que nous avons souvent signalé.

Un corps se laissant traverser par la lumière sans lui faire éprouver de modification sensible, est dit transparent. On le qualifie d'opaque dans le cas contraire.

Les idées sur la transparence et l'opacité se sont très modifiées dans ces dernières années. On sait aujourd'hui qu'il n'y a pas de corps entièrement transparent pour toutes les radiations. Une lame de verre de $1/10^e$ de millimètre d'épaisseur, complètement transparente pour l'œil est cependant absolument opaque pour toute l'extrémité ultra-violette du spectre et pour une partie notable de l'infra-rouge.

La transparence est toujours sélective et par conséquent jamais complète. S'il existait un corps entièrement transparent, il pourrait être exposé à la source de chaleur la plus intense sans s'échauffer puisqu'il n'absorberait aucune radiation. L'élévation de température d'un corps soumis à un rayonnement n'est due en effet qu'à l'absorption de radiations qui n'ont aucune température par elles-mêmes.

Plus l'opacité du corps est grande, plus il absorbe et s'échauffe, sauf naturellement le cas où par suite du poli de sa surface il renvoie dans l'espace les vibrations de l'éther qui l'atteignent.

On essaie maintenant, comme je l'ai dit déjà,

d'expliquer la transparence et l'opacité des corps par un phénomène analogue à celui de la résonance acoustique. Il nous suffira de modifier légèrement la théorie actuelle pour montrer qu'elles sont les conséquences d'une même loi. La matière peut être considérée comme composée de petits diapasons moléculaires capables, de même que les diapasons ordinaires, de vibrer pour certaines notes, mais non pas pour d'autres. Frappés par les vibrations de l'éther, ils vibrent suivant leur structure, à l'unisson de certaines notes lumineuses et ne sont pas impressionnés par les autres. La radiation qui les fait vibrer, reste à la sortie du corps transparent identique à ce qu'elle était à l'entrée n'ayant subi dans ce cas d'autres modifications qu'un ralentissement de vitesse, par suite sans doute du temps nécessaire pour augmenter les vibrations des atomes.

Les corps opaques seraient constitués au contraire d'éléments ne pouvant vibrer à l'unisson des vibrations qui les frappent. Ils pourraient seulement émettre des vibrations irrégulières s'évanouissant aussitôt en se transmettant aux molécules voisines. Des mouvements de ces dernières résulterait l'échauffement des corps frappés par la lumière. L'absorption serait donc un véritable transfert du mouvement de l'éther aux corps qui y sont plongés.

Quand une substance est transparente pour une radiation et opaque pour une autre, ce qui est le cas général, les molécules vibrent à l'unisson des vibrations qui les traversent et absorbent les autres. Un verre rouge ou bleu possède cette couleur parce qu'il ne peut laisser passer que les radiations du spectre correspondant au bleu ou au rouge et retient les autres.

Cette théorie n'est soutenable qu'en supposant les molécules des corps déjà animés de mouvements rapides que les vibrations de l'éther ne feraient qu'orienter. Il serait tout à fait impossible autrement de supposer que les vibrations de l'éther donnent aux atomes, la somme énorme d'énergie nécessaire pour les faire osciller avec la rapidité de la lumière.

D'après ce qui précède, la différence entre un corps transparent et un corps opaque résiderait uniquement dans la nature des vibrations qu'ils émettent. Les vibrations incidentes traversent le corps transparent en faisant vibrer sur leur passage les atomes de la matière à l'unisson du rayon incident. Elles feraient vibrer également les atomes du corps opaque, mais se diffuseraient dans sa masse. Dans les deux cas, l'énergie lumineuse ayant frappé une face d'une lame opaque ou transparente reparaît nécessairement sur l'autre. Dans le cas de la transparence, le rayon est à la sortie ce qu'il était à son entrée ; dans celui de l'opacité, la lame s'échauffe, puis émet en tous sens — et non plus dans une seule direction — des radiations dont la longueur d'onde est très différente de celles ayant frappé l'autre face. Alors que la lumière ne modifie pas la température d'un corps transparent, elle élève au contraire celle d'un corps opaque.

Si l'amplitude des ondes lumineuses qui ont frappé un corps opaque est assez grande, ses molécules peuvent être suffisamment écartées pour le faire passer à l'état liquide ou gazeux.

L'absorption de la lumière par la matière est en relation étroite avec la structure de cette dernière. Les modifications produites par ses changements permettent de déterminer la composition des corps. Elles sont constatées facilement en interposant la substance à examiner entre une source lumineuse et le prisme d'un spectroscope. Beaucoup de liquides très transparents pour l'œil, présentent des bandes d'absorption variant avec les moindres changements de leur composition. Des traces d'impuretés sont ainsi facilement reconnues. Il est possible, par exemple, de découvrir la présence de 1/30.000 de pyridine dans de l'ammoniaque.

Les gaz sont très absorbants pour certaines radiations et peu pour d'autres. Ceux de l'atmosphère absorbent totalement tout l'ultra-violet, à partir de 0 μ., 295 et la totalité de l'infra-rouge dépassant 5 μ.. L'ozone de l'atmosphère se montre également très absorbant pour l'ultra-violet et peut-être doit-on à son excès momentané la disparition accidentelle de cette région à partir de la raie M que j'ai constatée dans mes expériences.

Il est assez difficile dans la théorie de la transparence par résonance donnée plus haut, de comprendre qu'un même corps puisse être transparent ou opaque pour des régions situées aux deux extrémités opposées du spectre. Tel le verre à vitre par exemple tout à fait opaque, non seulement pour l'ultra-violet mais encore pour toute la région infra-rouge au delà de 2 à 3 μ., et par conséquent pour les radiations calorifiques émises par les corps chauffés à 100 degrés ou au-dessous.

Cette transparence partielle de la matière pour les vibrations lumineuses de l'éther est à rapprocher de sa transparence complète pour les lignes de force électriques ou magnétiques précédemment signalées, composées elles aussi d'éther mais sous une forme inconnue. Ce sont les seuls éléments dont la matière ne puisse entraver la marche. Pourquoi laisse-t-elle passer l'éther sous une forme et non pas sous une autre? Nous ne pouvons donner aucune réponse à cette question.

§ 5. — LES ACTIONS CHIMIQUES ET PHOTOGRAPHIQUES
DE LA LUMIÈRE.

Lorsque les vibrations de l'éther produites par l'échauffement de la matière rencontrent un corps, elles produisent des effets variés qu'on peut diviser en trois classes :

1° *Actions mécaniques*. C'est la pression qu'exerce l'énergie radiante. Étant très faible, on ne peut la mettre en évidence que par des instruments fort sensibles. Son intensité cependant suffit pour annuler, dans certain cas, la pesanteur. On attribue à son influence la déformation des comètes ;

2° *Actions dissociantes sur les atomes de la matière.* Elles sont mises en évidence par les recherches exposées dans mon précédent ouvrage et sur lesquelles je reviendrai dans un prochain chapitre;

3° *Actions chimiques*. Comprennent des réactions très diverses (oxydation, réduction, etc.) utilisées dans la photographie.

De ces différentes actions je n'étudierai maintenant que certains effets particuliers relatifs à la photographie, observés au cours de mes recherches.

Étant donné que les particules électriques des rayons cathodiques et des corps radio-actifs impressionnent la plaque photographique, on pourrait être tenté d'attribuer la formation de l'image latente produite par la lumière à une sorte d'ionisation du gélatino-bromure d'argent. J'ai jadis songé à cette hypothèse, mais elle a contre elle les deux faits suivants : 1° Il est impossible d'observer aucune radio-activité pendant l'exposition de la plaque photographique à la lumière ; 2° les rayons bleus qui agissent principalement sur la plaque photographique ne sont pas du tout les agents les plus actifs de la dissociation de la matière.

En poursuivant cette étude, je fus conduit à rechercher quelles sont les radiations dont l'action est la plus grande dans l'impression photographique.

Afin de les mettre en évidence, j'ai exposé derrière un spectroscope une plaque photographique et recherché dans quelle région commençait l'impression. Elle débute toujours dans le bleu et jamais dans le violet ou l'ultra-violet.

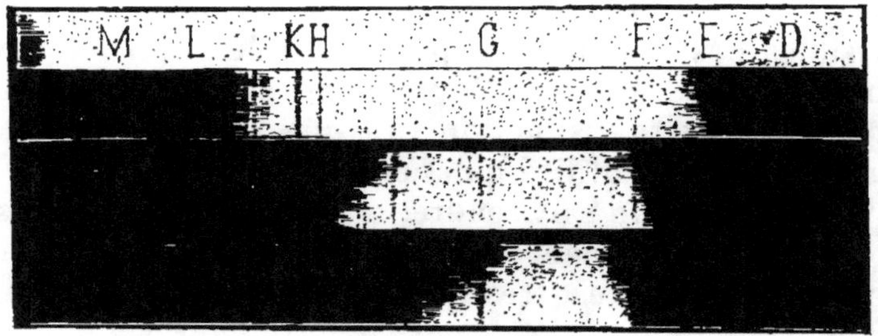

FIG. 16. — *Photographies de spectres solaires destinées à montrer la variation des rayons visibles utilisés suivant la durée de la pose.*
Le spectre inférieur a été obtenu avec 1/10ᵉ de seconde de pose. Il n'y a d'impression que dans le bleu. Les rayons bleus sont donc les seuls utilisés dans la photographie instantanée. Les deux spectres placés au-dessus ont été obtenues avec des poses de plus en plus prolongées. Le spectre supérieur s'étend assez loin dans l'ultra-violet. En prolongeant encore la pose, nous avons obtenu l'impression jusqu'au rouge avec des plaques ordinaires, mais le reste de la photographie est alors inutilisable.

Bien que les prismes en verre d'Iéna de mes spectroscopes laissent passer presque tout l'ultra-violet solaire, ils en absorbent cependant une partie et on pouvait objecter aux expériences précédentes que la faible action du violet et de l'ultra-violet résulterait de cette absorption. J'ai donc prié M. de Watteville, possesseur d'un grand spectroscope à prismes de quartz, matière très transparente pour l'ultra-violet, de répéter mes expériences avec son instrument.

Elles ont donné des résultats identiques à ceux exposés plus haut. L'impression commence toujours dans le bleu et ne se propage que quelque temps après dans l'ultra-violet. On peut en conclure que l'usage d'objectifs de quartz ou de verres très transparents pour l'ultra-violet ne présenterait aucun avantage pour la photographie instantanée.

Il serait beaucoup plus intéressant d'augmenter la sensibilité des plaques pour les diverses régions du spectre. La partie utilisée en photographie ne représente qu'une bien faible partie du spectre solaire qui va de $5\,\mu$ à $0\,\mu,295$ en y comprenant les rayons visibles et invisibles. La partie visible s'étend seulement de $0\,\mu,4$ à $0\,\mu,8$. Même en ne tenant compte que du spectre visible, on voit que la plaque photographique n'en utilise qu'une minime portion.

Sans doute on sait rendre, par des moyens divers, les plaques un peu sensibles jusqu'au rouge, mais cette sensibilité est très illusoire car il faut toujours d'énormes différences de pose pour obtenir des images avec la lumière bleue, la lumière verte et la lumière rouge. Le seul avantage réel des plaques dites orthochromatiques est d'être moins sensibles pour le bleu que les plaques ordinaires. Le même résultat est obtenu en plaçant simplement devant l'objectif un verre jaune. Avec une plaque quelconque, on obtient dans toutes les régions visibles du spectre une impression aussi intense qu'on le voudra en prolongeant suffisamment la pose. Un paysage peut être très bien photographié à travers un verre rouge.

C'est cette différence de rapidité d'action des diverses radiations lumineuses qui change toutes les valeurs dans la reproduction photographique des paysages. On annule un peu les écarts en prolongeant la pose de façon à laisser aux rayons faiblement actiniques le temps d'agir, mais alors intervient bientôt le phénomène de l'irradiation consistant en ceci que chaque partie impressionnée agit comme centre lumineux sur les régions voisines, non seulement directement mais par sa réflexion sur la face postérieure du verre. J'ai fait pas mal d'expériences sur ce sujet et constaté qu'avec des poses suffisamment

Fig. 17 à 20. — *Variations des images obtenues avec une croix métallique par suite de l'irradiation et de l'inversion.*

Une croix d'étain est collée sur une feuille de verre et une plaque photographique mise dans un châssis sous cet écran en contact avec l'étain. Le système est exposé ensuite à la lumière d'une lampe. En faisant varier uniquement la durée de la pose (entre une seconde et cinq minutes) on obtiendra : 1° l'image en blanc de la croix (Image noire par conséquent sur l'épreuve positive) ; 2° la propagation de l'impression sous la croix métallique; 3° la disparition presque complète de l'image; 4° l'image en noir de la croix comme si le métal avait été traversé. Ces effets si différents sont dus aux actions combinées de l'irradiation et de l'inversion.

longues l'impression peut se propager jusqu'à un demi-centimètre de la région atteinte par la lumière. La photographie de lignes très fines est fort difficile pour cette raison. On a vainement tenté de reproduire de cette façon les réseaux gravés au diamant employés dans certains procédés.

Je vais résumer pour les lecteurs s'occupant de photographie les expériences que j'ai réalisées — avec le spectroscope décrit dans un autre chapitre — pour rechercher les régions du spectre qui impressionnent les plaques photographiques suivant la durée de la pose, la nature des plaques employées et les verres de couleur placés devant l'objectif.

Portions du spectre solaire utilisées en photographie suivant la durée de la pose avec les plaques ordinaires et celles dites orthochromatiques (fig. 16).

1º *Plaques ordinaires rapides.*

Pose instantanée : l'impression va de F jusqu'au milieu de l'intervalle entre H et G.

2 secondes de pose : l'image s'étend jusqu'à K d'un côté et jusque dans le voisinage de E de l'autre côté.

15 secondes de pose : l'impression se prolonge au delà de L du côté de l'ultra-violet, et s'étend presque jusqu'à D du côté du rouge.

Il suffit donc de faire poser un temps assez long une plaque ordinaire pour qu'elle soit impressionnée par les rayons les moins actiniques.

A mesure que la pose s'exagère, l'intensité de l'impression s'accroît entre H et E, et beaucoup moins rapidement de E a A. On possède alors une plaque ayant trop posé pour le bleu et à peine suffisamment pour les autres couleurs.

Influence d'un verre de couleur interposé. — Le verre *bleu* ne réduit que très faiblement l'image pendant les poses instantanées, même pour la région ultra-violette.

Un verre *jaune* ne réduit pas l'intensité de l'image du côté du rouge, mais il la réduit du côté du bleu, c'est-à-dire de H à l'ultra-violet. Si, au lieu de poser 1 seconde, on pose 30 secondes, toutes les couleurs impressionnent la plaque et, en outre, comme l'action du bleu est très ralentie les inégalités d'impression s'atténuent. Donc, en photographie, dès qu'on peut prolonger la pose, il faut interposer devant l'objectif un verre jaune assez foncé. La meilleure plaque orthochromatique est une plaque ordinaire avec un verre jaune. Un verre vert réduirait encore l'impression du côté du bleu, mais son emploi ne serait avantageux qu'avec une pose trop exagérée.

2º *Plaques dites orthochromatiques.*

Les substances dont ces plaques sont recouvertes les rendent beaucoup moins sensibles aux rayons bleus que les plaques ordinaires. Leur sensibilité s'étend un peu du côté du rouge au delà de D, mais sans atteindre en aucune façon la raie A à moins de pose exagérée. Ces plaques se comportent en réalité comme une plaque ordinaire devant laquelle on aurait placé un verre jaune, mais leur sont très inférieures.

Elles sont, malgré les prospectus, fort peu sensibles dans le vert (entre E et F), c'est-à-dire justement dans la région où la sensibilité serait, en cas de paysage, la plus nécessaire. En outre si leur sensibilité est plus grande que celle des plaques ordinaires du côté du rouge, elle l'est beaucoup moins du côté du violet. Si on les emploie avec interposition d'un verre jaune comme on l'a proposé les effets sont désastreux. L'impression entre E et F, c'est-à-dire dans la région du vert, qui était déjà insuffisante, est arrêtée net. Les plaques orthochromatiques, celles du moins fabriquées en France et qui sont les seules que j'ai étudiées, possèdent, en dehors des défauts précédents, celui d'être voilées. Même quand on les développe dans une obscurité complète, elles donnent des images grises et plates.

CHAPITRE IV

La dématérialisation de la matière sous l'action de la lumière.

J'ai longuement étudié, dans l'*Évolution de la matière*, la dissociation qu'éprouvent tous les corps sous l'influence des radiations lumineuses et montré qu'un corps frappé par la lumière émet des effluves de la famille des rayons cathodiques, dont la quantité varie considérablement avec la nature des radiations. Si je reviens sur cette question, c'est parce que j'ai été conduit à étudier dans cet ouvrage les principales actions de la lumière. Mes expériences sur ce sujet furent vérifiées récemment par un de nos plus illustres savants, sir William Ramsay [1]. Il a publié, à propos de la dissociation de la matière sous l'influence de la lumière un mémoire extrêmement remarquable, non seulement par la précision des

---

1. « Mes recherches, écrit sir William Ramsay, ont été entreprises pour « répéter quelques expériences de Gustave Le Bon, exposées dans plusieurs mé- « moires et publiées aussi dans son livre l'*Évolution de la matière*... On sait « que Gustave Le Bon a essayé de prouver que la matière peut se dissocier sous « l'action de la lumière et que les produits de cette désintégration sont des par- « ticules électriques pouvant traverser des écrans métalliques. » (*Philosophical magazine*, octobre 1906, p. 402.)

expériences, mais encore par les considérations théoriques qu'il contient. Les résultats obtenus par lui ont été identiques aux miens et il admet entièrement la théorie de la dissociation de la matière. Ses conclusions sont même plus hardies encore que les miennes.

« La désintégration de la matière, dit Ramsay, implique sa transmutation. Quand, par exemple, du zinc illuminé par de la lumière ultra-violette perd de ses électrons, on peut dire que le métal résiduel — le zinc privé de quelques électrons — n'est plus du zinc, mais une autre forme de matière. » Ramsay considère d'ailleurs l'action de la lumière ultra-violette comme une sorte de détonateur produisant la désintégration des éléments de la matière.

J'ai été très heureux de voir un aussi éminent savant confirmer l'exactitude de mes expériences et arriver aux conclusions que je défends depuis si longtemps. Il ne sera pas sans intérêt de rappeler brièvement l'origine de ces dernières.

Les observations montrant que l'action de la lumière sur les corps produit des effluves analogues à ceux de l'uranium — le seul corps radio-actif alors connu — ne sont pas nouvelles, puisque je les ai publiées il y a environ dix ans pour la première fois. Elles furent le point de départ de ma théorie sur la dissociation universelle de la matière, et j'y suis revenu dans plusieurs mémoires.

Après avoir montré que la lumière solaire exerçait à des degrés divers une action dissociante sur tous les corps, j'abordai l'examen des radiations ultra-violettes dont l'étude avait donné naissance à de nombreux travaux. Mes recherches montrèrent: 1° que la décharge dite négative était également positive, contrairement à tout ce qui s'enseignait alors ; 2° que la décharge des corps électrisés est fort différente suivant les corps employés, point vérifié également

par Ramsay et contraire encore à ce qui s'enseignait ; 3° que la décharge ne se faisait pas du tout
par une pulvérisation du métal frappé par la lumière
comme le croyait autrefois Lénard, mais par la dissociation des atomes. Ce point capital, peu contesté
aujourd'hui et admis également par Ramsay, était
très nouveau et imprévu à une époque où personne
ne songeait à établir une parenté quelconque entre
les effluves produits par l'action de la lumière et les
radiations cathodiques et uraniques.

Toutes ces expériences, qui paraissent fort simples
quand on lit leur exposé dans un livre, sont hérissées
d'énormes difficultés et surtout de causes d'erreur
qui expliquent les opinions erronées formulées par
les observateurs. Ils étudièrent d'ailleurs l'action de
la lumière sur les corps sans avoir jamais soupçonné
que de cette étude devait sortir un jour la preuve de
la dissociation de la matière.

D'autres personnes reprendront ces recherches, car
le sujet est loin d'être épuisé. Je leur rendrai service,
en signalant des causes d'erreur qui m'arrêtèrent
longtemps et me conduisirent finalement à constater la radio-activité spontanée de tous les métaux.
Rien ne serait plus instructif pour l'histoire de l'évolution des idées que le récit des incertitudes par
lesquelles les chercheurs ont passé et dont leurs travaux définitifs ne contiennent naturellement pas la
trace.

Dans mes premières expériences j'avais bien constaté que les effluves émis par les corps soumis à l'action de la lumière traversaient, ainsi que le reconnut
également Ramsay, de minces écrans métalliques.
Mais comme parfois ils paraissaient en traverser d'assez
épais, je dus rechercher la raison de cette anomalie :
les rayons cathodiques auxquels j'assimilais ces
effluves ne passent, en effet, qu'à travers des lames
extrêmement minces.

Je remarquai d'abord que. ces effluves contournaient les obstacles de la plus curieuse façon, comme s'ils roulaient à leur surface. Le remède semblait facile puisqu'il n'y avait qu'à donner aux écrans supposé traversés la forme d'un cylindre fermé entourant la boule de l'électroscope. Mais au lieu de simplifier la question j'avais créé des problèmes nouveaux, dont l'interprétation me demanda plusieurs mois.

L'électroscope, lorsque je l'exposais au soleil entouré de son cylindre protecteur, se déchargeait de plusieurs degrés en quelques minutes, puis ne donnait plus aucune décharge, alors même que l'on nettoyait le métal. Si le cylindre était remplacé par un autre de même substance, la décharge recommençait, puis au bout de quelque temps s'arrêtait encore. Pour quelles raisons un corps jouissant de certaines propriétés les perdait-il quelques instants plus tard?

On n'énumérera pas ici toutes les recherches faites pour séparer les facteurs susceptibles d'agir et étudier l'action de chacun d'eux. D'élimination en élimination il ne resta que l'influence de la chaleur. C'était bien elle qui agissait, car en remplaçant le soleil par un corps chaud non incandescent placé dans l'obscurité près du cylindre entourant l'électroscope, la décharge se produisait ; mais comme au soleil, elle s'arrêtait bientôt. Quel rôle jouait la chaleur dans ce phénomène?

Évidemment, il était invraisemblable qu'une quantité de chaleur capable d'échauffer de quelques degrés seulement la surface d'un métal rendît conducteur de l'électricité l'air contenu dans son intérieur. La chaleur ne pouvait pas d'ailleurs être le seul élément intervenant, puisque les cylindres métalliques exposés à son action devenaient bientôt sans influence sur l'électroscope. Aucun nettoyage ne leur rendait leurs propriétés. La plupart les reprenaient spontanément cependant, au bout de quelques jours.

De nouveau il fallut procéder par voie d'éliminations successives et j'arrivai enfin à constater que les métaux perdaient, sous l'influence de la chaleur, quelque chose qu'ils pouvaient reprendre ensuite par le repos. Ce quelque chose était simplement une petite provision de particules radio-actives spontanément formées dans tous les corps.

Comme résultat final de ces expériences j'arrivai aux deux conclusions suivantes : 1° la lumière — notamment les rayons ultra-violets n'exerçant, comme on le sait, qu'une action calorifique insignifiante — dissocie la matière et la transforme en produits analogues à ceux émis par le radium ou l'uranium ; 2° en dehors de l'action de la lumière et indépendamment d'elle, la chaleur lumineuse ou obscure provoque dans les corps la perte d'une minime quantité de la radio-activité qu'ils contiennent et qui peut se régénérer spontanément. Donc tous les corps sont légèrement radio-actifs et la dissociation de la matière est bien un phénomène universel.

Ramsay observa très bien dans ses belles expériences cette « fatigue » des métaux perdant, plus ou moins au bout de quelque temps, leurs propriétés. Il l'attribue à une modification d'équilibre des atomes de leur surface, théorie qui ne diffère pas sensiblement d'ailleurs de la mienne.

§ 2. — ORIGINE DES PHÉNOMÈNES ATTRIBUÉS A LA PRÉSENCE DU RADIUM.

Puisque je suis sur le chapitre de la radio-activité, il ne sera pas sans intérêt de dire quelques mots d'une grande discussion qui passionna le public anglais et à laquelle prirent part les plus éminents savants: Lord Kelvin, Lodge, Crookes, etc. Des journaux scientifiques, elle passa même dans les journaux politiques. Bien que le combat ait été vif, les conclusions sont restées fort incertaines.

Son point de départ fut l'extension de cette théorie très générale encore — mais très erronée, comme on a pu le voir par l'exposé qui précède — que toute radio-activité est due à la présence du radium ou de corps de cette famille.

Comme on trouve maintenant de la radio-activité partout, les physiciens n'admettant pas encore la théorie de la dissociation universelle de la matière sont bien obligés de supposer qu'il y a du radium partout. Après avoir été le corps le plus rare de la nature, il en serait à présent le plus abondant.

Partant de cette idée, un physicien soutint devant la *British Association* que la chaleur intérieure du globe proviendrait peut-être de l'action du radium dont la terre serait pleine.

Les personnes qui n'ont pas fait une étude approfondie de ce corps peuvent croire qu'il s'agit d'une substance bien définie, comme le sodium ou l'or et dont il est par conséquent facile de reconnaître la présence par certains réactifs ; or, il n'en est rien. Laissons de côté quelques raies spectrales d'interprétation assez contestable, uniquement observées d'ailleurs dans des solutions très concentrées de sels de radium, et demandons-nous sur quoi on se base pour affirmer ce corps très commun ?

Simplement sur ce caractère fondamental : l'émission de particules portant une certaine quantité d'électricité et capables, par conséquent, de décharger un électromètre. Il n'existe pas d'autre moyen d'investigation pratique, et ce fut en prenant ce dernier exclusivement pour guide qu'on isola le radium des substances diverses auxquelles il était mélangé.

Ce caractère serait d'ailleurs excellent si le radium ou les substances de la même famille étaient seuls à le présenter ; mais comme tous les corps de la nature le possèdent, ainsi que je l'ai montré, soit spontanément, soit sous l'influence de causes très variées, lumière, chaleur, réactions chimiques, etc., il s'ensuit que l'on attribue au radium des propriétés qui peuvent appartenir à des corps fort différents. Si l'on tient à admettre que la radio-activité est la cause de la température intérieure du globe, il n'y a nul besoin d'invoquer la présence supposée du radium. Tous les corps à haute température, comme semblent l'être ceux existant dans l'intérieur de notre planète, dégagent des torrents de particules électriques analogues à celles que produit le radium. Je ne sais pas si elles servent à maintenir la chaleur terrestre, mais il semble plus vraisemblable de croire qu'elles jouent un rôle dans la production des tremblements de terre.

Ce qui concerne les actions de la lumière sur la matière peut être résumé en disant que les radiations lumineuses absorbées par un corps se transforment, suivant ce corps et suivant les rayons agissants, en effets fort différents : chaleur, équilibres chimiques, dissociation de la matière, etc. Dans le cas de dissociation, l'énergie émise par le corps dissocié sous forme de particules diverses peut être très supérieure à l'énergie qui a provoqué sa dissociation. La lumière agit alors comme l'étincelle sur une masse de poudre. On peut donc dire d'une façon générale que toutes les propriétés physiques ou chimiques d'un corps ayant absorbé des radiations lumineuses sont plus ou moins modifiées par le fait seul de cette absorption.

LIVRE III

LES PROBLÈMES DE LA PHOSPHORESCENCE

CHAPITRE I

Phosphorescence produite par la lumière.

§ I. — LES FORMES DIVERSES DE LA PHOSPHORESCENCE.

On donne le nom de phosphorescence à la propriété dont jouissent certains corps de devenir lumineux après avoir été exposés à des influences diverses, celle des radiations solaires notamment.

La phosphorescence, un des plus difficiles problèmes de la physique, un de ceux dont l'interprétation est la plus compliquée, réalise ce paradoxe apparent d'engendrer de la lumière froide, c'est-à-dire sans élévation de température. Dans toutes nos sources d'éclairage habituelles, la lumière se manifeste seulement lorsque les corps ont été d'abord portés à une température élevée.

Pendant longtemps la phosphorescence fut envisagée comme un phénomène aussi rare dans le règne minéral que dans le règne animal. Les recherches récentes sur les animaux des grandes profondeurs prouvent que, pour un nombre immense d'êtres, la phosphorescence est un mode normal d'éclairage leur permettant de se guider dans les abîmes ténébreux des mers où le soleil ne pénètre jamais. On peut se demander aujourd'hui si les animaux ne connaissant d'autre lumière que la phosphorescence ne son pas plus nombreux que ceux éclairés par le soleil. Les phénomènes de la phosphorescence, qui frappaient jadis par leur exception, frappent maintenant par leur fréquence.

Nous avons rencontré souvent les actions de la phosphorescence dans le cours de nos recherches. Les documents déjà publiés qui se bornaient presque uniquement aux recherches faites par Edmond Becquerel, il y a plus de cinquante ans, ne permettant pas d'expliquer tous les phénomènes constatés, nous fûmes conduits à reprendre entièrement cette étude. Les faits nouveaux que nous avons reconnus seront bientôt exposés.

Les divisions habituelles de la phosphorescence étant très artificielles, il serait inutile de les reproduire. Nous nous bornerons à répartir les phénomènes en quatre classes; les trois premières connues depuis longtemps, la quatrième est due à nos recherches.

1° *Phosphorescence engendrée par la lumière.* — 2° *Phosphorescence indépendante de la lumière* et déterminée par divers excitants physiques, tels que la chaleur, le frottement, l'électricité, les rayons X. — 3° *Phosphorescence par réactions chimiques.* Dans cette classe rentrent les phénomènes lumineux que présentent certains êtres vivants. — 4° *Phosphorescence invisible.* Elle comprend la production de lumière incapable d'impressionner l'œil, mais capable d'impressionner la plaque photographique et d'être rendue visible par divers moyens.

Nous n'étudierons dans ce chapitre que la phosphorescence produite par la lumière.

§ 2. — ACTION DES DIVERSES RÉGIONS DU SPECTRE SUR LES CORPS SUSCEPTIBLES DE PHOSPHORESCENCE ET MÉTHODE D'OBSERVATION.

Beaucoup de corps, soit naturels comme le diamant, l'apatite, la fluorine, la leucophane, soit artificiels, comme les sulfures alcalino-terreux, ont la propriété de briller dans l'obscurité après avoir été exposés un instant à la lumière du jour.

A l'exception du diamant, dont la luminosité est parfois très vive, la phosphorescence des minéraux est toujours fort inférieure à celle des substances fabriquées artificiellement.

Un très grand nombre de corps sont susceptibles, comme l'a montré E. Becquerel au moyen de son phosphoroscope, d'acquérir la propriété de briller pendant une courte fraction de seconde après avoir été exposés à la lumière.

Dans cette dernière classe des corps à phosphorescence brève, rentrent les composés dits fluorescents. On a voulu en faire une classe spéciale, sous prétexte qu'ils auraient la propriété de transformer de la lumière ultra-violette invisible en lumière visible. Cette propriété est en réalité commune aux divers corps phosphorescents ; presque tous, en effet, sont illuminables par l'extrémité ultra-violette du spectre.

L'action des diverses régions du spectre s'observe très facilement avec les sulfures phosphorescents. Ces sulfures ne sont qu'au nombre de quatre : ceux de calcium, de baryum, de strontium et de zinc. Exposés à la lumière, ils acquièrent une phosphorescence qui persiste plusieurs heures après l'insolation, mais en décroissant constamment.

La grande sensibilité de ces corps à la lumière se rapproche généralement de celle des plaques photographiques au gélatino-bromure.

Les sulfures de calcium, de strontium et de baryum ont des propriétés très voisines ; ils ne diffèrent guère entre eux que par la couleur de leur phosphorescence et la rapidité avec laquelle ils s'impressionnent à la lumière. Le sulfure de calcium est le plus rapidement impressionné ; celui de strontium le plus lentement. Ce dernier demande plusieurs secondes d'insolation pour arriver à son maximum d'illumination, alors que l'on peut impressionner le sulfure de calcium au soleil en $1/30^e$ de seconde.

Le sulfure de zinc à phosphorescence verte — et non celui à phosphorescence jaune ou orangée — jouit, pour l'étude des radiations allant du vert jusque très loin dans l'infra-rouge, d'une sensibilité spéciale que ne possèdent pas les autres sulfures. Grâce à elle j'ai pu démontrer la grande transparence pour la lumière de corps supposés jadis fort opaques. Un écran de sulfure de zinc insolé à la lumière du jour s'éteint instantanément dès qu'il est exposé à des radiations jaunes, vertes, rouges, et surtout infra-rouges. Par des mesures précises effectuées avec des obturateurs dont j'avais mesuré la vitesse avec un chronographe enregisteur, j'ai reconnu qu'en moins de $1/10^e$ de seconde, du sulfure de zinc insolé manifestait dans l'infra-rouge un commencement d'extinction. J'utilisai cette propriété pour obtenir des photographies instantanées dans une obscurité complète, comme on le verra dans un autre chapitre.

L'extrême sensibilité du sulfure de zinc rend son illumination très variable suivant la proportion des rayons infra-rouges contenus dans les diverses sources lumineuses. Alors que les autres sulfures s'illuminent à la simple clarté d'une lampe à pétrole, le sulfure de zinc non seulement ne s'illumine pas, mais s'éteint même si on l'a d'abord insolé à la lumière du jour.

Les sulfures de calcium et de strontium étant peu sensibles aux rayons infra-rouges, s'illuminent très bien, au contraire, pour cette raison, à la lumière d'une lampe, ou même d'une bougie. On en déduit immédiatement le moyen de distinguer le sulfure de strontium substitué frauduleusement au sulfure de zinc et dont la phosphorescence possède la même teinte verte. Un écran de sulfure de strontium s'illumine à la lumière d'une bougie; un écran de sulfure de zinc préalablement insolé à la lumière du jour, s'éteint au contraire. Je dois ajouter que le sulfure de zinc à phosphorescence verte, *le seul utilisable pour ces expériences*, étant d'une préparation fort difficile, se rencontre rarement dans le commerce.

Si le sulfure de zinc est un précieux réactif pour les rayons infra-rouges, le sulfure de calcium est un réactif aussi précieux pour les radiations de l'autre extrémité du spectre, c'est-à-dire les rayons bleus et violets. Il suffit de $1/10^e$ de seconde d'exposition à la lumière pour que son impression commence.

Pour étudier l'action des divers rayons du spectre sur la phosphorescence, il n'y a qu'à mettre au foyer d'un spectroscope à projection monté sur une chambre noire une plaque enduite d'un sulfure phosphorescent et ouvrir le châssis qui la porte dans l'obscurité après exposition à la lumière.

J'ai fait usage d'un spectroscope à trois prismes devant lequel a été ajouté une lentille condensatrice (fig. 21), dont l'emploi est nécessaire dans beaucoup d'expériences pour augmenter l'intensité des rayons lumineux tombant sur la plaque.

Afin de pouvoir étudier l'action de la lumière sur les corps phosphorescents, ces derniers doivent être étalés sur des écrans en verre ou en carton. Le procédé employé pour fabriquer les écrans phosphorescents auquel je me suis arrêté après en avoir essayé plusieurs est le suivant : on broie le sulfure dans un mortier d'agate et on le passe dans un tamis de soie du numéro le plus fin. On le mélange intimement ensuite dans le même mortier avec un vernis connu chez les marchands de couleurs sous le nom de *vernis à bronzer*; la proportion de la poudre ajoutée au vernis peut varier suivant la qualité de ce dernier, mais ne doit pas descendre au-dessous de 30 p. 100. Quand le mélange est parfaitement homogène, on le verse, sans le laisser reposer et à la façon du collodion, sur un carton placé horizontalement. On a eu soin préalablement de coller sur les bords de ce dernier un petit cadre de 1/2 millimètre d'épaisseur et de 2 à 3 millimètres de largeur.

Si le mélange est versé sur une lame de verre, on obtient un

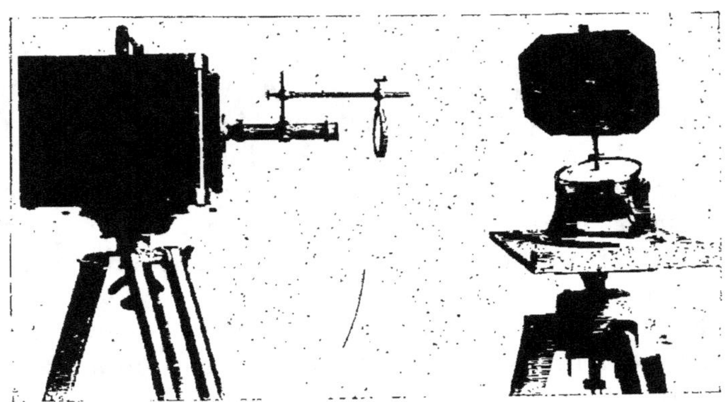

Fig. 21. — *Spectrographe et héliostat employés dans nos expériences.*

Ce spectographe ne diffère des appareils ordinaires que par l'adjonction devant lui d'une lentille convexe qui permet de donner une grande intensité lumineuse aux spectres malgré l'étroitesse de la fente du collimateur. Pour les recherches dans l'ultra-violet, il faut éviter l'emploi de l'héliostat à cause des propriétés absorbantes du miroir pour cette région du spectre.

écran translucide ayant exactement l'aspect d'un verre finement dépoli. Si le liquide est versé sur du carton, l'écran est naturellement opaque mais comme on peut rendre le mélange plus épais, l'écran est plus lumineux. Quand on n'a pas mis trop de vernis l'écran est sec et prêt à servir au bout d'un quart d'heure.

Si on désire conserver l'image du sulfure impressionné par les divers rayons, il n'y a qu'à appliquer l'écran pendant quelques minutes sur une plaque photographique développée ensuite par les moyens ordinaires.

En opérant avec des écrans fabriqués comme il vient d'être dit et mis au foyer du spectroscope, rien n'est plus simple que d'observer l'action des diverses parties du spectre. On remarque alors que la seule partie du spectre solaire, pouvant impressionner les corps phosphorescents, va du bleu jusque très loin dans l'ultra-violet. Le reste du spectre, c'est-à-dire toutes les radiations, depuis le vert jusque très loin dans l'infra-rouge, non seulement est sans action sur la production de la phosphorescence, mais de plus la détruit quand on le dirige sur un corps phosphorescent, illuminé par les précédents rayons.

Ces faits avaient été sommairement constatés depuis longtemps, mais leur interprétation était fort incomplète; car on attribuait l'extinction à une excitation calorifique obligeant le sulfure à émettre sa provision de phosphorescence en un temps très court. En ce qui concerne le sulfure de zinc notamment, des expériences comparatives faites sur des écrans placés à côté l'un de l'autre nous ont montré qu'une période d'excitation ne précédait jamais la période d'excitation. Pour le sulfure de calcium seulement, une très légère excitation de la phosphorescence précède son extinction.

Au point de vue de son action sur les corps phosphorescents, le spectre solaire comprend donc deux régions fort différentes, puisque leurs propriétés sont tout à fait contraires : 1° une région d'illumination correspondant à la moitié environ du spectre visible allant du bleu jusque dans l'ultra-violet; 2° une région d'extinction correspondant à l'autre partie du spectre et allant très loin dans l'infra-rouge.

Dans la partie intermédiaire entre ces deux régions, variant un peu suivant les sulfures, mais oscillant autour de la raie F, se trouve une zone à la fois extinctrice et illuminatrice suivant les circonstances. Sur un écran de sulfure non isolé, elle l'illumine jusqu'à un certain degré de phosphorescence, toujours très faible. Sur un écran rendu très brillant par une insolation préalable, elle ramène la phosphorescence à un faible degré.

Ces dernières expériences, faciles à observer à la chambre noire munie d'un spectroscope, se font plus commodément, quoique moins exactement, avec un simple verre jaune. Si, dans un châssis photographique, fermé par un verre jaune clair, on place un écran de sulfure de calcium non insolé, et à côté un autre écran préalablement insolé, puisqu'on ouvre le châssis dans l'obscurité après exposition des deux écrans à lumière du jour derrière le verre jaune, on les voit tous deux fort peu lumineux. Sur celui non insolé, les rayons pouvant agir à la fois comme extincteurs et illuminateurs ont été illuminateurs et ont déterminé une phosphorescence légère. Sur l'écran préalablement insolé, et dont la phosphorescence était d'abord très vive, ils ont agi comme extincteurs en la réduisant considérablement. Il existe donc bien des rayons possédant à la fois la propriété de produire un certain degré de phosphorescence et celle d'éteindre tout ce qui le dépasse.

Ces résultats ont beaucoup d'importance. Ils nous permettront, dans un autre chapitre, de résoudre la question de l'existence des actions antagonistes des deux extrémités du spectre. Ce sujet était discuté depuis plus de cinquante ans et les expériences photographiques n'avaient pas permis de l'élucider encore.

§ 3. — PHOSPHORESCENCE DES DIAMANTS.

Bien que, par ses actions phosphorescentes, le diamant se rapproche des corps que nous venons d'étudier, il possède cependant des propriétés spéciales fort intéressantes, dont l'étude nous arrêta quelque temps. Pour cette raison, nous lui consacrons un paragraphe.

Le diamant diffère des autres minéraux naturels capables de phosphorescence, parce que chez ces derniers l'aptitude à devenir lumineux sous l'influence de la lumière qui peut souvent être détruite, par une calcination prolongée, ne l'est pas pour les diamants.

Quoique la propriété du diamant, de devenir lumineux dans l'obscurité, après avoir été exposé à la lumière, soit connue de toute antiquité, sa phosphorescence ne fit l'objet d'aucune étude spéciale. Les minéralogistes n'avaient même pas pris la peine de rechercher l'origine des diamants phosphorescents et de constater que certaines mines fournissent des diamants toujours phosphorescents, tandis que d'autres en fournissent qui ne le sont jamais.

Les diamants du commerce viennent soit du Brésil, soit du Cap. Presque toutes les mines de l'Inde sont épuisées depuis longtemps. Celles fonctionnant encore donnent des produits inférieurs qu'on n'expédie plus en Europe.

Tous les diamants, y compris les plus incolores, sont, pour un œil exercé, légèrement teintés. Aucun des spécialistes consultés n'admet l'existence de diamants absolument incolores.

Les plus beaux diamants, c'est-à-dire les plus brillants viennent de la mine de Bahia, au Brésil. Ils sont de plus en plus rares. L'immense majorité de ceux vendus actuellement, comme étant du Brésil, sont simplement des diamants du Cap[1].

Les diamants du Cap, souvent aussi incolores que ceux du Brésil et parfois plus gros, leur sont tou-

---

1. Les diamants de très petite taille, c'est-à-dire au dessous de 1 carat, se vendent à peu près le même prix, qu'ils viennent du Cap ou du Brésil. Les différences considérables de prix n'apparaissent que pour les diamants au-dessus de 1 carat (205 milligr.). Les diamants de Bahia valent alors environ 40 °/₀ plus cher que ceux du Cap. J'indiquerai plus loin un moyen, à la portée de tout le monde, de distinguer ces deux qualités de diamant, que quelques bijoutiers n'hésitent pas à substituer l'une à l'autre.

jours inférieurs, non seulement par leur dureté, mais par leur vivacité. Placés à côté d'eux, ils paraissent ternes.

Afin de ne pas prendre des cas particuliers pour des cas généraux, j'ai fait porter mon étude sur 200 diamants environ de toutes tailles, moitié du Cap, moitié du Brésil. Ces derniers provenaient surtout de la mine de Bahia et présentaient toutes les variétés de teintes connues[1].

Pour l'étude de la phosphorescence visible, les diamants étaient soumis à l'illumination produite par un ruban de magnésium de 15 centimètres de longueur, enflammé avec une lampe à alcool. Cette opération doit toujours être faite par un aide, pendant que l'observateur reste dans l'obscurité pour ne pas être ébloui par la vive clarté du magnésium en combustion qui l'empêcherait, ensuite, de percevoir la phosphorescence.

Les premiers essais faits sur un lot d'une centaine de diamants de toutes teintes, dont moitié du Brésil et moitié du Cap, me montrèrent immédiatement ce fait curieux : presque tous les diamants du Brésil et tous ceux de la mine de Bahia étaient vivement phosphorescents, aussi phosphorescents qu'un fragment de sulfure de zinc insolé pendant l'opération. Aucun diamant du Cap n'était phosphorescent.

La non-phosphorescence des diamants du Cap n'est pas d'ailleurs absolue, car en restant dans une obscurité profonde, au moins vingt minutes pour reposer l'œil, et faisant exposer ces diamants par un aide au soleil, on perçoit une très légère phosphorescence sur près de la moitié d'entre eux. Cette phosphorescence est sur la limite du minimum lumineux perceptible,

---

1. Tous ces diamants, en dehors de ceux achetés pour les pulvériser, m'on été prêtés par deux grands importateurs de diamant, M. Pelletier et M. Ochs. Je leur dois tous mes remerciements pour la peine qu'ils ont prise de faire venir de diverses mines, les diamants nécessaires à mes expériences.

et nullement comparable à la vive clarté que donnent les diamants du Brésil.

Les mêmes expériences souvent répétées avec d'autres diamants d'origine connue m'ont toujours donné les mêmes résultats [1].

Comme première conclusion, nous voyons que la phosphorescence du diamant n'est pas due à sa coloration, mais à son origine géologique. Des diamants bleuâtres ou jaunâtres de Bahia sont phosphorescents, alors que ceux du Cap ne le sont pas, quelle que soit leur couleur.

Comme pour les divers corps phosphorescents, la pulvérisation réduit notablement la phosphorescence du diamant, mais ne la détruit pas.

Tous les diamants phosphorescents par la lumière le deviennent aussi quand on dirige sur eux un faisceau de rayons X.

Soumis à l'étincelle électrique d'induction suivant la méthode exposée dans un autre chapitre, tous les diamants quelle que soit leur origine deviennent phosphorescents. Ils le deviennent aussi quand ils sont exposés à l'influence du radium même à travers une lame mince d'aluminium, cependant ceux du Brésil brillent beaucoup plus.

Nous verrons, dans un autre chapitre, que les diamants présentent également le phénomène de la phosphorescence invisible.

L'aptitude des diamants à devenir phosphorescents par la lumière, n'est pas supprimée par la chaleur

---

1. Ce moyen de distinguer les diamants du Brésil de ceux du Cap est fort précis et m'a permis plus d'une fois d'éclairer des acheteurs sur la valeur réelle de leurs diamants, indications dont des expertises ont toujours confirmé la justesse. J'ai pu reconnaître immédiatement dans un lot de 60 diamants du Cap, un diamant du Brésil qui y avait été mélangé par erreur. Ce procédé de diagnostic est à la portée de tout le monde et permettra à bien des personnes de constater qu'elles payent parfois les diamants près du double de leur valeur. Un diamant vendu 10.000 francs, sous prétexte qu'il vient du Brésil, n'en vaut en réalité que 6.000 s'il vient du Cap.

20.

comme pour un grand nombre de substances minérales. Après une calcination de 15 heures, elle a été
détruite pour beaucoup de corps, la fluorine, l'apatite, etc., tandis que j'ai pu chauffer des diamants
pendant 60 heures, à 1.000 degrés, sans altérer leur
aptitude à la phosphorescence. Ils ont été alors ré-
duits en poudre impalpable avec un mortier d'Abich
et la calcination recommencée[1]. Elle ne les pas em-
pêché de briller ensuite après insolation.

Cette persistance de l'aptitude à la phosphorescence,
malgré une calcination aussi prolongée, montre que,
si la luminescence des diamants est due à la présence
de corps étrangers, ces corps ne sont pas altérés par la
chaleur ou, au moins, à une chaleur inférieure à celle
de la destruction du diamant.

On enseigne généralement dans les ouvrages classiques, que le diamant brut n'est pas phosphorescent
et n'acquiert cette propriété qu'après le polissage.
Landrin, dans son *Dictionnaire de minéralogie,* s'exprime de la façon suivante : « Un cristal de fluorine
« n'est pas phosphorescent lorsqu'il est poli... Le
« contraire arrive pour le diamant, qui ne donne de
« lueur qu'après avoir été soumis au polissage et ne
« manifeste point cette faculté lorsqu'il est à l'état de
« cristal naturel. »

J'étais à peu près sûr de l'inexactitude de ces
assertions, puisque le diamant pulvérisé ne perd pas,
d'après mes observations, son aptitude à la phosphorescence. J'ai tenu cependant à vérifier expérimentalement la croyance des minéralogistes, car les
conséquences scientifiques de la propriété qu'ils

---

1. L'opération était nécessaire pour constater si la phosphorescence n'était
pas due, comme pour l'améthyste, à des corps étrangers destructibles par la
chaleur. Elle n'est pas très économique, car la valeur marchande des diamants
taillés de petite dimension est d'environ 1.300 francs le gramme. On réduirait
ce prix de beaucoup, en se servant de diamants non taillés; mais les diamants du
Brésil non taillés sont à peu près introuvables à Paris, les commerçants ayant
intérêt à les faire venir taillés.

attribuaient au diamant poli eussent été très grandes. Comme je le prévoyais, c'était une de ces erreurs classiques répétées sans vérification, et auxquelles la répétition finit par donner une indiscutable autorité. Ayant réussi à me procurer des diamants bruts, jaunes, bleus et transparents, les uns cristallisés, d'autres roulés, venant sûrement du Brésil, j'ai pu constater leur phosphorescence par la lumière.

La phosphorescence du diamant paraît liée, comme pour les autres corps — les sulfures étudiés plus haut notamment — à la présence de traces de substances étrangères. Les diamants les plus transparents laissent, quand on les incinère, une petite quantité de cendres rarement inférieure à 2 pour 100 contenant des corps variés, magnésie, chaux et surtout du fer.

§ 4. — RELATIONS ENTRE L'INTENSITÉ DE LA PHOSPHORESCENCE ET LA TEMPÉRATURE DES SUBSTANCES INSOLÉES.

Le degré de phosphorescence que peut prendre un corps insolé est-il en relation avec la température à laquelle se trouve ce corps pendant l'insolation? L'expérience seule permettait de répondre à cette question.

A une température notablement inférieure à zéro et variable suivant les substances, les corps exposés à la lumière n'acquièrent pas de phosphorescence visible. Au-dessus de cette température, l'intensité de la phosphorescence prise par un corps exposé à la lumière, pendant qu'il est échauffé augmente toujours jusqu'à 100 degrés. Au-dessus de 100 degrés, la phosphorescence qu'il peut acquérir diminue et vers 500 degrés devient tout à fait nulle. L'influence de cette dernière température s'explique en admettant que la précipitation de la lumière par la chaleur est alors aussi rapide que son absorption. L'expulsion se faisant en même temps que l'absorption, la phosphorescence n'apparaît pas.

Ces faits se vérifient avec des écrans de sulfure de calcium sur cartons coupés par moitié. Les deux moitiés placées à côté l'une de l'autre dans l'obscurité sur des récipients portés à des températures différentes sont examinées dès qu'elles ont été illuminées avec un ruban de magnésium. Vers — 180 degrés environ, température obtenue en plongeant l'écran de sulfure dans de l'air liquide, on n'observe aucune phosphorescence, sous l'action de la lumière, comme l'a reconnu pour la première fois Dewar; mais, en retirant l'écran et le laissant un instant dans l'obscurité à la température ambiante, il devient lumineux. Le passage de — 180 degrés à la température ambiante représente pour le sulfure un échauffement considérable qui lui fait expulser rapidement la phosphorescence invisible acquise à — 180 degrés.

Mais c'est entre 0 et 100 degrés que l'expérience se fait le plus facilement. Une moitié de l'écran étant placée sur un bloc de glace, l'autre sur un bain de sable porté à des températures différentes, on constate, après insolation au magnésium, que le sulfure insolé pendant qu'il était chauffé à 100 degrés est beaucoup plus brillant que celui insolé à la température de zéro. Pour le sulfure de calcium la différence est considérable; beaucoup moindre pour le sulfure de zinc.

L'un des deux écrans étant mis ensuite sur une plaque chauffée à 200 degrés, et l'autre, maintenu à la température ambiante, soit 15 degrés environ, on reconnaît, après illumination au magnésium, que l'écran porté à 200 degrés est beaucoup moins brillant. Répétant la même expérience, en portant un des deux écrans à 500 degrés, on n'obtient sur ce dernier qu'une phosphorescence extrêmement faible. J'ai donné plus haut la raison probable de ces différences.

§ 5. — DÉPERDITION DE LA PHOSPHORESCENCE EN FONCTION DU TEMPS.

Ce qui a été dit de l'action des divers rayons du spectre et de la température pendant l'insolation a déjà prouvé que l'intensité de la phosphorescence dépend de plusieurs facteurs.

Il nous reste à en étudier un, le temps. Tous les auteurs ont cru devoir lui accorder une influence prépondérante.

Le temps a sur la déperdition de la phosphorescence une influence évidente, mais bien inférieure à celle de la température. La phosphorescence visible qui succède à l'insolation ne dépassant guère pour les corps les plus sensibles une durée de quelques heures, le temps a été considéré jusqu'ici comme le principal élément destructeur de la phosphorescence. Cet élément n'a en réalité rien de fondamental, puisque au moyen d'une température convenable on peut éliminer entièrement son action.

On a plusieurs fois publié des courbes de déperdition de la phosphorescence en fonction du temps et calculé leur équation. Ces courbes n'auraient de sens que si elles exprimaient la déperdition à une température donnée, car cette déperdition varie avec elle. Le nombre des courbes devrait alors être fort considérable, puisqu'il en faudrait une spéciale pour chaque température.

Elles n'auraient d'ailleurs aucun caractère commun. A une température très basse, variable suivant chaque corps, la courbe de la déperdition en fonction du temps serait représentée par une ligne voisine de l'horizontale, ce qui signifie que la phosphorescence diminue alors fort lentement. A une température élevée, la courbe serait presque verticale, ce qui indique que la perte de la phosphorescence est au contraire extrêmement rapide. A une température intermédiaire, la courbe serait représentée par une ligne d'abord presque verticale, pendant les premières secondes suivant l'insolation, puis presque horizontale après un temps assez court.

Si l'influence de la température avait été mieux étudiée, on aurait vu depuis longtemps que ces courbes de la déperdition en fonction du temps, laissant de côté un facteur bien plus important que le temps, ne peuvent posséder aucune exactitude.

Et non seulement le temps est un facteur secondaire, mais il arrive même un moment où il est sans action sur la déperdition de la phosphorescence. Nous verrons, en effet, qu'après une certaine émission de lumière pour une température donnée, le corps garde indéfiniment une phosphorescence résiduelle tant qu'on n'élève pas de nouveau sa température.

Cette loi est très générale. La déperdition de la phosphorescence après l'insolation paraissant spontanée chez certains corps, comme les sulfures, résulte de ce qu'ils ne peuvent conserver à la température ordinaire un excès de phosphorescence contre lequel lutte une force antagoniste dont nous parlerons plus loin. En les refroidissant suffisamment, on supprime toute émission. Ils sont alors analogues aux corps tels que la fluorine ou l'apatite, phosphorescents seulement au-dessus de 50 degrés et sur lesquels le temps reste sans effet.

L'action de la température est donc beaucoup plus importante que celle du temps. C'est elle et non le temps qui règle l'émission de la phosphorescence.

On peut cependant déduire quelques renseignements utiles de l'étude de la déperdition lumineuse sous l'influence du temps, si on maintient la température constante pendant toute la durée de l'émission phosphorescente.

Prenons un écran de sulfure de calcium insolé,

maintenons-le à 15 degrés et examinons la courbe de la déperdition de sa luminosité. Elle justifiera pleinement ce que nous avons dit du rôle de la température.

Si cette dernière demeure constante, la chute de la courbe représentant la déperdition de la phosphorescence en fonction du temps est pendant la première minute après l'insolation presque verticale. Elle s'infléchit ensuite lentement, devient de moins en moins oblique et finalement tout à fait horizontale. A ce moment le corps ne rayonne plus, le temps ne l'influence plus et il conserve indéfiniment une provision invisible d'énergie lumineuse qu'il ne perdra que par divers moyens, une élévation de température notamment. Nous reviendrons longuement sur ce dernier point dans un autre chapitre.

L'allure générale de la courbe précédente, montre bien que les choses se passent comme si la réaction provoquant la phosphorescence devait se mettre en équilibre avec une force antagoniste agissant en sens inverse. Immédiatement après son insolation l'écran contient un excès de phosphorescence. Sous l'influence de la force antagoniste, cet excès est dissipé rapidement d'abord, puis lentement quand approche le moment où sera établi l'équilibre entre ces deux actions. Lorsque cet équilibre est atteint, les réactions produisant la phosphorescence s'arrêtent entièrement. La force antagoniste ne pouvant plus rien sur la réaction qui engendre la phosphorescence, le corps conservera son résidu phosphorescent jusqu'à ce qu'une élévation de température vienne de nouveau détruire l'équilibre.

J'ignore en quoi consiste la force antagoniste dont je viens de parler. On peut dire seulement que les choses se passent exactement comme si elle existait. Cette interprétation m'a d'ailleurs conduit à la découverte des phénomènes de la phosphorescence invisible, étudiée dans un prochain chapitre.

CHAPITRE II

La phosphorescence par la chaleur.

Beaucoup de minéraux naturels possèdent la propriété d'acquérir une vive phosphorescence, quand ils sont portés à une température peu élevée, sans avoir été d'abord exposés à la lumière. Si l'échauffement est prolongé suffisamment, ils perdent toute leur provision de phosphorescence et ne brillent plus quand on les chauffe de nouveau après refroidissement. Ils reprennent, mais très faiblement, la propriété de briller par élévation de température, quand on les expose à la lumière après avoir épuisé leur phosphorescence par la chaleur.

Ces faits, connus depuis fort longtemps, représentent à peu près tout ce qu'on trouve dans les traités de physique à propos de la phosphorescence au moyen de la chaleur.

Il est étonnant qu'un phénomène aussi surprenant que la phosphorescence des corps par une faible chaleur n'ait pas attiré depuis longtemps l'attention des physiciens. Avec les théories actuelles on ne voit pas sous quelle forme un corps pourrait avoir conservé depuis sa formation géologique une provision d'énergie lumineuse qu'on lui ferait dépenser à volonté, en le portant à une température qui peut être souvent très inférieure à 100 degrés.

Les expériences dont nous allons parler prouvent que l'explication est très différente. Ce n'est pas sous forme d'énergie lumineuse que les corps gardent, pendant des siècles, leur aptitude à la phosphorescence par une faible élévation de température. Ils ont conservé, simplement, des composés incapables de se combiner à la température ordinaire, mais seulement quand on l'élève, cas de bien des réactions chimiques. La phosphorescence accompagne ces combinaisons. Les corps en présence ne se combinant pas au-dessous d'une certaine température, peuvent évidemment conserver l'aptitude à la phosphorescence produite par leur combinaison, tout comme du chlore et de l'hydrogène restent indéfiniment inactifs dans l'obscurité et ne se combinent que lorsqu'on fait intervenir un agent excitant comme la lumière.

Si nous n'avions pas cru inutile de modifier des classifications admises, nous aurions mis ce qui concerne la phosphorescence par la chaleur dans le paragraphe consacré à la phosphorescence par réactions chimiques.

L'étude méthodique de l'action de la chaleur sur la phosphorescence exige un petit matériel facile à construire. Il nous servira non seulement pour l'étude de l'action de la chaleur, mais encore pour celle de l'infra-rouge et de la phosphorescence invisible dont nous aurons à nous occuper dans d'autres chapitres.

La méthode d'observation joue un rôle capital dans la recherche des phénomènes de phosphorescence sous l'action de la chaleur. Les procédés d'observation des minéralogistes consistant à mettre les corps à étudier sur des pelles, ou dans des creusets chauffés au rouge, sont tout à fait barbares, et c'est justement parce qu'ils sont barbares que tant de phénomènes leur ont échappé. Dès que la source produisant l'échauffement est visible, fût-elle fournie par une simple lampe à alcool ou un bec de gaz à flamme bleue, l'œil est ébloui et les faibles phosphorescences échappent à l'observation.

Lorsqu'il s'agit d'étudier la phosphorescence produite aux environs du rouge, je me sers simplement d'une large boîte métallique, sans couvercle, renversée sur une petite lampe à alcool. Ses parois sont dentelées à leur partie inférieure pour permettre l'aération, et dans le fond de la boîte, formant alors couvercle puisqu'elle est renversée, on perce un orifice sur lequel est placé une petite cuve de cuivre de 1 dixième de millimètre d'épaisseur, renfermant le corps soumis à la chaleur. En raison de sa faible épaisseur, cette cuve s'échauffe et se refroidit presque instantanément. **On la porte au rouge avec la plus grande facilité quand cette température est nécessaire.**

Pour les températures comprises entre 60 et 225° qui sont celles dont on a le plus souvent besoin, voici le dispositif adopté. Il permet d'avoir une chaleur obscure sans que la sensibilité de l'œil puisse être affaiblie par aucun filet lumineux.

On se procure pour une dizaine de francs, chez un marchand quelconque d'appareils photographiques, une de ces lampes à trois becs à cheminée métallique servant à l'éclairage des appareils de projection. Sur l'extrémité supérieure de la cheminée, qui est garnie latéralement de trous pour la passage de l'air, on pose horizontalement, afin de cacher entièrement la lumière, et avoir une surface plane destinée à recevoir les corps à échauffer, le couvercle à rebords d'une de ces boîtes métalliques dans lesquelles se vendent les biscuits. La plaque de verre ou de mica d'où sort la lumière de la lampe, et qui glisse dans des rainures, est remplacée par une plaque de métal qui masque ainsi tous les rayons visibles. Comme il en sort encore un peu par la partie inférieure de l'appareil, on l'entoure d'un carton qui l'enveloppe entièrement.

Ainsi constitué, l'appareil suffit pour les recherches où la chaleur seule entre en jeu.

Mais dans beaucoup d'expériences sur la phosphorescence invisible, on a besoin d'une source abondante de radiations infrarouges ayant une longueur d'onde déterminée. Pour les obtenir, il suffit de remplacer la plaque métallique placée à la partie antérieure de la lampe, pour masquer sa lumière, par une lame d'ébonite de $0^{mm},5$ environ d'épaisseur, emprisonnée entre deux lames de verre qui l'empêchent de se déformer par la chaleur. On peut remplacer avec avantage l'ébonite par du verre noir, mais celui de bonne qualité, c'est-à-dire assez opaque pour qu'on ne puisse pas voir le disque du soleil à travers, et en même temps transparent

à l'infra-rouge, étant difficile à se procurer je n'insiste pas sur
son emploi.

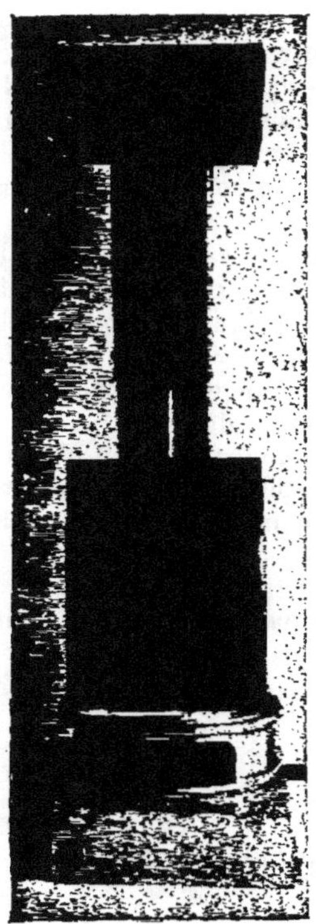

Fig. 22 et 23. — *Vue de face et de profil de la lampe noire employée pour
l'étude de la phosphorescence et pour la production de radiations invisibles de grandes longueurs d'onde.*

Dans ces conditions, la lampe donne les températures suivantes :

A. *Température de la paroi du couvercle posé sur la partie
supérieure de la cheminée métallique de la lampe :*

1° Avec les 3 mèches allumées, environ 225° ;
2° Avec 2 mèches allumées, environ 130° ;
3° Avec 1 mèche allumée, environ 65° ;

B. *Température de la paroi verticale de la cheminée métallique
de la lampe*, avec 3 mèches allumées, environ 105° ;

C. *Température à 1 centimètre de la paroi verticale de la cheminée*, environ 50° ;

D. *Température devant la lame d'ébonite ou de verre noir*, à 2 millimètres de leur surface elle n'est que de 30 degrés, mais à travers ces corps passe une grande quantité de radiations infra-rouges invisibles dont une notable partie est comprise dans la région du spectre allant de $0\mu,8$ à 3μ environ. Ce sont celles qui agissent sur les substances phosphorescentes et jouissent de la propriété de traverser les corps opaques, comme nous le verrons dans un autre chapitre.

Toutes les parois métalliques de la lampe émettent naturellement aussi de l'infra-rouge, comme tous les corps chauffés ; mais ces radiations ayant une longueur d'onde de 5 à 10μ et au dela n'agissent pas sur les corps phosphorescents.

Ainsi est constituée la source de chaleur et de radiations obscures que nous avons désignée sous le nom de *lampe noire*.

Cet appareil doit être placé dans un cabinet tout à fait obscur. Il est préférable de faire les expériences le soir, parce que l'œil est alors beaucoup plus sensible aux faibles éclairages. Si on opère le jour, on doit rester un quart d'heure dans l'obscurité, et l'insolation, soit au magnésium, soit au soleil, des corps phosphorescents, doit être faite par un aide, pendant que l'observateur reste enfermé. Cette dernière précaution est indispensable. Bien des phénomènes nous avaient échappé aux débuts de nos expériences faute de l'avoir observée.

§ 2. — PROPRIÉTÉS DES CORPS PHOSPHORESCENTS PAR LA CHALEUR.

La liste des corps phosphorescents par la chaleur est fort longue, bien que dans les traités de minéralogie il en soit seulement cité un petit nombre : la fluorine, le spath fluor, la topaze, diverses variétés de phosphate de chaux, la leucophane, le diamant, notamment.

A ces divers corps il faut en ajouter un très grand nombre. Parmi ceux que j'ai examinés, je citerai surtout : l'émeraude de Sibérie et celle de Bogota, l'améthyste d'Auvergne (et non celle de Madagascar), la chlorospinelle, l'opale, la cryolite, la schéelite, la wagnérite, la phénakite, la pétalite, le castor, le pollux, la colemanite, le talc, la baryte, etc.

La plupart de ces composés ont été formés par voie aqueuse. Les corps très phosphorescents à la lumière, c'est-à-dire les sulfures alcalino-terreux, n'acquièrent au contraire la propriété de devenir phosphorescents qu'après avoir été soumis pendant leur fabrication à une haute température.

Plusieurs des corps phosphorescents par la chaleur, notamment l'opale d'Australie, la leucophane, l'apatite d'Estramadure, et la presque totalité des diverses variétés de fluorine, deviennent également phosphorescents par exposition à la lumière; mais leur phosphorescence étant dans ce cas très faible, on ne la perçoit qu'après un séjour d'un quart d'heure dans l'obscurité.

Les précédents corps possédant des propriétés identiques et ne différant entre eux que par l'intensité de leur phosphorescence, sa durée et la température à laquelle elle se manifeste, je me bornerai à étudier quelques-uns de ceux présentant la plus vive phosphorescence : l'apatite d'Estramadure et la fluorine verte, notamment.

L'apatite d'Estramadure, qu'on se procure facilement en grande quantité est le corps dont la phosphorescence se manifeste à la température la plus basse. Réduite en poudre et mise dans un tube placé ensuite dans un bain de sable ou dans de l'eau chauffée lentement dans l'obscurité, elle commence à briller faiblement à 51 degrés. Chauffée à 200 degrés, elle acquiert une phosphorescence brillante qui se prolonge pendant environ une heure, à la condition, bien entendu, de ne pas dépasser cette température. Quand on la chauffe au rouge son éclat devient beaucoup plus vif encore, mais se dissipe en moins d'une minute.

Les nombreuses variétés de fluorine se comportent

à peu près comme l'apatite, mais sont toujours moins lumineuses.

La température à laquelle les fluorines deviennent phosphorescentes varie beaucoup avec les échantillons. J'en ai examiné une trentaine, d'origines différentes, et constaté que la plupart brillent avant 200 degrés. Les variétés s'illuminant à la plus basse température sont celles de Morgen (Saône-et-Loire), des Pyrénées et de Schwarzenbergen (Saxe). Elles commencent à briller vers 62 degrés.

On a écrit que les fluorines transparentes ne donnaient pas de phosphorescence par la chaleur. Cette assertion erronée ne peut tenir qu'à l'imperfection de la méthode d'observation. Toutes les fluorines examinées, y compris celles incolores et transparentes comme du verre qui servent à fabriquer des prismes et des lentilles, sont phosphorescentes par la chaleur. Je n'ai d'ailleurs trouvé qu'un seul échantillon de fluorine non phosphorescente par la chaleur, la variété cubique jaunâtre en petits cristaux d'Herblay.

Les fluorines sont légèrement phosphorescentes par la lumière, sauf la variété jaune qui vient d'être mentionnée et une fluorine cristallisée verte de Durham (Angleterre).

Lorsqu'après expulsion par la chaleur de toute leur phosphorescence les corps précédents sont exposés au soleil et chauffés de nouveau, ils brillent encore, mais beaucoup moins que la première fois.

La propriété de plusieurs corps tels que la fluorine, d'être à la fois phosphorescents par la chaleur et la lumière, a été l'origine d'une erreur qui traîne depuis un siècle dans tous les traités de minéralogie et que les divers auteurs, y compris Edmond Becquerel, ont répétée sans s'être jamais donné la peine d'en vérifier les fondements. Suivant eux, certaines variétés de fluorine verte désignées sous le nom de

chlorophane brilleraient indéfiniment dans l'obscurité
à la température de 30 degrés, c'est-à-dire pendant
presque tout l'été dans nos climats et éternellement
dans les pays chauds. Voici comment s'exprime à ce
sujet Beudant (*Minéralogie*, 2ᵉ édition, t. Iᵉʳ, p. 203) :
« Il y a des variétés qu'on a désignées sous le nom
« de *chlorophane* dont quelques-unes sont phospho-
« rescentes à la température moyenne de notre cli-
« mat, en sorte qu'elles brillent constamment dans
« l'obscurité ; d'autres n'ont besoin que de la tempé-
« rature de la main... »

Le plus récent et le plus important des traités de
minéralogie allemands, celui de Naumann et Zirkel,
s'exprime d'une façon analogue :

« Beaucoup de topazes, de diamants, de fluorines,
« deviennent phosphorescents à la température de
« la main... La fluorine verte (chlorophane) reste
« souvent brillante pendant des semaines après avoir
« été insolée. »

Bien que le fait énoncé par les minéralogistes fût
théoriquement peu vraisemblable, j'ai tenu, en raison
de ses conséquences, à le vérifier. J'ai donc examiné
d'innombrables échantillons de la variété de fluorine,
dite chlorophane, venus des plus importants comptoirs
minéralogiques de l'Europe. Aucun n'a brillé ni à
30 degrés ni à la température de la main.

Il devait évidemment en être ainsi. Supposons, en
effet, qu'ils aient pu briller de 30 à 37 degrés. Ayant
été bien des fois exposés à cette température depuis
leur formation géologique, ils auraient perdu depuis
longtemps leur provision de phosphorescence, à
moins de les faire rentrer dans la catégorie des
corps radio-actifs spontanément et perpétuellement
phosphorescents.

Après avoir constaté que le fait énoncé par des
physiciens comme E. Becquerel, et des minéralogistes
comme Beudant était inexact, il fallait déterminer les

causes de leur méprise. Son explication est très simple.

Les fluorines en question acquièrent par insolation une phosphorescence très faible et qu'un œil non reposé ne voit pas dans l'obscurité. Si on les chauffe légèrement ensuite en les tenant dans la main, il arrive, comme pour tous les corps phosphorescents, que leur luminosité rendue plus vive se perçoit alors aisément et l'observateur en conclut que c'est la chaleur de la main qui est l'origine de la phosphorescence.

Pour s'assurer qu'il n'en est rien, on laisse le même échantillon 48 heures dans l'obscurité. Le mettant alors de nouveau dans le creux de la main on constate qu'il ne brille plus du tout. Si on l'expose alors à la lumière et le remet ensuite dans la main, il brillera aussitôt. L'exposition à la lumière était donc l'origine du phénomène.

L'erreur, reproduite si fidèlement, dans les traités de minéralogie, tenait donc simplement à ce que les opérateurs avaient laissé leur fluorine exposée à la lumière avant de la placer dans la main. Loin de pouvoir briller tout l'été, la fluorine ne conserve pas cette propriété après l'insolation plus longtemps que les corps phosphorescents ordinaires, c'est-à-dire quelques heures.

Quelle est l'origine de la phosphorescence de certains corps sous l'influence de la chaleur? Les sulfures phosphorescents peuvent conserver indéfiniment une partie de l'énergie emmagasinée après leur exposition à la lumière. Ne pourrait-on pas dès lors supposer que la phosphorescence émise sous l'influence de la chaleur est due à ce que les corps qui la manifestent furent souvent manipulés à la lumière avant d'arriver dans les mains de l'observateur? Leur phosphorescence serait alors d'origine récente et analogue à celle conservée pendant des années, par les sulfures, après leur insolation, et qu'on peut faire apparaître en les chauffant.

Afin de résoudre cette question, il fallait observer des corps n'ayant pas vu la lumière depuis leur formation géologique.

Pour y arriver, il suffisait de briser dans l'obscurité absolue de gros blocs de substances faciles à se procurer en grande masse, tels que l'apatite et la fluorine, d'extraire des fragments du centre de ces blocs et de les soumettre à l'influence de la chaleur. Ces fragments brillaient aussi vivement que ceux pris à la surface des blocs. Leur phosphorescence par la chaleur n'était donc pas due à un résidu provenant de l'action récente de la lumière.

En étudiant les causes de la phosphorescence, nous verrons que la lumière manifestée par les corps sous l'influence de la température est le résultat de réactions chimiques dont la chaleur provoque la formation. Pour les corps phosphorescents par la lumière à la température ordinaire, ces combinaisons se refont facilement après avoir été défaites, c'est pourquoi on leur rend toute leur phosphorescence en les exposant de nouveau à la lumière quand ils sont devenus obscurs. Pour les corps ne devenant phosphorescents qu'à une température plus ou moins élevée et qui ne reprennent que très faiblement l'aptitude à une phosphorescence nouvelle par la chaleur après insolation, il est probable que les combinaisons détruites par la température ne se refont que très incomplètement par la lumière. Nous verrons cependant qu'elles peuvent se régénérer entièrement sous l'influence de l'électricité et qu'on peut rendre aux corps qui l'avaient perdue la propriété de briller de nouveau sous l'influence de la chaleur aussi vivement que la première fois qu'ils ont été chauffés.

L'aptitude des corps à redevenir phosphorescents à la lumière après avoir été chauffés ne se perd d'ailleurs que très difficilement. Tous ceux sur lesquels j'ai expérimenté, fluorine, leucophane, apatite, etc., ont dû être calcinés au rouge pendant 15 heures avant de la perdre. Dix heures de calcination étaient insuffisantes.

Comment agit une température prolongée ? Pourquoi ôte-t-elle à un corps son aptitude à donner de la phosphorescence ?

La première idée venant à l'esprit est que la calcination détruit certaines substances étrangères nécessaires à la phosphorescence.

Cette hypothèse semble d'abord justifiée par le changement d'aspect qu'éprouve un petit nombre de corps soumis à cette calcination. L'améthyste violette calcinée se décolore entièrement et devient aussi transparente que du verre. Elle a évidemment perdu alors quelque chose produisant la phosphorescence puisqu'on ne peut plus la lui rendre ensuite par l'action de la lumière ou de la chaleur.

Ce qui est vrai pour l'améthyste, et peut-être aussi pour d'autres corps, cesse entièrement de l'être pour la grande majorité des substances phosphorescentes. En les calcinant pendant 15 heures, nous avons détruit leur propriété de redevenir phosphorescents par la chaleur après insolation. Mais en opérant ainsi, nous n'avons éliminé aucun élément étranger. Nous avons simplement détruit l'aptitude des corps en présence à se combiner chimiquement. La preuve en est fournie par ce fait qu'au moyen d'un traitement convenable, on peut rendre aux corps calcinés l'aptitude à devenir aussi phosphorescents par la chaleur, qu'ils l'étaient avant la calcination.

Pour rendre à un corps calciné son aptitude à la phosphorescence il suffit de le faire traverser pendant quelque temps par des étincelles électriques.

Cette propriété de l'étincelle électrique avait été

sommairement constatée dès les premières années du dernier siècle. Cependant comme on ne connaissait pas alors la bobine d'induction, il nous a semblé utile de reprendre l'étude du phénomène.

Les corps soumis à l'influence de l'étincelle d'in-duction étaient placés dans un tube de verre fermé à ses deux extrémités par des bouchons de liège, au travers desquels passaient deux tiges de cuivre, en relation avec une forte bobine. En rapprochant ou éloignant ces tiges, on avait à volonté des étincelles de 1 à 15 centimètres.

La longueur de l'étincelle a une action manifeste. Si l'on électrise par exemple du carbonate de chaux avec une étincelle de 2 centimètres, il brille très faiblement à 200 degrés et très vivement au contraire à cette température si l'étincelle est de 15 centimètres.

La durée de l'électrisation a aussi une influence notable. Si l'on électrise 5 secondes seulement du verre pilé, il brille faiblement à 200 degrés et vivement au contraire à cette température si l'action de l'étincelle se prolonge 5 minutes.

D'une façon générale, l'électricité rend seulement plus vive la phosphorescence qui, sans son influence, aurait été très faible ; mais elle ne la communique jamais à des corps n'en possédant aucune trace. Elle abaisse, en outre, le degré auquel ils commencent à briller par la chaleur. Des diamants du Cap, à peine phosphorescents à 200 degrés, brillent à cette température après le passage de l'électricité. Du Spath de Bologne qui ne brille qu'à 500 degrés sans électrisation, brille à 200 degrés dès qu'il a été électrisé.

Il existe bien un très petit nombre de corps ne présentant aucune trace de phosphorescence à 500 degrés, qui en donnent une très légère à cette température à la suite de l'électrisation. Tel est, par exemple, le bromure de baryum. Mais alors, on peut supposer qu'ils manifestaient avant l'électrisation une phosphorescence trop légère pour être perçue. Je fonde cette conclusion sur le fait général que l'électrisation ne fait que rendre plus vive une faible phosphorescence. Même à des corps possédant une phosphorescence intense quand ils sont impurs, tels que les sulfures de calcium, de baryum, de strontium et de zinc, l'étincelle électrique ne communique aucune trace d'aptitude à la phosphorescence, s'ils sont purs.

Les seuls corps auxquels on ne puisse rendre aucune phosphorescence par l'électricité sont ceux auxquels la calcination fait perdre réellement quelque chose. Tel est le cas de l'améthyste qui, calcinée, perd sa matière colorante. Dans tous les autres corps phosphorescents par la chaleur, l'électrisation rend la phosphorescence perdue par calcination. Nous l'avons constaté notamment pour de la fluorine, de l'apatite et de la leucophane qui, calcinées pendant 15 heures, avaient perdu la propriété de redevenir phosphorescentes par la chaleur après insolation.

Il semble donc bien prouvé que, lorsqu'on détruit dans un corps l'aptitude à la phosphorescence par une calcination suffisamment prolongée, cette dernière n'agit pas le plus souvent en éliminant des corps étrangers, mais bien en modifiant certains équilibres chimiques que seule l'étincelle électrique est apte à rétablir.

§ 3. — ANALOGIES ENTRE LA PHOSPHORESCENCE DES CORPS PAR LA LUMIÈRE ET PAR LA CHALEUR.

L'ensemble des observations précédentes a déjà dû faire naître dans l'esprit du lecteur l'existence d'une parenté très grande entre la phosphorescence par la chaleur et celle par la lumière. Les expériences qui vont suivre prouvent définitivement que ce sont des phénomènes du même ordre.

Prenons des corps phosphorescents par la chaleur, tels que la fluorine et l'apatite, ou des corps phosphorescents par la lumière, restés quelques jours dans l'obscurité après insolation, tel que du sulfure de calcium. Plaçons-les sur une plaque chauffée à 100 degrés. Ils deviendront immédiatement lumineux, brilleront pendant un certain temps, puis s'éteindront complètement. Sans sortir de l'obscurité, plaçons les mêmes corps sur une seconde plaque chauffée à 200 degrés. De nouveau, ils brilleront, puis s'éteindront. Nous pourrons continuer la même expérience à toutes les températures jusqu'à 5 ou 600 degrés et nous verrons à chaque accroissement de chaleur le corps briller, puis s'éteindre. Ce n'est qu'après avoir été chauffé suffisamment longtemps au rouge, qu'il aura perdu toute sa phosphorescence.

Ces expériences montrent qu'à *une température donnée correspond une certaine émission de phosphorescence ne pouvant jamais être dépassée à cette température.* Un corps phosphorescent chauffé à 200 degrés n'abandonnera de sa phosphorescence que ce qu'il peut perdre à 200 degrés ou au-dessous, et jamais la provision qui serait émise à une température supérieure.

De ces premières expériences, il nous fût possible de déduire immédiatement qu'un corps phosphorescent peut conserver indéfiniment une certaine provision de phosphorescence jusqu'à ce qu'il soit chauffé à une température convenable. Nous avons pu le vérifier avec divers sulfures alcalino-terreux, notamment du sulfure de calcium, resté près de dix ans à l'abri de toute lumière, du sulfure de strontium, de M. Mourelo, resté cinq ans dans une boîte fermée, des diamants conservés pendant un an dans l'obscurité, etc.

Canton, qui observa un des premiers la phosphorescence, paraît avoir pressenti la loi précédente.

Ayant chauffé un sulfure dans de l'eau bouillante quelque temps après son insolation, et ne l'ayant pas vu briller, il le rendit lumineux en le portant à 500 degrés, mais ni lui ni ses successeurs n'essayèrent de préciser les conditions du phénomène et ne soupçonnèrent pas sa durée.

Dans les expériences relatées plus haut, nous avons élevé progressivement la température des corps et prouvé de cette façon qu'à chaque degré de chaleur correspond une certaine émission de phosphorescence qui ne peut être dépassée.

Procédons maintenant d'une façon inverse, c'est-à-dire chauffons le corps immédiatement à 500 degrés, sans prolonger assez l'échauffement pour arriver à l'extinction complète de la phosphorescence. Laissons-le refroidir, puis portons le corps à 200 degrés seulement. Qu'arrivera-t-il ?

Dans ce dernier cas, le corps chauffé à 500 degrés émettra d'abord ce qu'il pouvait perdre à toutes les températures inférieures et par conséquent ne pourra plus briller au-dessous de 500 degrés. Pour lui rendre sa phosphorescence, il faudra le chauffer de nouveau à 500 degrés ou au-dessus.

Cette loi générale de l'émission de la phosphorescence en fonction de la température, déjà indiquée dans le chapitre précédent, permet de réunir en une seule classe certains corps phosphorescents par la lumière et la chaleur, séparés jusqu'ici. Nous pouvons très aisément en effet transformer les corps phosphorescents par la lumière en corps phosphorescents par la chaleur. Des sulfures de calcium, de zinc ou de strontium, maintenus dans l'obscurité pendant des années après leur insolation, sont identiques aux corps phosphorescents par la chaleur, tels que l'améthyste, la fluorine, la leucophane et l'apatite. Il suffira également de les chauffer vers 70 degrés pour les voir briller.

L'analogie peut être, d'ailleurs, poussée beaucoup plus loin. Les substances dites phosphorescentes par la chaleur, ne brillent qu'à des températures déterminées variant entre $+50$ et $+300$ degrés, suivant les corps observés. Les sulfures lumineux, brillant quand on les insole à la température ordinaire, diffèrent des corps précédents uniquement parce que la température à laquelle ils cessent de briller est bien plus basse. Dewar, je l'ai dit déjà, a montré que dans l'air liquide les corps insolés n'acquièrent pas de phosphorescence, mais en manifestent dès qu'on les laisse revenir à la température ambiante. Porter à la température ambiante des corps refroidis à -180 degrés environ, cela signifie simplement qu'on les échauffe de plus de 200 degrés [1]. Des sulfures obscurs à -180 degrés et brillant à 0 degré sont analogues à des corps qui deviennent phosphorescents par la chaleur à la température de $+200$ degrés. Les uns et les autres ne sont phosphorescents que suffisamment échauffés. Un sulfure phosphorescent maintenu indéfiniment à -190 degrés resterait toujours obscur, tout comme de l'apatite maintenue indéfiniment à une température inférieure à $+50$ degrés. Les deux corps ne diffèrent, je le répète, que par la température à laquelle ont lieu les combinaisons s'accompagnant de phosphorescence.

Les corps phosphorescents par la chaleur, chauffés assez pour que leur phosphorescence s'éteigne, ne peuvent, comme il a été dit, en récupérer par exposition à la lumière qu'une très faible partie. Cela tient probablement à ce que la réaction chimique, produisant la phosphorescence, n'est pour certains corps que partiellement régénérée par la lumière,

---

1. Ce sont là des écarts d'ailleurs beaucoup trop grands. Les divers sulfures phosphorescents cessent de briller bien avant $-180°$ et redeviennent phosphorescents bien avant $0°$. Cette température varie du reste suivant les divers sulfures.

alors qu'elle l'est en totalité pour d'autres, les sulfures phosphorescents et le diamant, notamment. Ce sont là des nuances plutôt que des différences fondamentales. Il n'existe aucune barrière réelle entre les corps phosphorescents par la lumière et ceux phosphorescents par la chaleur.

De ce qui précède, on peut déduire les lois suivantes applicables à tous les corps phosphorescents par la lumière ou la chaléur :

1° Il n'y a pas de corps phosphorescents sans chaleur. Un corps pouvant être rendu phosphorescent par la lumière, ne manifestera sa phosphorescence qu'à une certaine température ;

2° Pour chaque corps phosphorescent il y a une température minima, au-dessous de laquelle l'exposition à la lumière ne saurait produire de phosphorescence visible ;

3° A chaque température correspond une certaine émission de phosphorescence ne pouvant être dépassée.

4° Les corps que la chaleur rend phosphorescents le deviennent également par la lumière, mais faiblement. Ils diffèrent seulement de ceux vivement phosphorescents par la lumière, en ce que chez ces derniers les rayons lumineux régénèrent entièrement la phosphorescence détruite au lieu de ne la régénérer qu'en partie.

CHAPITRE III

Phosphorescence provenant d'autres causes que la lumière et la chaleur.

(Phosphorescence par réactions chimiques. Phosphorescence des êtres vivants. Phosphorescence des gaz, etc.)

---

§ I. — PHOSPHORESCENCE PAR LE CHOC ET LE FROTTEMENT.

Un grand nombre de corps deviennent phosphorescents par le frottement ou le choc. Pour quelques-uns, l'apatite, la leucophane, le diamant, le sucre, l'uranium, les chocs ou frottements peuvent être légers, pour d'autres tels que la fluorine, le silex, ils doivent être assez énergiques.

Violents ou faibles, ils n'engendrent qu'une élévation de température tout à fait insuffisante pour les porter à l'incandescence. La chaleur ne pourrait donc pas produire la phosphorescence observée dans les substances mentionnées.

Le choc ou le frottement ne semblent pas non plus déterminer le travail préliminaire nécessaire à une réaction qui se propagerait ensuite de proche en proche, comme dans la décomposition de l'iodure d'azote par exemple. La phosphorescence par choc ou frottement ne survit pas, en effet, à la disparition de sa cause comme celle due à la lumière.

L'oxygène de l'air ne joue aucun rôle dans la phosphorescence par le choc, favorisée au contraire par son absence totale, c'est-à-dire par le vide. Un tube privé d'air et contenant un peu de mercure devient lumineux, dès que le métal se trouve déplacé par un léger mouvement.

Plusieurs des corps que le frottement rend phosphorescents le deviennent aussi sous l'action de la lumière et de la chaleur. Il en existe cependant un petit nombre, tel que l'uranium métallique exclusivement phosphorescents par le frottement.

Si on détruit par une calcination très prolongée la propriété dont jouissent certains corps : fluorine, apatite, leucophane, d'être phosphorescents sous l'influence de la chaleur, ces substances gardent la faculté de devenir lumineuses par le frottement. Nous remarquerons d'un autre côté que des corps à peine phosphorescents par la chaleur, comme les diamants du Cap, le sont vivement par le frottement.

Il semblerait résulter de ces expériences que les réactions donnant aux corps une aptitude à la phosphorescence lumineuse et calorifique, sont autres que celles les faisant briller à la suite d'un frottement ou d'un choc. Il s'agit probablement de causes différentes produisant un même effet.

§ 2. — PHOSPHORESCENCE PAR LES RAYONS X, LES RAYONS CATHODIQUES ET LES EFFLUVES DE HAUTE FRÉQUENCE.

Les phénomènes de phosphorescence par les causes que je viens de mentionner sont très connus et j'aurai peu de chose à y ajouter.

On sait qu'un grand nombre de corps et parmi eux des composés non phosphorescents par d'autres procédés, comme les rubis, deviennent extrêmement lumineux lorsqu'on les expose au bombardement des gaz raréfiés d'une ampoule de Crookes. La phosphorescence de ceux susceptibles de briller également par la lumière tels que le diamant et certains sulfures est très augmentée. Il suffit même de les placer dans un tube de Geissler soumis à des étincelles d'induction. J'ai pu obtenir avec du sulfure de calcium introduit dans un de ces derniers une phosphorescence dont l'éclat à surface égale atteignait les 7/10es d'une bougie.

Les rayons X sortis d'un tube de Crookes ne provoquent qu'une faible phosphorescence, et seulement sur un petit nombre de corps, contrairement à ce qu'on croit généralement. Même pour ceux phosphorescents par la lumière ordinaire ou ultra-violette, l'illumination est légère. Les rayons X illuminent extrêmement peu le sulfure de calcium, beaucoup moins que ne le ferait une simple bougie. Ils illuminent médiocrement, c'est-à-dire beaucoup moins que la lumière ordinaire du jour, le sulfure de zinc et diffèrent tout à fait en ceci des radiations ultra violettes auxquelles on a voulu les assimiler pendant longtemps.

Sur les substances dites fluorescentes, c'est-à-dire dont la phosphorescence ne survit pas à la cause qui la produit, les rayons X agissent au contraire vivement, se comportant bien alors comme les rayons ultra-violets, mais plus énergiquement. C'est même, on le sait, cette propriété qui les fit découvrir et rendit utilisables. Le platino-cyanure de baryum, dont sont formés les écrans radiographiques, n'est pas le seul sel qui devienne vivement lumineux sous leur action. L'apatite, la leucophane, la fluorine et surtout les diamants du Brésil, sont illuminés aussi, quoique plus faiblement.

Beaucoup de corps : diamants, sulfure de zinc, etc., lumineux sous l'influence des rayons X, le deviennent aussi sous l'action des sels de radium. Des diamants du Cap, non phosphorescents par la lumière, le sont en présence du bromure de radium, même quand ce sel est enfermé dans un mince tube métallique.

Crookes a remarqué que des diamants mis en contact pendant plusieurs mois avec du radium, acquéraient une telle radio-activité qu'elle ne disparaissait pas quand on les chauffait au rouge sombre.

L'ensemble des phénomènes précédents nous montre certains corps devenant phosphorescents par des causes fort diverses : lumière, choc, rayons cathodiques, rayons X, etc.; ces causes agissent peut-être, comme je l'ai déjà dit, en produisant des réactions sinon identiques, au moins de même ordre.

§ 3. — PHOSPHORESCENCE PAR RÉACTIONS CHIMIQUES.

Pendant longtemps, la seule réaction chimique connue produisant la phosphorescence était la lente oxydation du phosphore. On sait, par des investigations récentes, que la phosphorescence accompagne un nombre considérable de réactions.

La plupart d'entre elles, d'ailleurs mal définies, résultent de mélanges assez complexes. Ainsi, par exemple, celles produites en mélangeant certains corps organiques, comme l'esculine ou diverses essences avec une solution alcoolique de potasse, et encore celle obtenue en versant une solution de sulfate d'alumine ou de chlorure d'or dans une solution alcaline de pyrogallol [1].

Pour arriver à préciser les causes de la phosphorescence par actions chimiques, il fallait pouvoir les produire par des réactions beaucoup plus nettes que

---

1. On a cité dans ces derniers temps, comme produisant une phosphorescence assez vive, un mélange de : 10cc de solution à 10 % d'acide pyrogallique, 20cc de solution à 40 % de carbonate de potasse, 10cc d'une solution de formol à 30 %. Ce mélange deviendrait phosphorescent en y ajoutant 30 % d'eau oxygénée concentrée.

les précédentes : l'oxydation ou l'hydratation de composés bien définis, par exemple. C'est ce que nous avons tâché de réaliser.

Les phosphorescences par oxydation sont exceptionnelles. Celle du phosphore n'est pas très probablement due à une simple oxydation, comme je l'ai montré ailleurs.

J'en ai obtenu d'autres par oxydation, mais elles sont aussi voisines de l'incandescence que de la phosphorescence et constituent peut-être une transition entre les deux. Tel est notamment le cas de l'uranium.

Posons une lame de ce métal (de 1 millimètre environ d'épaisseur) sur une plaque chauffée à 600 degrés environ. Elle devient très brillante. Retirons-la avec une pince, elle continue à briller pendant deux ou trois minutes, ce qui n'arriverait pas s'il s'agissait d'un simple phénomène d'incandescence. La même opération peut être répétée plusieurs fois, mais la durée de la luminosité du métal devient chaque fois moins longue, et finalement — quand il s'est entièrement oxydé sans doute — la chaleur ne produit plus sur lui aucun effet.

La seule réaction nettement définie qui m'ait permis d'obtenir de la phosphorescence est l'hydratation. Les cas les plus nets sont ceux des sulfates de quinine ou de cinchonine. Chauffés à 150 degrés ces sels perdent une partie de leur eau et, après avoir brillé un instant, redeviennent ensuite complètement obscurs. Quand ils sont dépouillés ainsi de toute leur phosphorescence, on les laisse se refroidir ; ils s'hydratent aussitôt au contact de l'air, recommencent à être phosphorescents et en même temps radio-actifs. Je n'insisterai pas sur cette expérience dont j'ai donné les détails dans l'*Évolution de la Matière*. En raison de son importance théorique considérable au point de vue des causes de la radio-activité, elle fut l'objet d'importants mémoires. L'exactitude de mes observations s'est trouvée ainsi nettement confirmée.

On peut, dans l'expérience précédente, rendre l'emploi de la chaleur complètement inutile. Il suffit de mélanger dans un flacon le sulfate de quinine avec un peu d'acide phosphorique anhydre qui le déshydrate immédiatement. On l'hydrate de nouveau simplement en projetant l'haleine à sa surface. Les personnes ignorant la théorie de l'opération sont toujours fort surprises quand on leur montre un corps devenant phosphorescent en soufflant dessus.

Le sulfate de quinine n'est pas le seul composé phosphorescent par hydratation. J'ai trouvé toute une série de corps présentant le même phénomène, notamment la magnésie ordinaire, le sulfate de chaux du commerce et l'alumine hydratée[1]. Ils ne diffèrent du sulfate de quinine que parce qu'ils deviennent phosphorescents par déshydratation seulement, au lieu de l'être, comme le premier, par hydratation et déshydratation. En outre, comme ces corps se déshydratent lentement et difficilement, il est nécessaire de les chauffer vers 500 degrés pour bien observer le phénomène.

La phosphorescence se constate facilement avec le sulfate de chaux et surtout la magnésie ordinaire très lumineuse en se déshydratant. Elle est moins apparente avec l'alumine.

Si, après avoir chauffé ces composés pendant quelques minutes, jusqu'à extinction de la phosphorescence, on les laisse se refroidir dans l'obscurité et qu'on les chauffe de nouveau, ils brillent encore. Mais la luminosité s'avive quand on rend leur hydratation plus complète, en les mouillant avec un peu d'eau

---

1. Je ne mentionne que les corps les plus faciles à se procurer et avec lesquels la phosphorescence est la plus vive. Il en est bien d'autres, l'oxyde de thorium par exemple. qui produisent de la phosphorescence par déshydratation; mais elle est fort légère.

avant de les chauffer. Dès que la chaleur est suffisante pour produire la déshydratation, ils deviennent très phosphorescents.

La phosphorescence ainsi obtenue peut se répéter indéfiniment sur le même corps à la simple condition de le mouiller dès qu'il est desséché par la chaleur. Ce n'est pas du tout, nous l'avons vu, le cas des corps phosphorescents par simple élévation de température. Refroidis, puis rechauffés, ces derniers ne deviennent plus phosphorescents à moins d'avoir été exposés d'abord à la lumière.

Les sels de radium perdent, ainsi que je l'ai montré dans un travail antérieur, leur phosphorescence en s'hydratant. Ceux très actifs la reprennent de suite après avoir été déshydratés par la chaleur; peu actifs, ils la reprennent seulement quelques jours après leur dessiccation.

§ 4. — PHOSPHORESCENCE DES ÊTRES VIVANTS.

La phosphorescence des êtres vivants fut considérée pendant longtemps comme un phénomène assez rare manifesté par un très petit nombre d'animaux et de végétaux.

Elle avait été observée cependant de toute antiquité. Sans parler de la « mer de feu », connue nécessairement des navigateurs, dont la luminosité est produite par la présence d'infusoires, les anciens auteurs ont mentionné la phosphorescence de certains animaux marins. Pline avait fait remarquer que le liquide s'écoulant des pholades rend lumineuses dans l'obscurité les lèvres et les mains de ceux qui mangent ces mollusques. Fisher rapporte, dans son *Manuel de Conchyliologie*, que Réaumur « a constaté que des fragments de ces animaux restent lumineux après leur séparation du corps et que, desséchés, ils peuvent émettre de nouveau de la lumière lorsqu'ils sont humectés ».

Jusqu'à ces dernières années, le nombre des animaux phosphorescents connus était assez restreint. Personne ne pouvait soupçonner que les profondeurs si longtemps inaccessibles des vastes océans, où régnait, pensait-on, une nuit éternelle, étaient habités par d'innombrables êtres lumineux. Depuis que des instruments convenables permirent d'étudier les habitants des mers à plusieurs milliers de mètres de profondeur, tout un monde nouveau a été révélé.

On sut alors que le fond de la mer était tapissé de véritables forêts de polypiers phosphorescents, et que les plus petits comme les plus volumineux des animaux habitant ces profondeurs ténébreuses possèdent souvent des organes capables de les éclairer dans les abîmes où ils vivent.

Ces organes phosphorescents des animaux marins revêtent des dispositions très variées. Quelques-uns sont placés sur les diverses parties du corps; d'autres dans l'œil lui-même ou au-dessus, et ont été assez justement comparés à des lanternes de bicyclettes. Le docteur Richard, conservateur des collections du prince de Monaco, m'a montré toute une série d'animaux marins phosphorescents, notamment de grands poissons possédant de chaque côté du corps de véritables lanternes, qu'ils peuvent masquer à volonté. Tous ces êtres ont fait l'objet de nombreuses études, d'ailleurs presque exclusivement anatomiques.

A côté de ces animaux phosphorescents, il faut citer les bactéries lumineuses apparaissant sur le corps des poissons de mer peu de temps après leur mort et avant leur décomposition.

Elles peuvent être cultivées très facilement par les procédés classiques. On fabrique un excellent bouillon de culture avec de l'eau ordinaire contenant 3 % environ de sel marin et 1 % d'asparagine. Les flacons vendus sous le nom de Lumière vivante à l'Exposition de 1900 furent obtenus avec des produits analogues. J'en ai préparé de semblables simplement en grattant avec une lame la surface d'un hareng et introduisant la partie grattée dans des ballons pleins du liquide précédent. Au bout de vingt-quatre heures ils possèdent une luminosité qui se conserve pendant trois ou quatre jours.

Malgré diverses recherches on n'est pas parvenu à déterminer les corps chimiques produisant la phosphorescence. On sait seulement que ce phénomène peut survivre à l'existence de l'animal. Carus avait déjà vu que des organes lumineux du lampyre d'Italie, desséchés et broyés, reprenaient la phosphorescence perdue, simplement en les humectant.

Ces phénomènes de phosphorescence des êtres vivants sont dus à des réactions chimiques exigeant la présence de l'air et de l'eau. Quand ces deux éléments sont supprimés, elle disparaît. Nous avons montré plus haut que pour certains corps, bien définis, l'hydratation s'accompagnait toujours de phosphorescence.

Le spectre de la phosphorescence des êtres vivants paraît présenter quelques variations suivant les animaux. Il impressionne la plaque photographique très rapidement. J'ai pu reproduire des clichés avec deux minutes de pose en prenant, comme source lumineuse, des poissons devenus phosphorescents après leur mort, par le développement des bactéries lumineuses.

La phosphorescence des êtres vivants présente dans ses effets d'étroites analogies avec celle produite par les divers corps déjà examinés. Elle en diffère dans ses causes, puisqu'elle n'est engendrée ni par la lumière ni par la chaleur. Par ses effets comme par ses causes elle se rapproche beaucoup des phosphorescences par réactions chimiques examinées plus haut.

§ 5. — LA PHOSPHORESCENCE DES GAZ. — LES CAUSES DE LA LUMIÈRE DES ASTRES.

L'étude des décharges électriques dans les gaz montre le rôle de l'électricité dans la production de la phosphorescence. Les causes diverses de ce phénomène étudiées précédemment, telles que la lumière et la chaleur, agissent peut-être en provoquant indirectement des manifestations électriques capables de produire la phosphorescence.

Pour la phosphorescence des gaz, le rôle de l'électricité est parfaitement net puisque seule elle peut les rendre lumineux. La chaleur la plus élevée, et alors même qu'on chauffe les gaz sous une épaisseur de un mètre, ne leur donne qu'une luminosité à peine perceptible ; introduits à l'état raréfié dans un tube traversé par un courant électrique, ils deviennent au contraire très lumineux. Il suffit même pour obtenir la phosphorescence de placer le tube contenant le gaz raréfié dans le voisinage d'un résonateur de haute fréquence ou encore de le soumettre à l'action d'ondes électriques. Avec des tubes contenant de l'hélium, la luminosité est assez vive pour qu'on ait pu les employer comme révélateurs de ces ondes.

La phosphorescence obtenue par l'électrisation des gaz est relativement assez vive, mais jusque dans ces dernières années on n'espérait pas la rendre assez intense pour l'éclairage.

La remarquable découverte de la lampe à mercure montra l'éclairage par phosphorescence industriellement utilisable et prouva une fois de plus à quel point l'incandescence était indépendante de la phosphorescence.

On sait que cette lampe consiste dans un long tube de verre muni d'électrodes, l'une en fer, l'autre en mercure. Si, après y avoir fait le vide, on met les électrodes en relation avec une source d'électricité, les traces de gaz et de vapeur de mercure qu'il contient deviennent vivement phosphorescents. Dans cette luminescence il n'y a évidemment aucun phénomène d'incandescence à invoquer, car la température à l'intérieur du tube est d'environ 125 degrés seulement, c'est-à-dire très inférieure à celle nécessaire pour rendre un corps incandescent; la flamme d'une bougie possède, comme on le sait, une température d'environ 1.700 degrés.

Le spectre de la phosphorescence des gaz tel que le donne la lampe à mercure contient très peu de rouge et d'infra-rouge, aussi cette lumière est d'un rendement très supérieur à celui de l'éclairage ordinaire par incandescence. Pour obtenir ce dernier il faut d'abord produire une quantité énorme de radiations calorifiques invisibles et par conséquent inutiles. Nos procédés actuels d'éclairage sont barbares, comme on l'a reconnu depuis longtemps. Alors que l'idéal serait de produire seulement la partie du spectre visible et non sa partie invisible, une flamme de gaz ordinaire ou l'arc électrique contient seulement 1 $^{\circ}/_{\circ}$ de radiations utiles, 99 $^{\circ}/_{\circ}$ de l'énergie produite se manifeste sous forme de chaleur obscure. Cela revient à dire que lorsque nous brûlons pour 100 francs de gaz, 99 francs sont entièrement perdus et 1 franc seulement utilisé. Avec la phosphorescence d'une lampe à mercure, sur les 100 francs dépensés 40 francs paraissent servir à l'éclairage. Le rendement des animaux phosphorescents tels que le ver luisant, est encore très supérieur, puisque la presque totalité de l'énergie dépensée se transforme en lumière visible. L'éclairage par la phosphorescence sera probablement celui de l'avenir.

Il n'est pas pour cette seule raison nécessaire de poursuivre l'étude de la phosphorescence des gaz. J'ai toujours regretté qu'elle fût trop coûteuse pour mes modestes ressources parce que je suis persuadé que sa connaissance approfondie ouvrira des aperçus tout nouveaux sur les plus grands problèmes de la physique et de l'astronomie.

La phosphorescence par actions électriques donne aux atomes les mêmes propriétés radiantes que la chaleur. L'énergie intra-atomique doit jouer un rôle dans la production de ce phénomène, car les gaz des tubes précédents sont fortement ionisés, c'est-à-dire dissociés par le passage du courant.

C'est probablement à l'influence d'actions électriques analogues à celles dont nous venons de montrer les effets, que certains astres, principalement composés de gaz comme le prouve leur spectre, doivent leur éclat lumineux. Puisque les corps gazeux ne peuvent briller par incandescence comme nous l'avons vu, il faut bien chercher d'autres causes que la chaleur à la lumière de beaucoup d'étoiles.

Mais si des astres sont simplement lumineux par les actions électriques analogues à celles étudiées plus haut, il s'ensuivrait que des étoiles auxquelles on attribue maintenant une chaleur extrêmement élevée pourraient être au contraire à une température relativement très basse. Ce ne serait peut-être qu'à une certaine phase de leur existence qu'elles brilleraient par incandescence.

CHAPITRE IV

Les causes de la phosphorescence.

I. — LA PHOSPHORESCENCE COMME MANIFESTATION DE L'ÉNERGIE INTRA-ATOMIQUE.

La phosphorescence représente la transformation en lumière d'énergies diverses dont quelques-unes seulement sont connues. Pour les gaz nous avons vu que l'énergie électrique était la seule cause possible de leur phosphorescence. Pour celle due à l'action de la lumière, de la chaleur et des réactions chimiques, d'autres phénomènes interviennent dont le mode d'action est indéterminé encore.

Des causes très diverses : lumière, choc, rayons X, pouvant produire la phosphorescence d'une même substance, on est fondé à croire que ces agents excitateurs si variés agissent en provoquant la manifestation de réactions sinon identiques, au moins du même ordre. La vieille théorie qui considérait les corps phosphorescents comme restituant simplement la lumière absorbée, de même qu'une éponge restitue l'eau dont elle a été imbibée, n'est plus défendable aujourd'hui.

Le phénomène de la phosphorescence semble lié à celui de la dissociation de la matière et de la libération des énergies accompagnant cette dissociation. Le lien est évident pour la phosphorescence des gaz, puisque ces derniers ne deviennent phosphorescents que sous l'influence d'actions électriques toujours accompagnées d'ionisation, c'est-à-dire de désintégration de leurs atomes.

Pour les autres formes de phosphorescence le lien est beaucoup moins visible. Il apparaît cependant probable, au moins pour la phosphorescence par l'action de la lumière, quand on se souvient qu'elle dissocie énergiquement la matière et que justement les radiations produisant cette dissociation sont les plus aptes à produire la phosphorescence.

La tendance à envisager la phosphorescence comme une conséquence de la dissociation des atomes commence à se dessiner chez les physiciens. De Heen, puis Lénard, sont arrivés récemment à cette conclusion que la lumière agit en provoquant l'émission d'ions négatifs sortis de l'atome et pouvant y revenir en oscillant.

A ces mouvements des éléments de l'atome dissocié serait dû le rayonnement dans l'éther produisant la phosphorescence. Sa lumière, de même nature que celle des corps incandescents, en diffère par l'absence d'élévation de température, ce qui justifie très bien le qualificatif de lumière froide employé quelquefois. Il est possible que les rayons lumineux, l'électricité et les causes diverses capables de provoquer la phosphorescence, mettent immédiatement en jeu l'énergie intra-atomique sans passer d'abord par les mouvements moléculaires comme dans le cas de la chaleur.

Cependant il n'est pas rigoureusement démontré que la lumière froide ne soit en réalité tout aussi chaude que celle engendrée par l'incandescence. Si la phosphorescence est un phénomène atomique très superficiel, il se pourrait que l'élévation de température

qui l'accompagne ne fut pas appréciable. Crookes a
constaté qu'en exposant des diamants au bombardement cathodique, leur surface se transforme en gra-
phite, ce qui implique une élévation de température
de 3.600 degrés d'après Moissan et cependant les
couches profondes du diamant n'en éprouvent pas de
notable. Le tube où il est renfermé s'échauffe peu. Le
même auteur remarque également que la surface de
lames d'argent put de cette façon être portée au rouge
alors que la température de toute la masse du métal
s'élevait à peine malgré la conductibilité de l'argent
pour la chaleur. Je dois néanmoins remarquer qu'en
rendant phosphorescent par la lumière de grandes
masses de certains sulfures, étalés de façon à n'avoir
qu'une épaisseur de quelques centièmes de millimètre
et réunissant ensuite la masse dans un flacon, sa
température ne s'élève pas notablement.

Les considérations précédentes sur les origines
intra-atomiques de la phosphorescence ne constituent
qu'une ébauche d'explication. La solution complète du
problème est encore lointaine.

Il importerait tout d'abord de bien déterminer les
réactions produisant la phosphorescence. Elles sont
d'un ordre tout spécial pour lequel les lois de l'ancienne chimie ne sauraient servir. Comment concevoir
en effet que des réactions mettant en jeu d'insignifiantes quantités d'énergie, par exemple la très légère
hydratation d'un sel de quinine puissent agir sur un
édifice aussi stable que l'atome et engendrer à la fois
de la radio-activité et de la phosphorescence?

Sans pouvoir élucider entièrement de tels phénomènes on en saisit au moins la possibilité avec cette
notion sur laquelle nous sommes plusieurs fois revenu,
que l'atome malgré sa stabilité peut devenir instable
quand on fait agir sur lui un réactif approprié à sa
sensibilité. Il se conduit un peu alors comme un diapason que les bruits les plus intenses sont impuis-

sants à ébranler alors qu'un son léger, mais de période convenable, le fait vibrer. Un mince faisceau de lumière ultra-violette dissociera ainsi sans difficulté les atomes d'un bloc d'acier, capable de résister aux chocs les plus violents. Quand un sel de quinine desséché devient très phosphorescent et radio-actif par le seul fait de l'addition d'un millième de son poids de vapeur d'eau nous avons simplement — sans savoir d'ailleurs pourquoi — provoqué les réactions donnant aux atomes de ce corps l'instabilité précédant la dissociation.

§ 2. — CARACTÈRE SPÉCIAL DES RÉACTIONS CHIMIQUES CAPABLES DE DONNER AUX CORPS L'APTITUDE A LA PHOSPHORESCENCE.

Ce qui précède va nous permettre d'entrevoir pourquoi des corps, jamais phosphorescents sous l'influence de la lumière quand ils sont purs, acquièrent cette propriété dès qu'on leur ajoute quelques cent millièmes de leur poids — c'est-à-dire des traces presque impondérables — de corps étrangers.

Les sulfures alcalino-terreux et les minéraux naturels ne sont jamais phosphorescents à l'état de pureté. Certains corps considérés comme très purs, tels que la fluorine employée pour tailler les lentilles, l'apatite cristallisée, etc., sont cependant phosphorescents, mais ils contiennent toujours des traces de substances étrangères. Le diamant lui-même en renferme comme l'analyse chimique le démontre.

Ce sont les combinaisons spéciales dues à la présence

de ces corps étrangers qui donnent à certains composés chimiques l'aptitude à la phosphorescence. Une fois formées, ces combinaisons présentent de curieux caractères. Très mobiles comme le prouve la rapidité avec laquelle les divers rayons lumineux font apparaître ou disparaître la phosphorescence, elles résistent cependant à des causes énergiques de destruction, puisqu'il faut 15 heures de calcination au rouge pour ôter à certaines substances leur aptitude à la phosphorescence. Cette calcination n'agit pas du tout en éliminant quelque chose, puisque la régénération de la combinaison et l'aptitude à la phosphorescence qui en est la suite, sont obtenues en faisant traverser le corps par des étincelles d'induction. La chaleur n'avait donc éliminé aucun corps, mais simplement détruit des combinaisons chimiques, capables de s'accompagner de phosphorescence, et qui se reforment sous l'influence de l'étincelle électrique.

Ces corps étrangers susceptibles de donner de la phosphorescence doivent toujours être en proportion très minime. Des substances différentes peuvent être substituées l'une à l'autre pour produire des effets, sinon identiques, au moins analogues. M. Mourelo a fait voir que, pour donner à du sulfure de strontium la propriété de devenir phosphorescent par la chaleur, il n'y avait qu'à le calciner avec un dix-millième d'un sel de manganèse ou de bismuth. Des observations semblables ont été faites pour les autres sulfures.

Les anciennes expériences d'Edmond Becquerel prouvent que lès moindres variations de composition des corps mélangés ont de l'influence sur la phosphorescence. Du marbre, de la craie, du spath d'Islande, corps chimiquement identiques, puisqu'ils sont composés de carbonate de chaux, dissous dans de l'acide nitrique et précipités par du carbonate d'ammoniaque, donnent des carbonates de chaux qu'on pourrait supposer identiques. Il n'en est rien cependant, puisque, en calcinant avec du soufre ces carbonates de chaux d'origines différentes, on obtiendra des sulfures de calcium dont la phosphorescence sera jaune, verte ou violette. Les carbonates de chaux employés retenaient donc des traces infinitésimales de corps étrangers variables suivant leur origine.

Un des plus singuliers caractères des combinaisons chimiques capables de donner aux corps l'aptitude à la phosphorescence sous l'influence de la lumière est, comme je le disais plus haut, une mobilité extrême, c'est-à-dire la faculté de se former et se défaire indéfiniment d'une façon presque instantanée. Certaines radiations produisent la phosphorescence du sulfure de zinc en $1/10^e$ de seconde et d'autres la détruisent dans le même temps. Divers animaux, tels que le ver luisant, possèdent également cette propriété de faire apparaître et disparaître instantanément leur phosphorescence.

La notion de réactions chimiques se produisant au sein de corps parfaitement solides, comme le diamant, la fluorine, les sulfures alcalino-terreux, est évidemment en dehors des idées classiques. Celles-ci n'admettent guère, suivant l'ancien adage des chimistes, que les corps puissent agir les uns sur les autres autrement qu'à l'état de solution, et ne reconnaissent pas davantage des combinaisons en proportions ni simples ni définies. La science chimique n'en connaît aucune d'ailleurs pouvant presque instantanément se faire, se défaire et se refaire indéfiniment sous des influences aussi légères qu'un rayon de lumière.

En quoi consistent ces combinaisons dans lesquelles un des éléments est en proportion infiniment petite relativement à l'autre?

Nous savons, par tout ce qui précède, que

celles rendant possible la phosphorescence réalisent les conditions suivantes : 1° les corps, dont l'addition produit la combinaison accompagnée de phosphorescence, quand ils sont excités par la lumière ou la chaleur, doivent être ajoutés en proportion très faible ; 2° les combinaisons formées sont mobiles et régénérables puisqu'elles se défont et se refont en une courte fraction de seconde ; 3° ces combinaisons, si rapidement défaites et régénérées, sont intimement liées à l'action de la température qui, lorsqu'elle est élevée les détruit très vite et fort lentement lorsqu'elle est suffisamment basse. Le corps phosphorescent émet alors pendant des mois des radiations invisibles. Le retour de la combinaison à son état primitif est complètement arrêté à une température plus basse encore et jusqu'au jour où on l'élèvera, le corps conserve indéfiniment son aptitude à la phosphorescence.

Nous ne connaissons pas, en dehors des corps phosphorescents, de combinaisons chimiques pouvant réaliser ces diverses conditions, et de simples mélanges ne les réaliseraient pas davantage. Nous sommes donc bien obligés d'admettre qu'il s'agit d'un ordre de réactions chimiques tout à fait inconnues. Elles le seront probablement longtemps, puisque leur extrême instabilité, la facilité avec laquelle elles se détruisent et se régénèrent, les soustraient à tous les procédés actuels d'analyse chimique. Déterminer les corps en présence est sans intérêt, car ce sont les combinaisons formées qu'il faudrait saisir.

Le problème se complique encore, parce que les corps étrangers dont la combinaison provoque l'aptitude à la phosphorescence paraissent n'agir qu'en donnant de l'instabilité à l'atome de façon à lui permettre de libérer les énergies qu'il contient.

Nous commençons à peine en réalité à soupçonner

les causes de la phosphorescence, mais ce que nous entrevoyons permet de pressentir qu'elle constituera un des chapitres les plus importants de la chimie, et se rattachant sûrement à l'histoire, à peine ébauchée, de la dissociation de la matière.

LIVRE IV

LA LUMIÈRE NOIRE

CHAPITRE I

La phosphorescence invisible.

L'apparition, en 1896, du travail de Roëntgen sur les rayons X me fit publier immédiatement, pour prendre date, une note sur des radiations particulières, capables de traverser les corps, que j'étudiais depuis deux ans et qui ne se rattachaient à rien de connu. Je les désignai sous le nom de Lumière noire en raison de leurs propriétés d'agir quelquefois comme la lumière tout en étant invisibles.

Ces radiations, que je n'avais pas encore eu le temps de séparer à cette époque, se composaient de trois éléments très distincts : 1° Particules radio-actives de la famille des rayons cathodiques. 2° Radiations de grande longueur d'onde. 3° Radiations dues à la phosphorescence invisible.

J'ai déjà exposé dans l'*Évolution de la Matière*[1]

---

1. Page 22 de la 12ᵉ édition.

comment j'arrivai progressivement à distinguer ces divers éléments.

La première des trois catégories de radiations énumérées plus haut étant très parentes des rayons cathodiques et des émissions radio-actives, il serait inutile maintenant de leur donner un nom spécial. Je ne désignerai donc désormais sous le nom de Lumière noire que : 1° Les radiations invisibles, totalement inconnues avant mes recherches, émises par certains corps phosphorescents; 2° Les radiations de grande longueur d'onde appartenant à la partie infra-rouge du spectre. Cette dernière région était connue depuis fort longtemps, mais la plupart de ses propriétés ignorées. On ne soupçonnait pas, avant mes investigations, que ces radiations traversaient un grand nombre de corps, permettaient de faire de la photographie instantanée dans l'obscurité et possédaient des actions physiologiques très spéciales.

La première des catégories de radiations, énumérées plus haut, a la même composition que la lumière ordinaire et en diffère seulement par l'invisibilité. Les désigner avec celles de l'infra-rouge, sous le terme de Lumière noire, c'est compléter l'échelle continue des radiations invisibles.

La *lumière noire* comprend donc : 1° La lumière invisible émise par certains corps phosphorescents. 2° La lumière infra-rouge invisible qui — pour le spectre solaire — va jusqu'à 5μ et possède par conséquent une étendue plus de dix fois supérieure à celle du spectre visible.

Je vais étudier maintenant cette division de la lumière noire constituée par la phosphorescence invisible.

§ 2. — HISTORIQUE DE LA PHOSPHORESCENCE INVISIBLE.

Lorsque j'ai publié en 1899 et en 1900 les détails des expériences à l'exposé desquelles est consacré ce chapitre, elles semblèrent si étonnantes aux physiciens qu'ils préférèrent ne pas y croire. La vérification des plus fondamentales était pourtant facile, puisqu'elle n'exigeait pas une dépense d'argent supérieure à 50 centimes et une dépense de temps excédant quelques minutes. J'ai su cependant que plusieurs les avaient répétées ; mais, étonnés de leur succès, ils crurent prudent de taire des résultats qui ne pouvaient évidemment compter puisque la science officielle ne les avait pas consacrés. Aujourd'hui encore, c'est avec beaucoup de timidité que mes recherches sont consignées dans quelques traités de physique. Un savant distingué, .M. Gariel, professeur de physique à la Faculté de médecine de Paris, après les avoir résumées, s'exprime de la façon suivante : « Ces faits sont presque extraordinaires. Il n'y a pas lieu cependant de les écarter, car les phénomènes relatifs aux radiations ne sont certainement pas tous connus ». (*Physique biologique*, t. 2, p. 261). Cette citation sert au moins à montrer que si la découverte de faits nouveaux est parfois difficile, il l'est bien plus encore de les faire admettre.

La phosphorescence invisible, que j'ai découverte est caractérisée par les phénomènes suivants : 1° un corps phosphorescent exposé à la lumière conserve, pendant une période d'environ dix-huit mois, la propriété d'émettre d'une façon continue dans l'obscurité des radiations invisibles capables de se réfracter, de se polariser et d'impressionner les plaques photographiques. Le spectre de ces radiations, analogue à celui de la lumière n'en diffère que par l'invisibilité ; 2° au bout de ces dix-huit mois, le corps ne rayonne plus rien d'appréciable, mais il conserve *indéfiniment* un résidu qu'on peut rendre visible en projetant à sa surface des radiations infra-rouges obscures.

Ces phénomènes étaient entièrement ignorés et rien n'autorisait à les prévoir. Sans doute, on a su de tout temps que beaucoup de corps sont phosphorescents par la chaleur et, par conséquent, conservent depuis leur formation géologique une aptitude à la phosphorescence qui apparaît dès qu'on les chauffe. Mais comme ces corps ne rayonnent absolument rien dans l'obscurité avant d'être échauffés, ils ne donnent naissance à aucune phosphorescence invisible. Celle qu'ils manifestent par la chaleur est une phosphorescence très visible.

Malgré leurs longues recherches sur la phosphorescence, E. Becquerel et H. Becquerel ont ignoré le phénomène de la phosphorescence invisible. Jamais ils n'ont soupçonné que des corps frappés un instant par la lumière pouvaient émettre spontanément dans l'obscurité des radiations invisibles pendant de longs mois. Tout en sachant, comme l'avait observé Canton, qu'un sulfure phosphorescent chauffé quelque temps après insolation et extinction redevient un instant légèrement lumineux, E. Becquerel supposait que l'émission spontanée des radiations cesse vite et que de la chaleur était nécessaire pour expulser le léger résidu phosphorescent conservé, d'après lui, jamais bien longtemps. Voici, d'ailleurs, comment il s'exprime dans son livre sur la lumière, (t. Ier, p. 52 et 59) : « Quand ces substances « (sulfures phosphorescents) ont été exposées à la « lumière et sont placées dans une obscurité pro- « fonde pendant quelque temps, 3 ou 4 jours, elles « perdent presque entièrement la faculté de luire « immédiatement par une élévation de température... « Ainsi la modification acquise par l'action du rayon-

« nement ne se conserve en partie que pendant un
« certain temps dans les corps phosphorescents, puis
« finit par disparaître... »

Le rayonnement spontané *invisible*, qui se produit
sans aucune intervention de température, avait donc
échappé à cet éminent physicien. Il n'est pas vrai du
tout que « la modification acquise par l'action du
rayonnement ne se conserve que pendant un certain
temps, puis finit par disparaître ». Nous verrons qu'une
partie des modifications imprimées par la lumière
aux corps phosphorescents se conserve *indéfiniment*,
alors même qu'ils ont cessé d'émettre aucune phosphorescence invisible, ce qui n'arrive d'ailleurs qu'au
bout de dix-huit mois environ.

Il existe deux formes de la phosphorescence invisible : 1° celle qui suit la phosphorescence visible ;
2° celle qui la précède. Elles peuvent être transformées
aisément en lumière visible.

§ 3. — PROPRIÉTÉS DE LA PHOSPHORESCENCE INVISIBLE.

La phosphorescence invisible, succédant à la phosphorescence visible constitue une des formes les
plus ignorées et les plus curieuses de la lumière. Il
eût été difficile de prévoir avant nos expériences
qu'un corps exposé un instant au soleil, puis maintenu dans l'obscurité, conserverait pendant dix-
huit mois la propriété d'émettre sans interruption
des radiations identiques à la lumière et n'en différant que par une invisibilité absolue.

La plupart des corps frappés par la lumière conservent pendant un temps parfois très long la propriété
d'émettre des radiations obscures susceptibles d'impressionner la plaque photographique. Mais c'est avec
ceux qui peuvent acquérir d'abord la phosphorescence
visible qu'on peut le mieux étudier le phénomène.

Voici, d'abord, les expériences par lesquelles j'ai déterminé les propriétés de la lumière ainsi émise :

1° *Durée de l'émission et variation de l'intensité des rayons émis en fonction du temps.* — Du sulfure de calcium en poudre emprisonné entre deux lames de verre est exposé à la lumière pendant quelques secondes, puis transporté dans le tiroir d'une armoire placée dans un cabinet obscur où aucune lumière n'a pénétré pendant la durée des expériences, c'est-à-dire pendant plusieurs annees. Au bout de 24 heures l'écran est devenu entièrement obscur. Sans sortir du cabinet noir on le met sur un cliché photographique au-dessous duquel est placée une plaque au gélatino-bromure. Maintenant toujours le système ainsi constitué dans l'obscurité, on observe ce qui suit :

·Trois jours après l'insolation, une image très vigoureuse du cliché est obtenue en 2 heures. Au bout de 15 jours, la pose doit être de 12 heures. Au bout de 25 jours, de 30 heures. Au bout de 6 mois, elle doit être de 40 jours. Après 18 mois, on obtient encore des traces d'image après 60 jours de pose.

Ce qui précède prouve que la charge résiduelle, donnée par 2 secondes d'exposition au soleil, a demandé 18 mois pour se dissiper graduellement.

2° *Propagation en ligne droite et réfraction.* — La propagation en ligne droite et la réfraction de la lumière résiduelle obscure sont démontrées par l'expérience suivante :

Une statue enduite de sulfure de calcium délayé dans du vernis copal est exposée pendant quelques secondes à la lumière. Trois ou quatre jours après qu'elle est devenue entièrement obscure, on la met devant une chambre noire photographique placée dans une cave où n'a jamais pénétré la lumière du jour. La mise au point a été réglée d'avance. En se servant d'un objectif à portrait, à très grande ouverture, on obtient avec des poses variant de huit à quinze jours, des images aussi parfaites qu'à la lumière du jour. Les ombres varient à la volonté de l'opérateur, puisqu'elles ne dépendent que de la position donnée à la statue pendant l'insolation (fig. 24 et 25).

3° *Polarisation.* — La double réfraction, et par conséquent la polarisation, sont démontrées par l'expérience suivante :

Une lame de spath d'Islande est introduite dans le système optique de l'objectif, dont il a été fait précédemment usage, et la statuette est remplacée par deux tubes de verre en croix remplis de sulfure fixés à une place déterminée d'avance, de façon à avoir une bonne mise au point. En opérant comme précédemment, quelques jours après l'extinction du sulfure, on observe, sur un des axes de la croix, deux images partiellement superposées dont l'intensité est moitié moindre que celle de la partie non dédoublée, conformément à la théorie (fig. 26).

Cette expérience prouve à la fois l'émission des radiations invi-

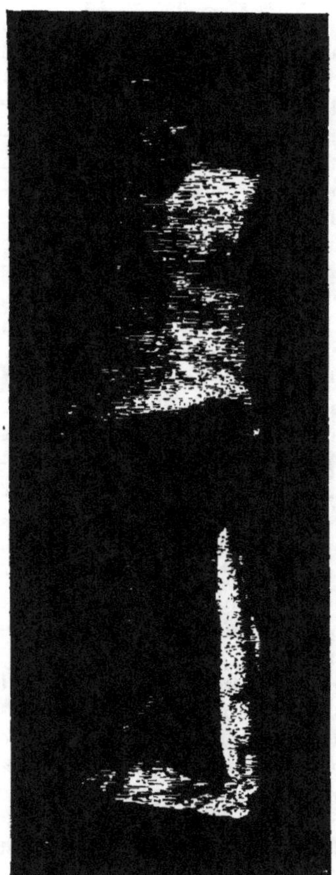

Fig. 24 et 25. — *Reproduction photographique dans l'obscurité de statues, au moyen des radiations invisibles qu'elles émettent pendant 18 mois, après avoir été frappées par la lumière.* (Les ombres dépendent de la position de la statue pendant son insolation). Les réserves en noir correspondant aux parties des statues n'ayant pas été recouvertes de la substance produisant la luminescence invisible. Elles sont destinées à prouver qu'aucune lumière artificielle n'a pu pénétrer dans l'enceinte pendant la pose pour produire l'impression photographique.

sibles, leur propagation en ligne droite, leur réfraction et leur aptitude à la polarisation.

4° Composition des rayons émis. — La netteté parfaite des images obtenues dans les expériences précédentes prouve déjà que

Fig. 26. — *Polarisation par double réfraction des radiations obscures émises par les corps doués de phosphorescence invisible.* Dédoublement de l'une des branches de la croix. Images superposées à leur partie centrale et permettant la comparaison de l'intensité des parties dédoublées. (Sur le négatif, la partie centrale est naturellement la plus foncée.)

l'indice de réfraction des lentilles pour les rayons obscurs est le même que pour la lumière visible. S'il en avait été autrement, la mise au point faite préalablement à la lumière ordinaire n'eût pas été exacte pour des rayons de longueurs d'ondes différentes, surtout avec un objectif à portrait dont la profondeur focale est à peu près nulle. Mais ce n'est là qu'une indication. Pour connaître la composition des rayons actifs, il eût fallu les disperser par un prisme et les photographier. Cette expérience n'était pas réalisable à cause de la nécessité d'employer, pour obtenir des photographies de spectres prismatiques un peu nettes, une fente très fine qui absorbe la presque totalité de la lumière. On a tourné la difficulté en employant un spectre artificiel, composé de bandes de verres de couleur fixées sur une lame de crown incolore. Ce spectre fut exposé d'abord à la lumière ordinaire au-dessus d'une plaque sensible, et l'image ainsi obtenue, après développement, a été comparée aux images successives obtenues en interposant le même spectre artificiel entre l'écran de sulfure obscur et la plaque sensible. Les images vinrent identiques dans les deux cas, c'est-à-dire nulles du rouge au vert et très intenses sous le verre bleu.

De ces expériences, on peut conclure : 1° Qu'il y a identité de composition entre la lumière solaire visible et la lumière obscure émise par les corps exposés à des radiations lumineuses pendant un instant. La seconde ne diffère de la première que par son invisibilité résultant de la faible amplitude des ondes émises ; 2° Que l'émission de cette lumière résiduelle invisible persiste pendant fort longtemps.

§ 4. — PERSISTANCE DE L'APTITUDE A LA PHOSPHORESCENCE APRÈS LA CESSATION DU RAYONNEMENT SPONTANÉ. TRANSFORMATION DE LA PHOSPHORESCENCE INVISIBLE EN PHOSPHORESCENCE VISIBLE.

Nous venons de voir que pendant 18 mois certains corps phosphorescents peuvent émettre des radiations invisibles, mais qu'il arrive un moment où l'émission cesse entièrement. Nous allons montrer maintenant que ces corps obscurs qui, après avoir rayonné pendant si longtemps, semblaient avoir perdu toute leur énergie, conservent indéfiniment une certaine provision de phosphorescence résiduelle. On la rendra visible à un moment quelconque, après 10 ans de séjour dans l'obscurité, par exemple, en faisant tomber à la surface des corps certaines radiations invisibles. Ils deviennent alors assez vivement lumineux pour être photographiés en quelques minutes à la chambre noire.

J'ai constaté pour la première fois le fait qui précède avec les écrans de sulfure de calcium ayant servi à mes anciennes expériences et ne donnant plus d'impressions photographiques au bout de 18 mois après 6 semaines de pose. Ils avaient été alors abandonnés dans l'obscurité où ils se trouvent encore depuis plus de 10 ans.

Mettons dans l'obscurité un de ces écrans dans un châssis photographique dont le verre a été recouvert d'une feuille de papier noir ou d'une lame d'ébonite,

corps opaques pour la lumière ordinaire, mais très
transparents, comme je l'ai montré, pour les radiations obscures de grandes longueurs d'onde. Exposons
ce châssis pendant vingt ou trente secondes devant
une lampe à pétrole, puis portons-le dans l'obscurité
pour l'ouvrir et l'examiner. Nous constaterons alors
que, sous l'influence des radiations invisibles, l'écran,
obscur depuis plusieurs années, est redevenu lumineux.
Sa phosphorescence suffit pour donner une impression photographique par contact, en deux ou trois
minutes, alors qu'il n'en donnait pas une en six
semaines de pose auparavant.

La phosphorescence ainsi produite disparaît rapidement, mais la même expérience peut se répéter
sur le même écran plus de cinquante fois à des inter-
valles quelconques, c'est-à-dire pendant un nombre
illimité d'années. Naturellement un moment arrive
où le résidu phosphorescent étant épuisé par ces expériences successives, les radiations obscures ne produiront aucun effet, à moins d'une insolation nouvelle.
Il s'agissait donc bien d'une charge résiduelle limitée
ne se renouvelant pas spontanément, mais qu'on
peut garder indéfiniment avant de la dépenser.

Un grand nombre de corps possèdent ainsi la propriété d'acquérir une provision de lumière résiduelle
dont une partie se dissipe spontanément et dont
l'autre partie se conserve indéfiniment. Chez quelques-uns, tels que les sulfures de calcium et de strontium, la lumière résiduelle invisible peut devenir
visible simplement sous l'influence de radiations
obscures de grande longueur d'onde, même quand
l'écran exposé à ces radiations est maintenu à très
basse température, par exemple entre deux cuves de
verre de un centimètre d'épaisseur pleines d'eau
congelée. La chaleur ne doit donc pas être invoquée
comme cause du phénomène. Il est important de le
constater, car elle produirait le même effet, si on

l'élevait à 80 degrés environ. L'action produite par la chaleur est d'ailleurs fort différente de celle engendrée par les radiations obscures, comme nous le montrerons bientôt.

Les expériences précédentes réussissent très bien avec plusieurs sulfures phosphorescents, celui de calcium notamment, mais pas du tout avec le sulfure de zinc, pour cette raison, sur laquelle nous reviendrons ailleurs, que les radiations de grande longueur d'onde, capables de détruire la phosphorescence de ce sulfure, sont incapables de l'exciter. Le sulfure de zinc gardera, comme les autres sulfures, une charge résiduelle indéfiniment, mais cette charge ne sera expulsée que par une température voisine de 100 degrés et nullement par les radiations obscures infra-rouges.

Il existe beaucoup d'autres corps, le diamant par exemple, qui peuvent garder indéfiniment une phosphorescence résiduelle qu'il est possible de rendre visible par la chaleur, mais non par de l'infra-rouge. Un diamant du Brésil exposé au soleil acquiert une phosphorescence visible rapidement perdue ; mais il conserve une phosphorescence invisible qu'on peut faire apparaître au bout de quelques années en le chauffant à 200 degrés environ.

Au lieu d'exécuter les expériences précédentes avec des écrans phosphorescents demandant une petite préparation, on peut les réaliser plus simplement en mettant le sulfure de calcium dans un tube placé après insolation, à l'intérieur d'une boîte fermée par une lame d'ébonite, ou mieux par une lame de verre couverte de vernis dit japonais, en couche assez épaisse pour que le disque du soleil soit invisible à travers [1]. Au bout de vingt-quatre heures, le sulfure

---

1. Pour que la couche soit assez épaisse, on colle un petit rebord de carton autour du verre. Elle peut avoir une épaisseur quelconque. J'ai constaté qu'une

ne brillera plus ; mais maintenu dans l'obscurité, il conservera indéfiniment la faculté de devenir lumineux quand les radiations invisibles dont il a été parlé tomberont sur sa surface.

Pour le prouver, il n'y aura qu'à exposer, pendant une minute, la boîte fermée contenant le tube plein de sulfure de calcium devant une lampe à pétrole. En l'ouvrant ensuite dans l'obscurité, on verra que le tube est devenu lumineux. C'est à cette expérience dont la répétition est extrêmement facile que je faisais allusion au commencement de ce chapitre.

Pour rendre les expériences précédentes plus démonstratives encore, je mets au fond d'une grande boîte en carton, fermée comme il a été dit plus haut, des bas-reliefs enduits d'une couche de sulfure de calcium délayé dans du vernis à bronzer et j'abandonne cette boîte dans l'obscurité. Si, à une époque quelconque, elle est exposée toujours fermée, devant une lampe pendant deux minutes et ouverte ensuite dans un cabinet noir, les statues sont lumineuses. L'opération peut être faite plusieurs semaines [1] après insolation.

Jusqu'ici, nous avons fait intervenir, pour réveiller la phosphorescence éteinte, des radiations visibles traversant un écran opaque qui les rend invisibles. Mais l'expérience, sous cette forme, peut laisser supposer que de la lumière ordinaire a pu passer à travers une fente de la boîte pour illuminer le sulfure.

épaisseur de 1 centimètre est aisément traversée par les radiations infra-rouges. Le seul inconvénient des couches trop épaisses, c'est qu'elles mettent plus d'une semaine pour sécher. Une couche de 1 millimètre suffit d'ailleurs pour obtenir une opacité absolue pour l'œil, ce qu'on reconnaît en l'interposant entre le disque du soleil et l'œil.

1. Pendant plusieurs semaines, et non indéfiniment comme je l'ai dit plus haut pour les tubes pleins de sulfure de calcium. Cette différence tient simplement à ce que les vernis mélangés aux sulfures altèrent rapidement leur composition. Les écrans dont la luminosité a pu être réveillée pendant dix ans — et pourra l'être probablement pendant des siècles — étaient simplement formés de sulfure de calcium en poudre comprimée entre deux lames de verre.

Nous allons maintenant supprimer toute source visible de lumière, placer l'observateur dans l'obscurité complète et, de cette obscurité, faire graduellement surgir à ses yeux une statue lumineuse qu'aucun rayon de lumière visible n'aura touchée.

Fig. 27. — *Dispositif de l'appareil employé pour rendre lumineuse dans l'obscurité une statuette au moyen des radiations invisibles émises par une lampe entourée d'un corps opaque. L'observateur se trouve dans une obscurité complète.*

Bien que très frappante, l'expérience est des plus simples et se déduit aisément de ce qui précède. Le lecteur, ayant bien compris nos explications, voit de suite que si, on enferme une lampe dans une boîte opaque, au lieu de la statue, le résultat sera identique. On opère de la façon suivante :

Dans une salle obscure — et, à son défaut, il n'y a qu'à faire l'expérience la nuit — on dispose sur une table la lampe noire déjà décrite, qui ne laisse passer aucun filet de lumière visible. Devant elle on place une statuette couverte de sulfure de calcium abandonnée depuis plusieurs jours dans l'obscurité, et par conséquent ne présentant aucune trace de phosphorescence. Tout étant ainsi préparé, l'observateur voit au bout de une à deux minutes la statue s'illuminer et surgir des ténèbres.

L'expérience, fort curieuse, impressionne vivement les assistants. Il semble, en effet, très étrange de voir les radiations obscures de la lampe, ajoutées aux radiations obscures du sulfure, produire de la lumière visible. C'est un peu l'inverse de la célèbre expérience des interférences de Fresnel, dans laquelle des rayons visibles, ajoutés à d'autres rayons également visibles, produisaient de l'obscurité.

La lumière ainsi obtenue, bien qu'elle ne soit pas très vive, l'est assez cependant pour que, avec un objectif à portrait disposé d'avance à une place convenable, on puisse obtenir la photographie de la statue en vingt minutes de pose. On maintient, bien entendu, la lampe noire près de la statue pendant toute la durée de l'opération; car si on la retirait, la phosphorescence s'éteindrait en moins d'une minute. Nous donnons (fig. 28) la reproduction de statuettes ainsi obtenues.

Ce qui précède prouve que la phosphorescence résiduelle, emmagasinée par certains corps, est formée d'un élément transitoire et d'un élément permanent, tous deux susceptibles de se transformer en lumière visible. Mais alors que l'élément transitoire se dissipe spontanément par rayonnement dans un temps plus ou moins long, l'élément permanent ne rayonne pas spontanément et persiste jusqu'à ce qu'on l'expulse, soit par la chaleur, soit sans aucune élévation de température, en exposant le corps à des radiations obscures d'une certaine longueur d'onde.

§ 5. — PHOSPHORESCENCE INVISIBLE PRÉCÉDANT
LA PHOSPHORESCENCE VISIBLE.

La phosphorescence invisible, qui suit la phosphorescence visible, comme nous venons de le voir, peut

FIG. 28. — *Reproduction photographique dans l'obscurité de statuettes illuminées en projetant à leur surface des radiations obscures de grande longueur d'onde. En se combinant avec les radiations également obscures émises par les statuettes, elles rendent ces dernières lumineuses. Les choses se passent comme si des radiations obscures ajoutées à d'autres radiations également obscures produisaient de la lumière.*

aussi la précéder. On le prouve par les expériences suivantes :

Prenons un écran fait avec un corps phosphorescent s'impressionnant lentement à la lumière, tel que le sulfure de strontium, et dépouillons-le par la chaleur de toute phosphorescence résiduelle. Plaçons-le alors dans le châssis d'un appareil photographique, muni d'un obturateur donnant environ le $1/5^e$ de seconde, dirigeons l'appareil vers le ciel et démasquons l'obturateur de façon que la plaque soit exposée à la lumière pendant $1/5^e$ de seconde. En ouvrant ensuite le châssis dans l'obscurité, nous constatons que le sulfure n'est pas lumineux, mais il suffira de le poser sur une plaque chauffée à 200 degrés pour que son illumination se produise. Sa courte exposition à la lumière lui avait donc donné une phosphorescence invisible.

L'expérience peut se faire plus simplement avec d'autres corps, par exemple le spath d'Islande. Ce composé acquiert une phosphorescence visible très faible par la chaleur et aucune par la lumière; mais si on l'insole, puis qu'on le chauffe à 200 degrés, il brille assez vivement pendant quelques instants, prouvant que la lumière lui avait communiqué une certaine quantité de phosphorescence invisible. On peut répéter indéfiniment cette série d'opérations, c'est-à-dire rendre au spath la même luminosité par la chaleur, après l'avoir insolé.

§ 6. — EFFETS COMPARÉS DES RADIATIONS INFRA-ROUGES ET DE LA CHALEUR SUR LA PHOSPHORESCENCE.

Les premiers observateurs, ayant étudié l'action des diverses parties du spectre sur les corps susceptibles de phosphorescence, constatèrent très vite que les radiations allant du bleu à l'ultra-violet produisent la phosphorescence et que celles qui vont du vert jusque très loin dans l'infra-rouge, l'éteignent.

H. Becquerel crut trouver l'explication de cette action destructive de l'infra-rouge, en disant qu'il agit simplement comme source de chaleur et oblige ainsi le corps à épuiser très vite sa provision de phosphorescence. Cette explication fut répétée, depuis cette époque, dans tous les ouvrages de physique.

Il suffisait cependant d'observations très simples pour voir qu'elle est fondée sur une apparence n'existant même pas, du reste, pour tous les corps phosphorescents. Les expériences suivantes permettent de différencier nettement le rôle spécifique de l'infrarouge et celui de la chaleur.

On colle sur un même carton deux petits écrans, l'un de sulfure de calcium, l'autre de sulfure de zinc, et on les expose simultanément après insolation aux radiations infra-rouges de notre lampe noire. Le sulfure de calcium brille plus vivement, mais le sulfure de zinc s'éteint aussitôt sans aucune augmentation d'éclat.

Ce n'est là qu'une première indication. Nous allons montrer que la chaleur et l'infra-rouge exercent sur la phosphorescence deux actions très différentes. Elles peuvent s'ajouter, d'où l'erreur d'interprétation signalée plus haut, mais aussi agir en sens exactement contraire.

Voyons d'abord le cas où ces deux effets, action spécifique de certaines radiations et chaleur, semblent identiques.

Prenons un écran de sulfure de calcium insolé depuis un quart d'heure et exposons-le à l'action de notre lampe noire, soit devant la cheminée métallique, soit devant la partie fermée par de l'ébonite qui laisse passer l'infra-rouge. Dans les deux cas, la phosphorescence sera activée d'abord puis s'éteindra. L'action de la chaleur est seulement plus lente que celle de l'infra-rouge, parce qu'elle n'agit que lorsque la surface de l'écran a eu le temps de s'échauffer.

Mêmes résultats si l'on emploie un écran insolé depuis quelques jours et par conséquent obscur. Il brillera devant toutes les parties de la lampe noire, c'est-à-dire sous l'action de la chaleur et sous celle de l'infra-rouge.

En se bornant à ces expériences on conclurait comme les anciens observateurs que les rayons infra-rouges agissent en échauffant l'écran phosphorescent.

Pour montrer l'inexactitude de cette interprétation, répétons l'expérience précédente, mais en interposant entre l'écran de sulfure et la lampe une lame de verre destinée à empêcher l'échauffement de la matière phosphorescente. Les effets seront alors fort différents.

Devant l'ébonite, c'est-à-dire dans la région à basse température, mais laissant passer beaucoup d'infra-rouge, il y aura encore illumination. Devant la cheminée de la lampe, c'est-à-dire dans la région assez chaude, et agissant comme corps chaud, il n'y en a plus. La lame de verre interposée qui empêche l'action de la chaleur empêche aussi la phosphorescence. Il est donc évident que le rôle de la chaleur et celui des radiations de grande longueur d'onde sont très différents.

On pourrait objecter que si l'infra-rouge possède l'action spécifique que je lui attribue, en dehors de tout rôle calorifique, la cheminée de la lampe dont on empêche l'action par l'interposition d'un verre devrait cependant agir puisqu'elle produit, ainsi que tous les corps chauds, de l'infra-rouge. Mais comme les parois de cette cheminée ne dépassent guère 100°, les ondes émises n'ont pas une longueur inférieure à 5 ou 6μ ; or, ces dernières sont sans action spécifique sur la phosphorescence. Elles agissent seulement par l'échauffement qu'elles peuvent à la longue produire et c'est pourquoi l'interposition d'une lame de verre supprime toute action. A travers l'ébonite, le verre noir, etc., sortent des radiations de 0μ,8 à 3μ environ ayant une action spécifique indépendante de l'action calorifique qu'elles finiraient à la longue par produire et c'est pour quoi elles agissent instantanément sur la phosphorescence.

Pour rendre la théorie qui précède plus convaincante encore, nous allons montrer maintenant que l'infra-rouge peut produire sur les deux moitiés d'un même écran des effets opposés suivant qu'il agit par son action spécifique ou son action calorifique.

A l'écran de sulfure de calcium substituons un écran de sulfure de zinc à phosphorescence verte. Insolons-le à la lumière du jour, plaçons-en une moitié devant la cheminée métallique de la lampe (c'est-à-dire devant une source de chaleur), et l'autre moitié devant l'ébonite qui masque la flamme et laisse passer les radiations infra-rouges. Sur les deux moitiés de l'écran les effets seront diamétralement opposés. Devant l'ébonite l'écran s'éteindra instantanément *sans qu'il y ait eu au préalable aucun accroissement de la phosphorescence*. Devant la cheminée métallique sa phosphorescence sera au contraire notablement accrue.

Si, au lieu d'avoir été insolé avant l'exposition à la lampe, l'écran de sulfure de zinc est resté quelque temps dans un cabinet noir, de façon à ne plus présenter de phosphorescence visible, la différence d'action entre la chaleur et les radiations infra-rouges se manifestera encore. L'écran redeviendra phosphorescent devant la paroi métallique chaude et restera obscur devant l'ébonite dont les rayons ne peuvent plus détruire la phosphorescence visible puisqu'elle est déjà éteinte [1].

Ces expériences mettent en évidence les différences fonda-

---

1. Dans toutes ces expériences où on compare des plages lumineuses d'intensité inégale, il est bon de mettre sur les écrans une étroite lame d'étain (du côté regardant la lampe), ce qui leur conserve l'intensité qu'ils auraient eue sans avoir été exposés à aucune radiation.

mentales qui existent entre l'effet de la chaleur et l'action spécifique de certaines radiations.

On peut compléter la démonstration précédente en serrant l'écran phosphorescent entre deux cuves d'eau congelée de 1 centimètre d'épaisseur avant de le placer devant les radiations infrarouges de la lampe. Bien que sa surface ne puisse dans de telles conditions s'échauffer, on observe devant l'ébonite les effets d'illumination du sulfure de calcium et d'extinction du sulfure de zinc déjà décrits.

Il est donc clair que les radiations infra-rouges peuvent avoir des actions spécifiques tout à fait indépendantes de celles produites en élevant la température des corps qui les absorbent.

Nos expériences ayant prouvé que la chaleur et les radiations infra-rouges produisent, dans quelques cas, des effets semblables sur certains sulfures phosphorescents, celui de calcium notamment, il était intéressant de rechercher à quelle température doivent être portés ces corps pour obtenir par leur échauffement des effets identiques à ceux obtenus à basse température avec les radiations infra-rouges. Rien n'est plus facile puisqu'il suffit de déterminer à quelle température du sulfure de calcium insolé depuis quelques jours et par conséquent obscur redevient lumineux. On y arrive en le mettant dans des tubes introduits dans un récipient plein d'eau contenant un thermomètre et qu'on chauffe progressivement dans l'obscurité. Le sulfure de calcium, insolé depuis huit jours, ne commence à briller que vers 60° et seulement au bout de 55 secondes, temps nécessaire pour son échauffement. Il devient, au contraire, instantanément lumineux, quand on l'expose à basse température à l'action de radiations infra-rouges.

On peut se proposer aussi de rechercher ce que l'infra-rouge est susceptible d'ôter de phosphorescence aux sulfures lumineux et voir ainsi son équivalent calorifique. On y arrive en introduisant dans un châssis photographique fermé par une feuille mince d'ébonite un écran de sulfure de calcium et l'exposant plusieurs heures au soleil ; il faut, pour lui rendre ensuite de la phosphorescence, le porter à une température un peu supérieure à 100°. Les grandes radiations agissant à la température ordinaire ont donc ôté à un corps phosphorescent toute la lumière résiduelle qu'il pourrait perdre en le chauffant à 100° environ.

§ 7. — LES RADIATIONS DES MÉTAUX ET DE DIVERS CORPS NON PHOSPHORESCENTS.

A la phosphorescence invisible se rattachent en apparence — mais en apparence seulement — certaines impressions obtenues par les corps mis en contact dans l'obscurité avec une plaque photographique sensible. Lorsqu'on place dans un châssis photographique une plaque au gélatino-bromure sous une lame de métal — zinc, aluminium, platine, etc. — en interposant entre la lame et la plaque une croix faite avec diverses substances, on obtient généralement après quelques heures de pose au soleil ou devant une forte lampe à pétrole, une silhouette de l'objet interposé alors même qu'il est séparé du métal par une mince lame de mica.

Cette expérience et d'autres du même ordre qui me firent jadis perdre beaucoup de temps, réussissent très irrégulièrement, et, au bout de peu de jours, le même métal ne donne plus d'image.

Ces effets ne se rattachent nullement à la phosphorescence, mais à la radio-activité du métal et c'est pourquoi on l'augmente par une légère chaleur. L'absence d'action du métal — sa fatigue si on peut s'exprimer ainsi — s'observe également comme nous l'avons montré pour la décharge à l'électroscope. Elle tient à ce que le métal, ayant expulsé sous l'influence d'une légère chaleur une petite provision de substance radio-active qui ne peut se régénérer que par un long repos, devient inactif.

Ces influences radio-actives que je mélangeais au début de mes expériences avec celles de l'infra-rouge et de la phosphorescence invisible, me demandèrent beaucoup de recherches pour être dissociées. De temps à autre des expérimentateurs divers retombent sur mes anciennes expériences et, comme

MM. Russell, Kahlbaum, Melander, etc., constatent de nouveau de semblables impressions. Leur cause étant déterminée, ces expériences ne présentent plus grand intérêt, c'est pourquoi je n'y insiste pas.

Il n'y a pas que les métaux seuls, ainsi que je l'ai

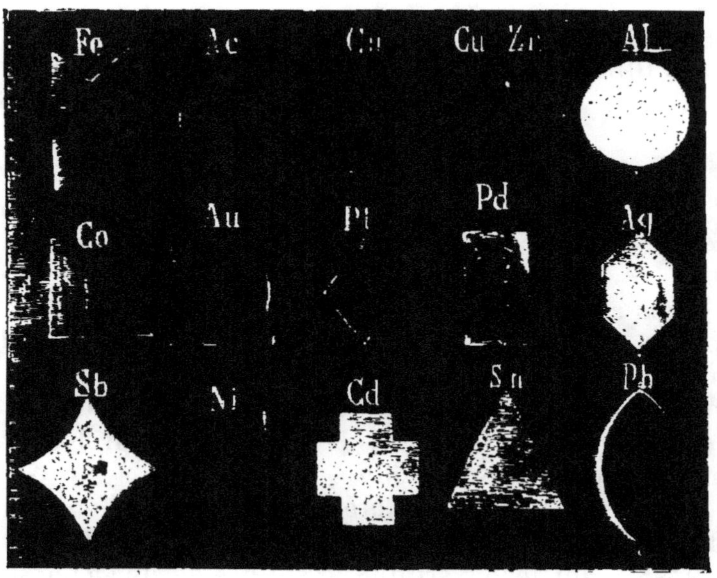

FIG. 29. — *Plaque métallique épaisse percée de trous au-dessus desquels on a soudé des lames de divers métaux.*

C'est avec cette plaque introduite dans un châssis photographique que furent faites en 1896 nos premières recherches sur les propriétés radioactives de divers métaux. La méthode photographique fut bientôt abandonnée parce que les impressions étaient très irrégulières, les métaux perdant bientôt pour les raisons que nous avons expliquées leurs propriétés.

fait voir depuis très longtemps, qui puissent donner de telles impressions; le bois, les tissus animaux, en produisent. Elles sont activées par une légère chaleur; mais il est évident que, pour ces substances diverses, certaines réactions chimiques peuvent également intervenir.

CHAPITRE II

L'infra-rouge et la photographie à travers les corps opaques.

---

§ I. — LA VISIBILITÉ A TRAVERS LES CORPS OPAQUES.

Nous avons vu que la plus grande partie du spectre solaire était formée de rayons invisibles situés dans la région de l'infra-rouge et allant pour la lumière solaire jusqu'à $5\,\mu$., d'après les recherches de Langley. Le spectre des flammes, beaucoup plus prolongé, encore, s'étend jusqu'à $60\,\mu$.

Cette région si importante n'avait guère été étudiée jusqu'ici qu'au point de vue de ses propriétés calorifiques. Ayant découvert que le sulfure de zinc à phosphorescence verte est presque aussi sensible, pour une partie de ces radiations, que le gélatino-bromure d'argent pour la lumière visible, j'ai pu étudier leurs propriétés, notamment celle de traverser un grand nombre de corps opaques. Elles permettent la visibilité et la photographie à travers ces derniers. Ces phénomènes vont être étudiés maintenant, les autres actions de l'infra-rouge seront examinées dans un prochain chapitre.

Pour que l'œil puisse voir un objet placé derrière un corps supposé opaque, une planche de bois ou du papier noir, par exemple, il faut d'abord, évidemment, que les rayons le traversent. Il est ensuite nécessaire que l'œil soit rendu sensible à ces rayons.

La première de ces conditions ayant toujours été considérée comme impossible, on ne pouvait songer à réaliser la seconde.

La découverte des rayons X a prouvé que les corps opaques peuvent bien être traversés par certaines radiations, mais les propriétés de ces radiations, créées artificiellement par nos instruments, ne pouvaient modifier les idées anciennes sur l'opacité des corps pour la lumière. La fable antique du lynx, dont les yeux étincelants voyaient à travers les murs, semblait devoir rester la plus irréalisable des chimères.

Elle ne l'est cependant pas. En poursuivant nos recherches sur l'ensemble des radiations désignées sous le nom de *Lumière noire*, nous avons été amené à constater : 1° que les rayons lumineux, ou du moins certains de ces rayons, traversent sans difficulté un grand nombre de corps opaques; 2° que les rayons invisibles qui les ont traversés peuvent être rendus visibles facilement.

Si donc notre œil ne voit pas à travers les corps opaques, ce n'est nullement parce que des rayons lumineux ne les traversent pas, mais parce que notre rétine est insensible à ces rayons. Si l'œil du lynx ne jouit pas réellement de la propriété que lui accordaient les légendes, aucune raison scientifique ne s'opposerait à ce qu'il la possédât. Il serait très facile d'imaginer un œil, d'ailleurs assez peu différent du nôtre, celui des animaux nocturnes peut-être, ayant la faculté de voir à travers les corps opaques.

Les expériences qui vont suivre réalisent cet œil artificiel, sensible à des radiations invisibles pour la rétine humaine.

La détermination de la position occupée dans le spectre par les radiations capables de traverser les corps opaques se fait de la façon suivante :

Au moyen d'un héliostat et d'une lentille on condense un faisceau de lumière sur le collimateur d'un prisme à vision directe, et on reçoit le spectre dans l'obscurité, sur un écran de sulfure de zinc gradué en longueurs d'onde d'après la formule de dispersion du prisme employé. Cet écran a été préalablement sensibilisé par une courte exposition à la lumière. Après la sensibilisation et avant de faire agir le spectre sur l'écran, on recouvre une portion de la partie sur laquelle il doit tomber, avec une lame du corps

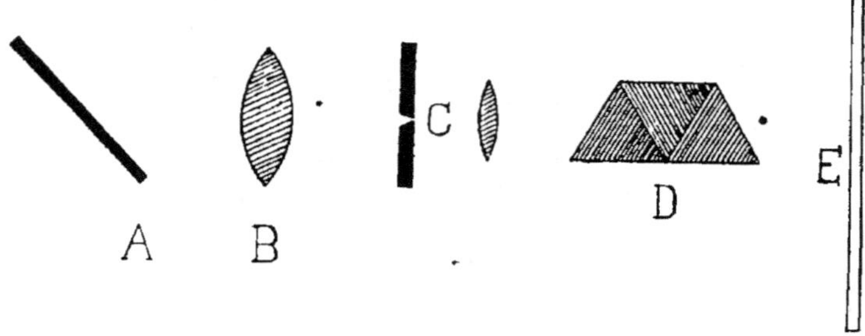

Fig. 30. — *Disposition schématique de l'appareil employé pour déterminer les radiations qui traversent les corps opaques.*

A, Miroir de l'héliostat qui immobilise les rayons solaires. B, Lentille condensant les rayons sur la fente C, du collimateur (son emploi est indispensable dans ces expériences). D, Prisme à vision directe. E, Ecran enduit de sulfure de zinc et maintenu dans l'obscurité.

opaque dont on veut étudier la transparence, une feuille de papier noir par exemple. En supprimant le spectre au bout d'un instant et déplaçant la lame opaque, on voit immédiatement, par le noircissement partiel de l'écran phosphorescent sous elle, la région du spectre qui l'a traversée. Elle s'étend de 0$^\mu$,8 à 3 μ.

Voyons maintenant comment, en utilisant les propriétés de ces radiations, on peut rendre visible un corps enfermé dans une enceinte opaque.

Il suffit pour y arriver de suivre simplement les explications données sous la figure suivante. Au bout de quelques secondes, on voit l'objet enfermé dans une boîte se dessiner sur l'écran qui la recouvre.

La source lumineuse, dont les rayons traversent le corps opaque, est une lampe à pétrole entourée de papier noir. L'observateur se trouve donc dans une obscurité absolue, au milieu de laquelle apparaissent, sur l'écran, les objets que la boîte opaque contient.

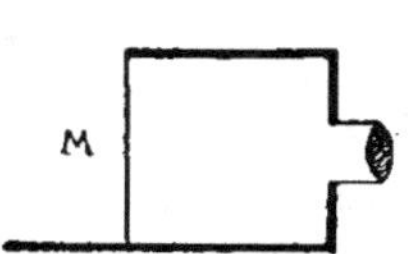 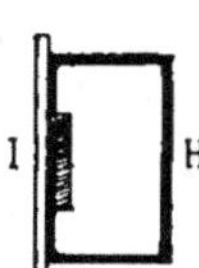 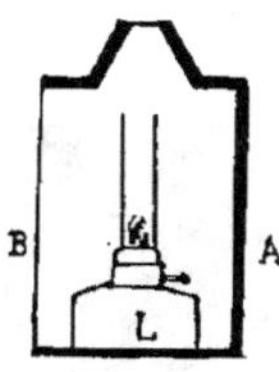

FIG. 31. — *Disposition des appareils permettant la visibilité et la photographie à travers les corps opaques au moyen des radiations de grande longueur d'onde.*

A, Lanterne en tôle entièrement close et dont la face B est fermée par une feuille de papier noir. L, Lampe à pétrole. H, Boîte opaque en papier noir ou ébonite, et contenant l'objet qu'il s'agit de rendre visible. I, Ecran translucide formé d'une couche mince de sulfure de zinc délayé dans du vernis et appliqué sur une lame de verre.

Tout le système précédent étant dans l'obscurité complète, l'écran I est sensibilisé en l'exposant à la lumière du jour pendant quelques secondes, puis placé derrière la boîte H. Au bout de quelques instants on voit se former à sa surface l'image de l'objet enfermé dans la boîte. On fixe cette image en appliquant l'écran I pendant 30 à 60 secondes sur une plaque photographique qu'on développe ensuite.

Si l'on désire photographier l'objet enfermé dans la boîte opaque, l'écran I est placé en M dans un châssis de chambre noire ordinaire muni d'un objectif à portrait. La mise au point doit être faite d'avance.

Des diverses expériences réalisables en opérant de la façon précédente, la plus frappante est celle de la visibilité d'un objet, clef, décoration, etc., enfermé dans une boîte. Cette dernière étant placée devant la lampe invisible on voit progressivement surgir de l'obscurité totale, où se trouve l'observateur, l'image de l'objet enfermé. En opérant avec des écrans translucides de grande dimension, l'effet est surprenant.

Les radiations lumineuses invisibles sont beaucoup moins pénétrantes que les rayons X et ne sauraient avoir aucunement la prétention de les remplacer.

A l'époque de mes premières expériences sur la photographie à travers les corps opaques, je ne connaissais pas encore la sensibilité du sulfure de zinc pour l'infra-rouge, et me servais de plaques photographiques rendues sensibles aux radiations de grande longueur d'onde par un voilage préalable. Les poses duraient alors des heures, au lieu de durer des secondes. J'ai reproduit plus loin (fig. 40) une des images alors obtenues.

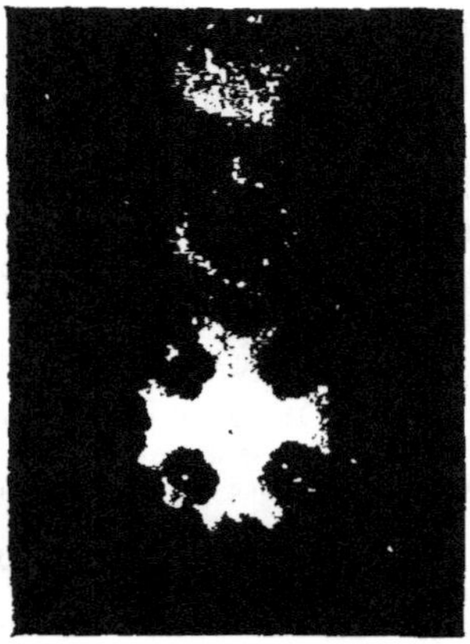

Les expériences précédentes exigeant un peu d'attention et quelques soins, j'ai cherché à les compléter par d'autres ne demandant qu'une somme infime d'attention et aucune installation.

La suivante permet de rendre visible en quelques secondes un corps enfermé dans une enceinte opaque.

On fixe une feuille de papier noir sur une plaque de verre et on colle à sa surface une croix découpée dans une lame mince d'étain. La croix est recouverte d'une seconde feuille de papier noir, ce qui fait qu'elle est emprisonnée entre deux feuilles de ce papier opaque. Il s'agit maintenant de la rendre visible.

Un écran de sulfure de zinc sur carton est illuminé à la lumière du jour, et sa surface appliquée contre la lame de verre couverte du papier noir qui précède. On expose la face recouvrant l'écran phosphorescent pendant dix secondes à 20 centimètres d'une lampe à pétrole. Le système est ensuite emporté dans un cabinet noir. Soulevant alors l'écran phosphorescent, on voit à sa surface l'image de la croix métallique enfermée entre les deux feuilles de papier noir[1].

FIG. 32. — *Photographie à la chambre noire d'un objet (décoration) enfermé dans une boîte opaque. L'expérience est disposée comme il est indiqué fig. 31.*

L'indice de réfraction des lentilles pour des radiations de grandes longueurs d'onde étant inconnu, il a fallu se contenter d'une mise au point approximative qui rend l'image peu nette. Cette photographie d'un objet enfermé dans une boîte opaque est la première qui ait été faite avec un objectif. Les rayons X ne se réfractant pas ne permettent pas, comme on le sait, de photographie à la chambre noire.

L'expérience qui précède est, d'ailleurs, celle à laquelle j'ai

<hr>

1. A l'époque où ces expériences furent publiées pour la première fois, j'ai distribué le petit matériel permettant de les répéter à tous les savants qui me l'ont demandé. Voici ce que m'écrivit un professeur de physique distingué,

recours pour vérifier immédiatement la transparence des corps, papier noir, ébonite, etc.. employés dans mes expériences et dont quelques échantillons sont opaques par suite des substances étrangères qu'ils renferment.

Le sulfure de zinc à phosphorescence verte étant rare dans le commerce, on peut à la rigueur, et uniquement pour la dernière des expériences précédentes, le remplacer par un écran de sulfure de calcium ; mais il est indispensable qu'il se soit écoulé au moins vingt-quatre heures entre le moment où cet écran a été exposé à la lumière du jour et celui où on fait l'expérience. Si on se servait d'un écran récemment insolé, et par conséquent très lumineux, on n'obtiendrait aucune image à sa surface.

§ 2. — LA PHOTOGRAPHIE A TRAVERS LES CORPS OPAQUES.

Il a déjà été expliqué plus haut (fig. 31) comment les objets enfermés dans des boîtes opaques pouvaient être photographiés. Nous allons maintenant varier ces expériences, en photographiant des objets extérieurs tels qu'une maison à travers un corps opaque.

On peut pour la réalisation des expériences qui vont suivre se servir de corps opaques très variés. Le plus commode est le vernis du Japon, qu'on coule sous une épaisseur de deux ou trois millimètres sur l'obturateur mobile d'un objectif dont le fond est remplacé par une lamelle de mica fixée latéralement à la colle forte. Lorsque le vernis est sec on constate en l'interposant entre le soleil et l'œil qu'il semble absolument opaque. On met au point l'objet à reproduire avec la glace dépolie de la chambre noire et on place l'obturateur devant l'objectif. Il constitue ainsi un corps opaque placé entre la lumière et la glace dépolie.

On illumine alors un écran de sulfure de zinc à la lumière du jour et on le met dans le châssis habituel de la chambre noire comme une plaque photographique ordinaire. Soulevant ensuite comme d'habitude le volet du châssis, on le laisse ouvert devant l'objet à reproduire un temps variable suivant l'éclairage. La photographie donnée ici (fig. 33) est celle d'une maison éclairée par le soleil; l'objectif employé était une lentille à portrait. La pose a duré une minute.

M. Izarn : « Je me suis empressé de faire l'expérience avec les matériaux que vous avez bien voulu m'envoyer et j'ai été stupéfait de la netteté des résultats. Je n'aurais jamais cru que ce fut si évident et surtout si rapide. » Il faut avouer cependant que la majorité des physiciens a préféré nier l'exactitude de mes expériences que de les répéter. D'autres les ont essayées en s'éclairant avec une lampe rouge de photographe, qui éteint instantanément la phosphorescence du sulfure de zinc, et, naturellement, ils n'ont rien pu observer.

La pose étant terminée, le châssis est fermé et porté dans le cabinet noir d'où on a eu soin d'éliminer toute lumière et surtout de la lumière rouge. En ouvrant le châssis, on voit à sa surface l'image de l'objet qui se trouvait devant l'objectif. Pour la fixer on applique, en restant toujours dans l'obscurité, l'écran phosphorescent pendant cinq minutes contre la surface d'une plaque au gélatino-bromure qu'on développe ensuite par les moyens ordi-

Fig. 33. — *Photographie d'une maison à travers un corps opaque.*

Le défaut de netteté tient : 1° à ce que la mise au point pour de grandes longueurs d'onde ne peut se faire que par le calcul; 2° à ce que l'écran phosphorescent employé comme plaque sensible avait une surface un peu rugueuse.

naires. On a alors une image visible obtenue en employant les rayons invisibles de la lumière. Je donne ici (fig. 33) une des images ainsi obtenues.

J'ai dit plus haut qu'il était possible d'employer comme corps opaque des substances très différentes, mais il faut remarquer qu'avec une lame dépolie on n'aurait pas plus d'image qu'en plaçant un verre dépoli transparent devant un objectif. Les corps dépolis jouent comme on le sait le rôle d'écrans diffuseurs. Si donc on voulait employer comme corps opaque une matière dépolie ou mal polie, il faudrait, au lieu de la placer devant l'objectif, la mettre immédiatement devant l'écran phosphorescent, c'est-à-dire en contact avec lui.

Il serait inutile d'essayer de répéter les expériences précédentes avec du sulfure de calcium. Ce corps est si peu sensible aux radiations de grande longueur d'onde qu'avec une heure de pose on n'obtiendrait pas d'image.

Quelques-unes des expériences dont il vient d'être parlé, c'est-à-dire celles où l'objet à reproduire est enfermé dans une boîte opaque interposée entre l'écran de sulfure de zinc et la source lumineuse, réussissent aussi bien à la lumière d'une lampe à pétrole ou même d'une simple bougie qu'à celle du soleil. Cela ne résulte pas seulement, comme on pourrait le supposer, de la richesse en rayons infra-rouges des sources artificielles de lumière. Cela tient surtout à ce que l'éclat des objets éclairés par réflexion, cas de tous ceux examinés à la lumière du jour, est immensément moindre que celui de la source qui les éclaire. Un objet très rapproché d'une

Fig. 34. — *Photographie à la chambre noire d'un dessin imprimé mis dans une enveloppe en papier noir, enfermée elle-même dans une boîte d'ébonite.*

La source lumineuse était une lampe à pétrole entourée de papier noir. Les bandes croisées représentent les bords superposés de l'enveloppe de papier noir. Ils n'ont pas été traversés parce qu'on n'a pas prolongé la pose.

L'image produite sur un écran de sulfure de zinc a été transformée en cliché photographique en mettant l'écran en contact avec une plaque au gélatino-bromure pendant 5 minutes et la développant ensuite.

Fig. 35. — *Comparaison de l'éclat d'une bougie avec celui d'une surface blanche éclairée directement par un brillant soleil d'été.*

Cette photographie instantanée montre que l'éclat d'une bougie est supérieur à celui de la lumière réfléchie par la surface blanche que les rayons solaires frappent directement.

bougie est peu lumineux, mais la flamme de la bougie elle-même est extrêmement lumineuse. Son éclat est supérieur à celui d'un mur blanc éclairé par le soleil, au mois d'août, en plein midi. On le démontre en mettant la bougie contre le mur; sa flamme est plus brillante que ce dernier.

Le fait que l'éclat d'une simple bougie ou même d'une modeste allumette soit plus intense que celui d'un objet éclairé par le soleil ayant semblé inadmissible à beaucoup de personnes, j'ai fait (fig. 35) des photographies instantanées d'une bougie enfermée dans une lanterne l'enveloppant presque entièrement et au-dessus de laquelle était un carton blanc éclairé par le soleil. Au développement, on reconnaît que l'image de la bougie est plus intense que celle du carton.

Cette intensité des sources lumineuses, malgré leur faible pouvoir éclairant, peut être montrée encore en photographiant intantanément, la nuit, une rue éclairée par des becs de gaz. Aucun des objets éclairés n'apparaîtra sur la photographie, mais tous les becs de gaz seront reproduits.

Ces observations permettront de comprendre plus facilement les expériences qui vont suivre, relatives à la photographie instantanée dans l'obscurité à travers des corps opaques.

§ 3. — LA PHOTOGRAPHIE INSTANTANÉE DANS L'OBSCURITÉ.

L'expérience que nous allons exposer permet de photographier en $1/30^e$ de seconde l'image d'une source lumineuse (bougie enfermée dans une boîte opaque), l'observateur se trouvant lui-même dans une obscurité complète.

Avec une chambre noire munie d'un objectif à grande ouverture et d'un obturateur dit instantané, on met au point sur la glace dépolie — de façon à avoir une image à peu près de grandeur égale — la flamme d'une bougie ou d'une petite lampe à pétrole enfermée dans une lanterne photographique de laboratoire. La lanterne est fermée ensuite avec le corps opaque choisi, verre noir, ébonite ou vernis japonais emprisonné entre deux lames de verre. L'observateur se trouve par conséquent dans une obscurité complète. On introduit alors dans le châssis de la chambre noire un écran de sulfure de zinc illuminé à la lumière du jour et on démasque l'objectif pendant un trentième de seconde. En ouvrant ensuite le châssis dans l'obscurité, on voit à sa surface l'image de la source lumineuse, que l'on conserve en l'appliquant contre une plaque photographique. La photographie représentée (fig. 37) a été obtenue de cette façon.

Si l'observateur tenait à voir l'image se former sous ses yeux, il n'aurait qu'à se servir d'un des écrans transparents sur verre dont j'ai déjà parlé et ouvrir le volet postérieur du châssis de la chambre noire, de façon à pouvoir observer ce qui se passe sur l'écran pendant la pose. Ce dernier est assez transparent pour qu'on puisse voir sur sa face postérieure l'image formée sur sa face antérieure.

Cette expérience montre l'étonnante sensibilité du sulfure de zinc à phosphorescence verte pour les radiations de grande lon-

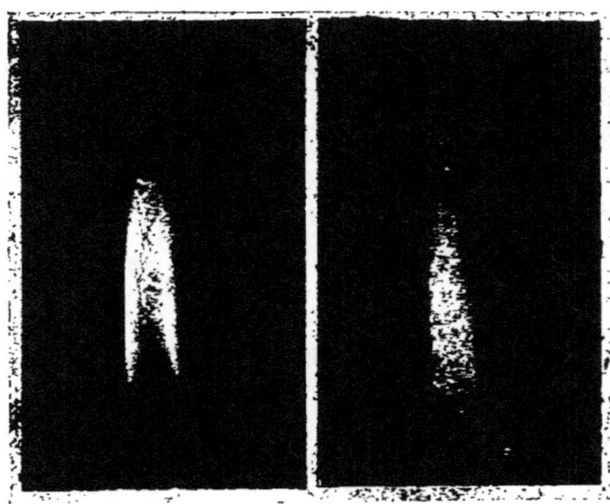

Fig. 36 et 37. — *Photographie instantanée d'une bougie à travers un corps opaque.*

La figure de gauche représente une bougie ordinaire photographiée sur plaque au gélatino-bromure sans interposition d'écran. La figure de droite représente la même bougie photographiée à travers un corps opaque en 1/30ᵉ de seconde.

gueur d'onde, sensibilité se rapprochant de celle du gélatino-bromure pour les radiations visibles.

Le sulfure de calcium ne permettrait pas du tout de réaliser l'expérience précédente. Le sulfure de zinc à phosphorescence jaune ou rouge ne le permettrait pas davantage.

§ 4. — TRANSPARENCE DES DIVERS CORPS POUR LES RADIATIONS INFRA-ROUGES.

La transparence des corps pour les radiations de grande longueur d'onde n'est jamais totale pour un même corps. Ce que l'on constate pour le spectre visible est également vrai pour le spectre invisible. La transparence est toujours sélective pour chaque substance. Les bandes de transparence sont toujours voisines de bandes d'opacité.

Il aurait été sans grand intérêt et extrêmement long de déterminer les régions transparentes pour chaque corps étudié. Ce que nous donnons ici, c'est la transparence en bloc. La région transparente qui peut être déterminée avec les sulfures va depuis l'extrémité du spectre visible, c'est-à-dire $0^\mu,8$ jusqu'aux environs de 3μ.

D'une façon générale, les radiations infra-rouges sont plus pénétrantes que celles du spectre visible. Bien que ce ne soit pas du tout une loi constante, on constate que la transparence semble diminuer à mesure que se réduit la longueur d'onde. La lumière est d'autant moins pénétrante qu'on avance vers l'ultra-violet. A l'extrémité de cette dernière région, tous les corps, même une lame de verre de $1/10^e$ de millimètre d'épaisseur, deviennent opaques, et pour les longueurs d'onde de $0^\mu,1$, les plus petites observées, une couche d'air de 1 centimètre est opaque comme du plomb.

Mais, je le répète, cette loi n'a rien d'absolu. La transparence dépend aussi de la structure des corps traversés. Il y en a de très opaques pour les grandes longueurs d'onde. Ainsi l'atmosphère absorbe toutes radiations supérieures à 5μ, et c'est pourquoi ces dernières n'existent pas dans le spectre solaire. Les radiations de grandeur supérieure, c'est-à-dire de 5μ à 60μ ne s'observent que dans les flammes, et la plupart des corps jouissent pour elles d'une transparence assez faible. Les ondes hertziennes, supposées analogues à la lumière, mais dont la longueur n'est pas inférieure à quelques millimètres, traversent, au contraire, facilement des corps que les grandes ondes lumineuses ne pénètrent pas.

Les corps chauffés à une température peu élevée, c'est-à-dire ne dépassant pas 100 degrés, émettent des ondes dont la longueur n'est guère inférieure à 5 ou 6 μ. Elles sont fort peu pénétrantes ; aussi Melloni avait observé dans ses expériences ce fait, inexplicable à son époque, que des corps transparents, comme le verre ou le quartz, étaient opaques pour les ondes émises par un corps chauffé à 100 degrés.

On utilise, comme on le sait, cette opacité dans les serres de verre ou les cloches de même substance qui abritent certaines plantes. Les vibrations lumineuses visibles traversant très bien le verre, échauffent les corps placés derrière lui. Ces derniers deviennent aussitôt une source de chaleur rayonnante ; mais, vu leur longueur, les ondes émises ne peuvent traverser le verre et sortir de la serre. Elles y sont donc emprisonnées, et les plantes ne se refroidissent pas.

Les radiations de grande longueur d'onde semblent n'agir sur les écrans phosphorescents que jusqu'aux environs de 3 μ. Ils peuvent, en réalité, être impressionnés beaucoup plus loin, c'est-à-dire jusqu'à 6 μ et au delà, mais par un mode d'action très différent de celui utilisé jusqu'ici. Les rayons n'agissant plus alors que par leurs propriétés thermiques, leur action ne se manifeste qu'au bout d'une trentaine de secondes. On observe l'effet produit en protégeant une partie de l'écran par une lame de verre — opaque à ces radiations — afin d'avoir une plage de comparaison. Un écran de sulfure de zinc peu lumineux, exposé pendant 30 secondes aux radiations émises par un corps chauffé à 50 degrés, est légèrement impressionné. Les radiations agissent alors, je le répète, par leur action thermique et non par leur action spécifique sur la phosphorescence utilisée dans les expériences précédentes.

Notre méthode d'observation de la transparence des corps au moyen de la phosphorescence est très simple. Sur une moitié de l'écran de sulfure de zinc sur verre (et par conséquent transparent) on place le corps servant d'unité de comparaison, une lame d'ébonite de 1 millimètre d'épaisseur, par exemple, et sur l'autre, le corps opaque dont on veut connaître la transparence relative.

On se met ensuite à une distance fixe d'une lampe à pétrole placée dans un cabinet noir. L'écran de sulfure de zinc ayant été insolé au jour on protège sa surface par une lame métallique et quand on se trouve à la distance convenable de la lampe, 1 mètre par exemple, la moitié non recouverte d'ébonite est démasquée, puis on laisse agir là lumière pendant un temps déterminé, cinq secondes je suppose. Masquant alors cette partie et démasquant celle recou vrant le corps opaque dont on veut connaître la transparence, on laisse agir les rayons lumineux jusqu'à ce que l'intensité des deux plages soit la même. S'il fallut vingt secondes pour obtenir cette identité, on en conclura que le corps essayé est quatre fois moins transparent que l'ébonite prise pour type.

Les sulfures phosphorescents accumulant les impressions. la transparence devient une fonction du temps. Il faut donc la rapporter au temps. C'est ce que fait la méthode qui vient d'être indiquée.

Tableau de la transparence des divers corps opaques pour les radiations invisibles ne dépassant pas 3μ.

Vernis noir du Japon. Même sous une épaisseur de 1 centimètre est transparent au point que les rayons le traversant impressionnent l'écran phosphorescent en deux secondes.

Ébonite pure. Presque aussi transparente même sous une épaisseur de 1 centimètre.

Ébonite de 1/2 millimètre d'épaisseur, contenant 1 °/₀ de noir de fumée ou des oxydes métalliques (comme on la trouve parfois dans le commerce). Presque complètement opaque.

Papier noir. Très transparent, mais moitié moins que l'ébonite pure.

Phosphore rouge en plaques de 1 centimètre d'épaisseur. Aussi transparent que l'ébonite.

Bois, pierre, marbre, carton gris, drap noir. Transparents, mais beaucoup moins que l'ébonite.

Verres de couleurs. Tous très transparents, mais le rouge est celui qui l'est le moins et l'orangé celui qui l'est le plus pour l'infra-rouge.

Brome et iode. Plus transparents encore que l'ébonite.

Chlorure d'argent fondu. Coulé en lame sous une épaisseur de 1 millimètre. Un peu moins transparent que l'ébonite.

Antimoine, noir de fumée, arsenic. Très opaques.

Sulfate de cuivre ammoniacal, bichromate de potasse en solution saturée, humeur vitrée, alun, placés dans des cuves de 1 centimètre d'épaisseur. Transparents, mais moins que l'ébonite.

Solution saturée de sulfate de fer sous une épaisseur de 1 centimètre. Quatre fois moins transparente que l'ébonite.

Ce qui précède montre des corps jadis considérés comme opaques pour les radiations infra-rouges, tels que l'alun, le papier noir, l'humeur vitrée, etc., jouissant au contraire d'une grande transparence.

Lorsqu'on désire comparer très rapidement la transparence relative de certains corps, le procédé suivant peut être employé : on découpe les substances à examiner en bandes, on les fixe sur une lame de verre placée ensuite sur un écran phosphorescent de sulfure de zinc illuminé. On expose pendant trois ou quatre secondes aux radiations d'une lampe à pétrole et on examine la plaque dans l'obscurité. Plus la teinte du sulfure est foncée sous les bandes, plus le corps essayé est transparent.

La méthode précédente de comparaison de la transparence de diverses substances est très exacte et très simple, puisque, étant comparative, elle est indépendante de la distance à la lampe et de l'intensité de la flamme.

Elle trouvera plus d'une application. Son emploi m'a permis de constater les variations considérables, suivant l'état de l'atmosphère, qu'éprouve la lumière invisible versée par le soleil et qui constitue une grande partie de son énergie.

De tous les corps énumérés plus haut, celui qui s'est montré le plus opaque est le noir de fumée, ou les substances en contenant. Lorsque le papier noir et l'ébonite en renferment — ce qui arrive quelquefois — ils deviennent aussitôt opaques. Avant de s'en servir pour des expériences, il est donc essentiel d'examiner leur transparence, ce qui ne demande que quelques secondes.

L'opacité du noir de fumée permet de réaliser facilement l'expérience suivante, paradoxale au premier abord : reproduire soit par contact, soit avec l'objectif photographique un dessin imprimé mis dans une enveloppe de papier noir, introduite elle-même dans une boîte d'ébonite. L'encre d'impression contenant du noir de fumée n'est pas traversée et forme réserve. Je donne (fig. 34) une photographie ainsi obtenue.

Cette opacité du noir de fumée, mise en évidence dans l'expérience précédente, est contraire à ce qui s'enseigne dans les ouvrages de physique récents. Dans leur *Traité de Physique* (t. III. 2ᵉ fascicule, p. 90), Bouty et Jamin disent que « si l'on noircit avec du noir de fumée, le verre, la fluorine et le sel, ils éteignent toute lumière mais laissent passer la *totalité* des radiations obscures que ces mêmes substances transmettaient ». Le noir de fumée en laisse passer, mais non leur totalité puisqu'il arrête toutes celles comprises entre $0^\mu,8$ et 3μ. Nous avons plusieurs fois répété que, dans le spectre visible, comme dans le spectre invisible, la transparence est toujours sélective, c'est-à-dire qu'un corps opaque est, comme un verre coloré, transparent seulement pour certaines radiations.

§ 5. — UTILISATION DES RAYONS INVISIBLES POUR RENDRE VISIBLES A GRANDE DISTANCE DES CORPS OBSCURS.

Lorsque je publiai pour la première fois quelques-unes des expériences relatées dans ce chapitre, M. le Ministre de la Marine de cette époque me fit demander s'il ne serait pas possible de masquer avec un corps opaque les feux d'un vaisseau de guerre ou d'un phare, de façon à les rendre invisibles pour l'ennemi, et visibles cependant pour les vaisseaux amis munis d'appareils convenables.

La solution du problème était assez simple. Elle perd de son intérêt maintenant que les progrès de la télégraphie sans fil permettent les communications entre vaisseaux éloignés, c'est pourquoi je crois pouvoir publier le détail de mes expériences. Généralisant le problème, j'ai recherché si un bâtiment ne pourrait pas projeter sur une rade, une forteresse ou une ville assiégée, des rayons de lumière, invisibles pour les assiégés, visibles pour les assiégeants, et permettant de diriger un tir précis sur l'ennemi tout en restant invisible soi-même.

Soit donc à résoudre le problème suivant :

Rendre visible sans le rendre lumineux un corps obscur quelconque, par exemple un bâtiment ayant éteint ses feux ou l'entrée d'une rade obscure.

Considérons tout d'abord que, quand nous projetons sur un corps obscur un faisceau de lumière visible, ce corps n'est rendu perceptible que par les rayons qu'il réfléchit. Nous savons, d'un autre côté, que les 99 centièmes environ des radiations projetées par les meilleures sources lumineuses sont tout à fait invisibles et, par suite, inutilisées. Donc, en trouvant le moyen de séparer les radiations visibles des radiations invisibles, nous n'aurons privé notre source de lumière que de 1 pour 100 de son émission totale. Il en restera par conséquent la plus grande partie.

Les écrans cités plus haut jouissent précisément de la propriété d'éliminer les rayons visibles et de laisser passer les rayons invisibles. Si l'on projette sur un corps obscur un faisceau de cette lumière invisible, ce dernier les réfléchira tout comme il eût réfléchi de la lumière ordinaire. Il serait donc lumineux pour un œil capable de percevoir les radiations invisibles réfléchies par lui. Cet œil n'existe pas, mais un écran de sulfure de zinc phosphorescent va le remplacer.

A la place de la glace dépolie d'une chambre noire munie d'un objectif à court foyer capable d'embrasser par conséquent une grande étendue de l'horizon, exposons un écran de sulfure de zinc préalablement rendu phosphorescent au moyen d'un ruban de magnésium ou par les rayons X d'une ampoule de Crookes, on verra alors apparaître sur sa surface l'image des corps obscurs sur lesquels aura été projeté un faisceau de radiations invisibles.

Cette lumière invisible proviendra simplement de la réflexion de celle envoyée par le projecteur électrique possédé par tous les vaisseaux de guerre et dont nous aurons masqué les rayons visibles au moyen d'une lame opaque.

Cette lame ne peut être fabriquée ni avec de l'ébonite, ni avec du papier noir, précédemment employés. parce qu'ils seraient promptement détruits par la chaleur. Le seul corps utilisable est du verre noir dont il existe des variétés assez opaques pour ne pas laisser voir le disque du soleil quand on les interpose entre cet astre et l'œil. Il s'en faut de beaucoup que tous les verres noirs soient transparents pour les radiations invisibles, mais on en trouve assez facilement dans le commerce. Il suffirait, avant d'en faire usage, d'essayer leur transparence par le moyen que j'ai indiqué et qui demande quelques minutes seulement. Avec des verres bien choisis la transparence est la même que celle de l'ébonite.

Toutes les expériences consignées dans ce chapitre reposent sur l'emploi de corps sensibles aux radiations de grande longueur d'onde, mais, cette sensibilité n'existe que pour des radiations ne dépassant guère 3μ. Or, celles émises par les corps à température relativement basse, le corps humain par exemple, sont beaucoup plus longues et n'impressionnent pas les matières phosphorescentes. Si l'on découvrait un corps sensible à ces radiations, rien ne serait plus facile que de photographier un être vivant dans l'obscurité sans autre source lumineuse que la lumière invisible émise par lui constamment.

Jusqu'au zéro absolu, tous les corps rayonnent sans cesse, en effet, comme nous l'avons vu, des ondes de lumière invisibles pour notre œil, mais perceptibles probablement par les animaux dits nocturnes capables de se guider dans l'obscurité.

Pour eux, le corps d'un être vivant dont la température est d'environ 37 degrés, doit être entouré d'une auréole lumineuse que seul le défaut de sensibilité de notre œil empêche d'apercevoir. Il n'existe pas, en réalité, de corps obscurs dans la nature, il existe seulement des yeux imparfaits. Un corps quelconque est une source constante de radiations visibles ou invisibles, mais qui sont toujours de la lumière.

CHAPITRE III

Rôle des diverses radiations lumineuses dans les phénomènes de la vie.

---

§ I. — LE ROLE DE LA LUMIÈRE DANS LES PHÉNOMÈNES DE LA VIE.

L'infra-rouge invisible formant la plus grande partie du spectre solaire, on peut supposer qu'il joue un rôle considérable en météorologie et en physiologie végétale. Ses propriétés sont fort peu connues. On n'a examiné jusqu'ici que ses actions calorifiques, observées depuis longtemps, et son pouvoir de traverser un grand nombre de corps opaques mis en évidence par nos recherches.

Nous avons songé à étudier quelques-unes des actions physiologiques de l'infra-rouge, c'est-à-dire son rôle dans la vie végétale et à rechercher notamment s'il n'exercerait pas quelques-uns de ces effets antagonistes constatés dans l'étude de la phosphorescence et qui seront étudiés en détail dans le prochain chapitre. Faute de matériel, je n'ai pu pousser très loin ces recherches.

On sait que la lumière visible exerce dans la vie des végétaux deux actions opposées, l'une d'oxydation ou fonction respiratoire, l'autre de réduction ou fonction chlorophyllienne.

La première peut s'accomplir dans l'obscurité. Par

elle, la plante absorbe, comme les animaux, de l'oxygène, et exhale de l'acide carbonique.

La fonction chlorophyllienne, inverse de la précédente, ne s'exerce au contraire qu'à la lumière visible et n'est due qu'à son absorption. Grâce à elle, la plante décompose l'acide carbonique et fixe son carbone dans ses tissus. L'énergie lumineuse emmagasinée par la chlorophylle permettra au protoplasma de la plante de transformer les substances minérales en produits organisés, compliqués, chargés d'énergie, sans lesquels la vie des animaux supérieurs serait impossible. Les végétaux établissent ainsi une relation permanente entre le monde minéral et le monde animal. Grâce à eux, la matière passe sans cesse par des formes de vie différentes, s'élevant progressivement du minéral à l'animal supérieur.

Dans ce cycle perpétuel, deux éléments de transformation, les bactéries et la chlorophylle, ont une influence prépondérante. Les bactéries ramènent à l'état minéral les produits usés par le fonctionnement des vies supérieures, et la chlorophylle élève les substances minérales à l'état organisé.

Les bactéries peuvent remplir leur rôle destructeur dans une obscurité complète. La chlorophylle a besoin pour le sien d'absorber les vibrations lumineuses. Le végétal représente donc en réalité une transformation de la lumière. C'est l'éther lumineux absorbé et transformé par les végétaux qui fait mûrir les moissons et verdir les forêts. La vie représente une de ses transformations.

On ne peut dire cependant que l'énergie très grande accumulée par la plante soit due tout entière à l'énergie minime que produit l'absorption des rayons lumineux par la chlorophylle. Les rayons absorbés agissent sans doute en provoquant des libérations d'énergie intra-atomique dont le mécanisme n'est pas déterminé encore. Les vibrations de l'éther

27.

déclanchent probablement des forces que des milliers de siècles ont jadis accumulées dans l'atome.

Quels sont les effets des diverses radiations visibles ou invisibles dans la vie végétale ? Le rôle des premières a été étudié par plusieurs générations de chercheurs. Celui des secondes est très ignoré encore à cause de l'insuffisance des méthodes employées pour déterminer leur action.

§ 2. — MÉTHODES D'OBSERVATION DE L'ACTION DU SPECTRE SOLAIRE SUR LA VIE VÉGÉTALE.

La valeur des expériences dépend toujours du choix des méthodes. Celles utilisées pour étudier les actions des diverses parties du spectre solaire — les rayons infra-rouges notamment — sur la vie végétale sont malheureusement entachées de causes d'erreur ôtant toute valeur à la plupart des résultats, d'ailleurs contradictoires, obtenus jusqu'ici. Il est facile de les mettre en évidence.

Pour observer les propriétés des diverses radiations du spectre, on devait naturellement songer à décomposer la lumière par un prisme et placer les végétaux dans les diverses radiations ainsi séparées. La décomposition de l'acide carbonique par les feuilles se mesure, par exemple, en les introduisant dans des tubes étroits placés ensuite dans les divers faisceaux lumineux que le prisme a séparés.

Cette méthode d'apparence si simple comporte des causes d'erreur considérables. La première et la plus grave c'est que la lumière assez dispersée pour être étendue sur une certaine surface perd énormément de son intensité. Or, le rôle de l'intensité dans les réactions chimiques est capital, comme nous l'avons montré. En opérant avec un prisme, on est fatalement conduit à chercher dans la coloration la cause d'effets attribuables en réalité à des différences d'intensité. On sait depuis longtemps qu'à la lumière faible des appartements, les plantes décomposent très peu ou même pas du tout l'acide carbonique. Cette lumière contient cependant les rayons nécessaires à la décomposition. Elle ne la produit pas faute d'intensité.

Cette première cause d'erreur suffirait à vicier toutes les conséquences tirées des effets observés. Elle n'est pas d'ailleurs la seule. Les prismes, surtout ceux en flint, choisis généralement à cause de leur grand pouvoir dispersif, absorbent la presque totalité de l'ultra-violet — dont l'action est très importante — et une grande partie de l'infra-rouge.

Sans doute, on peut théoriquement remédier à ces deux inconvénients en se servant de prismes de quartz ou de sel gemme, et c'est ce qu'on a en effet tenté. Mais le pouvoir dispersif de ces substances est très minime et leur spectre par conséquent trop peu étendu.

Les errements précédents, et bien d'autres dont l'exposé complet serait trop technique, expliquent suffisamment les divergences des résultats obtenus par les observateurs. Pour les uns, la décomposition de l'acide carbonique par la plante, c'est-à-dire son rôle le plus important, serait nul dans le rouge et considérable dans le vert. D'autres, croient exactement le contraire, l'action serait nulle dans le vert et maximum dans le rouge. Ce dernier résultat est cependant le plus probable parce que dans le rouge et son voisinage se trouvent les bandes d'absorption de la chlorophylle.

On voit en résumé qu'il y a peu de renseignements précis à tirer des études faites au moyen d'un prisme.

Les résultats obtenus en remplaçant le prisme par

des verres de couleur ne sont pas meilleurs. Il est regrettable qu'il en soit ainsi, car le procédé est pratiquement très simple puisqu'il n'y a qu'à recouvrir les serres de verres de colorations différentes.

Cette méthode procède d'une erreur dans laquelle tombent beaucoup d'expérimentateurs. Comme l'œil ne voit qu'une seule couleur à travers un écran coloré, un verre bleu par exemple, on s'imagine que cet écran ne laisse passer que la couleur perçue par la rétine. Or, il n'en est rien. Aucun verre — en dehors du rouge — n'est monochromatique. Tous laissent passer la totalité du spectre visible. On peut s'en convaincre facilement en interposant entre le ciel et la fente d'un petit spectroscope à vision directe des verres colorés. J'ai eu occasion d'en étudier un nombre considérable et de constater que tous, en dehors des verres rouges, laissent passer la totalité du spectre et ne font qu'affaiblir l'intensité relative de ses diverses parties.

Donc en fermant une serre avec des verres de couleur, on ne fait guère que réduire inégalement l'intensité des divers rayons lumineux. Quand on met une plante sous un verre bleu, jaune, violet, etc., c'est un peu comme si on la mettait dans un appartement sombre.

L'emploi des verres de couleur pour séparer les diverses radiations comporte encore d'autres causes d'erreur. Ces verres absorbant très inégalement l'infra-rouge, on peut attribuer à l'influence de la lumière ce qui est dû à celle de la chaleur. D'un verre à l'autre les différences d'actions calorifiques sont considérables. En plaçant un thermomètre dans des boîtes de 1 décimètre cube environ de capacité, fermées chacune par des verres de diverses couleurs et qui constituaient ainsi de petites serres, j'ai constaté que la température au soleil étant de 30 degrés elle était plus élevée de 10 à 15 degrés au bout de 10 minutes dans leur intérieur suivant les verres.

Les seules expériences qu'on puisse réaliser avec des verres colorés sont celles où l'on fait usage de verres rouges. Ils sont, comme je le disais plus haut, presque monochromatiques.

Les expériences exécutées dans des serres fermées par de tels verres à l'observatoire de Juvisy, paraissent prouver qu'un certain nombre de plantes acquerraient à la lumière rouge un développement beaucoup plus considérable qu'à la lumière ordinaire. Telles seraient par exemple les sensitives. les laitues, les glaïeuls, les géraniums, les bégonias, les pommes de terre, les fougères mâles, etc. Quelques-unes : betteraves, pensées, giroflées, etc., prospéreraient au contraire moins bien.

Si on admettait comme démontré que certaines plantes se développent beaucoup mieux à la lumière rouge qu'à la lumière blanche, il faudrait en conclure nécessairement — comme pour la phosphorescence — que certains rayons agissent en sens contraire des autres. A la lumière blanche, une plante reçoit évidemment autant de rayons rouges que sous un verre rouge puisque ce dernier ne fait qu'éliminer de la lumière tous les rayons sauf le rouge. Si le seul fait de cette élimination favorise considérablement le développement de la plante, c'est que les rayons éliminés agissaient pour affaiblir l'action du rouge. Ce serait exactement ce qu'on observe, comme nous le verrons dans le prochain chapitre pour la plaque phosphorescente. Cette dernière devient beaucoup plus lumineuse quand on retire de la lumière qui la frappe certains rayons antagonistes.

Les actions antagonistes s'observant pour la phosphorescence existeraient donc aussi pour les végétaux. Green avait déjà constaté que le violet et l'ultraviolet tendent à détruire la diastase alors que sa production augmente dans le rouge. On verra plus loin que d'après mes expériences, l'infra-rouge détruit la matière verte des plantes et d'autres substances formées dans la partie lumineuse du spectre.

§3. — NOUVELLE MÉTHODE D'ÉTUDE DES ACTIONS PHYSIOLOGIQUES DE L'INFRA-ROUGE ET RÉSULTATS OBTENUS.

Dans les recherches précédentes, il n'a guère été question que des rayons visibles du spectre. Le seul moyen autrefois connu d'étudier l'infra-rouge étant la séparation par le prisme et ce dernier ramassant sur une très petite surface les radiations de cette extrémité du spectre, on ne pouvait guère déterminer leur action.

Le fait mis en évidence par mes recherches de la transparence de corps non métalliques, papier noir, ébonite, etc., pour les rayons de grande longueur d'onde permet de les séparer facilement de la lumière visible. On recouvre simplement une serre avec une de ces substances, le papier noir notamment. Elle est alors plongée dans une obscurité complète, mais baignée de lumière invisible. En réalité, la serre n'a été ainsi privée que du dixième au plus de la lumière totale (visible ou invisible) qu'elle aurait reçue éclairée par le soleil.

Je n'ai pas besoin de faire remarquer, je pense, qu'on ne peut établir aucun rapprochement entre une enceinte où ne pénètrent que les radiations obscures de grande longueur d'onde et les caves qui ont servi à étudier l'action de l'obscurité sur les végétaux. L'obscurité de la serre est la même pour l'œil que celle de la cave, mais les effets produits seront nécessairement fort différents, puisque la serre est baignée par les flots d'une lumière invisible, que la cave ne contient pas.

Je n'ai pu malheureusement poursuivre pendant longtemps mes expériences sur ce sujet, le jardin où elles étaient exécutées n'ayant été mis à ma disposition que pendant une saison. Je ne donne donc les résultats obtenus qu'à titre d'indications. Ils pourront peut-être rendre service aux horticulteurs en leur donnant le moyen de modifier la couleur de certaines plantes et le goût de divers fruits.

On peut dire d'une façon générale que l'infra-rouge — jusqu'à 2 ou 3μ. — détruit la matière verte formée sous l'action de la lumière et certaines matières colorantes, réduit la proportion de sucre, supprime les produits sapides et transforme aussi la saveur de différentes parties des végétaux.

Voici d'ailleurs le résumé de mes essais :

Action des radiations invisibles sur les végétaux.

1° *Graines de plantes diverses.* — Laitues, concombres, graminées, etc., mises à germer sous une cloche couverte de papier noir, transparent pour l'infra-rouge. Toutes germent plus vite qu'à la lumière solaire puis dépérissent et meurent en une quinzaine de jours.

2° *Plantes développées à la lumière du jour puis exposées à la lumière noire.* — Les diverses plantes se conduisent très différemment. En voici quelques exemples : *Reine-marguerite*, ne fleurit pas. *Bégonia*, s'étiole au bout d'une dizaine de jours. *Fraises*, ne se modifient pas et mûrissent très bien. *Concombres* et *haricots*, meurent par étiolement des feuilles.

3° *Fruits et parties diverses des végétaux.* — Des têtes d'artichauts enveloppées de papier noir, transparent aux grandes radiations, pâlissent complètement en quelques jours mais se développent mieux que des artichauts voisins exposés à la lumière du jour et gagnent beaucoup en qualité. *Poires, pêches et raisins.* Pâlissent un peu mais se développent très bien. On les a enveloppés dès qu'ils commençaient à se former. Ces trois espèces de fruits présentent cette particularité d'avoir en partie perdu leur goût sucré et leurs principes aromatiques. *Tomates.* Perdent leur couleur rouge et leur goût, blanchissent complètement.

Je ne donne, je le répète, ces expériences que comme des indications générales. Elles méritent en effet des critiques que j'aurais évitées si j'avais pu les refaire. La méthode comparative indispensable pour tirer des conclusions d'expériences où plusieurs facteurs peuvent agir, exige qu'il y ait seulement une condition variant d'une expérience à l'autre afin de pouvoir attribuer les différences de résultats à cette unique différence de condition. Or, dans ces expériences on n'a pas toujours tenu compte de l'aération, de la chaleur, etc.

Les diverses parties de la lumière exerçant, comme nous allons bientôt le voir des actions antagonistes très nettes il pourrait être fort utile, soit dans l'emploi des bains de lumière, si usités maintenant en thérapeutique, soit dans les recherches biologiques, de pouvoir séparer les radiations afin d'étudier le rôle de chacune d'elles. Dans l'état actuel de la science les études comparatives possibles sur l'action des différents rayons de lumière visible ou invisible sans réduire notablement leur intensité, comme par l'usage d'un prisme, sont limitées à l'emploi des écrans suivants :

Nature des écrans.	Rayons agissant avec chaque écran.
1. *Absence complète d'écran.*	Les parties agissantes, c'est-à-dire la totalité du spectre solaire, vont de 5 μ à 0 μ, 295.
2. *Écran formé d'un verre à vitre épais.*	La plus grande partie de l'ultra-violet et l'infra-rouge à partir de 2 μ sont supprimés.
3. *Écran formé d'un verre rouge.*	Suppression complète de tout l'ultra-violet et de tout le spectre visible jusqu'au rouge. Les seuls rayons agissant sont le rouge et l'infra-rouge jusqu'à 2 ou 3 μ suivant la qualité du verre.
4. *Écran formé de papier noir ou d'ébonite.*	Suppression de tout le spectre visible. Les rayons agissant sont les rayons infra-rouges.
5. *Écran formé d'une lame métallique.*	Aucun rayon ne traverse le métal, mais il s'échauffe et émet par sa face inférieure des radiations de 6 à 10 μ et au delà suivant sa température. Ces radiations n'existent pas dans le spectre solaire, mais il serait intéressant de connaître leur action et de savoir si elle est simplement calorifique.

Malgré leur insuffisance, ces recherches permettent de pressentir le grand intérêt d'expériences que, faute de laboratoire convenable et de ressources, je n'ai pu qu'amorcer.

CHAPITRE IV

Les propriétés antagonistes de certaines régions du spectre.

§ I. — LES RAYONS ILLUMINATEURS ET LES RAYONS EXTINCTEURS.

L'étude de l'infra-rouge nous conduisit à constater qu'il exerçait souvent des actions diamétralement opposées à celles de l'autre extrémité du spectre, détruisant par exemple une action produite sous l'influence de cette dernière.

La découverte de ces actions antagonistes des deux extrémités du spectre est contemporaine de l'origine de la photographie; mais il faut bien croire les expériences réalisées pour prouver ce phénomène insuffisamment démonstratives puisque leur interprétation souvent contestée, le fut tout récemment encore dans une longue discussion devant la Société de physique. Les lentes actions d'inversion se succédant dans les impressions photographiques semblent prêter en effet à diverses interprétations. On ne pouvait élucider entièrement la question, qu'en trouvant le moyen de rendre instantanément évidentes les actions antagonistes. Ce sont ces effets instantanés que réalisent les expériences qui vont suivre.

Les premières observations faites sur la phosphorescence mirent en évidence que tout un côté du spectre comprenant les rayons bleus, violets et ultra-violets, illumine un écran phosphorescent sorti de l'obscurité. L'autre côté du spectre (rayons verts, rouges et infra-rouges) éteint au contraire la phosphorescence et ne la produit jamais. Certains rayons jouent donc le rôle de rayons illuminateurs et d'autres celui de rayons extincteurs. Ces deux actions visiblement antagonistes, mais très lentes avec la plupart des corps phosphorescents, prêtaient à diverses interprétations. Pour les rendre évidentes, il fallait trouver un corps extrêmement sensible aux radiations qui éteignent la phosphorescence. Le sulfure de zinc à phosphorescence verte est la seule substance actuellement connue jouissant de cette propriété.

Toutes nos expériences ont été faites avec des écrans enduits de ce sulfure suivant la méthode indiquée dans un précédent chapitre.

S'il est exact que certains rayons produisent la phosphorescence et que d'autres agissant en sens inverse l'éteignent par conséquent, il est certain qu'en supprimant de la lumière les rayons extincteurs par l'interposition d'écrans convenables, nous pourrons augmenter l'éclat de la phosphorescence sur un même sulfure. Nous allons voir, qu'il en est bien ainsi, et par exemple qu'un corps ne s'illuminant pas derrière une cuve de sulfate de quinine, s'illuminer très bien si l'on retient, au moyen d'écrans appropriés sans déplacer la cuve, certains rayons arrivant à sa surface.

E. Becquerel avait signalé autrefois qu'un écran de sulfure phosphorescent exposé à la lumière, derrière une cuve de sulfate de quinine, ne s'illumine pas et il attribuait ce phénomène à l'absorption par le sulfate de quinine des rayons ultra-violets, rayons qui selon lui « excitent principalement la phosphorescence ». Cette explication est tout à fait insuffisante, car si les rayons ultra-violets peuvent bien exciter la phosphorescence ils ne sont pas du tout ceux qui l'excitent le plus. Les corps phosphorescents sont beaucoup mieux illuminés par les rayons bleus et violets, c'est-à-dire par la portion du spectre comprise entre les raies G et H. Ce point doit être retenu pour bien comprendre les expériences qui vont suivre.

On se rend facilement compte en faisant varier la durée de pose de l'écran phosphorescent de la sensibilité des sulfures dans les diverses régions du spectre. Avec notre spectroscope à projection muni de son condensateur, un écran de sulfure de calcium ou de zinc s'impressionne en 4 secondes entre G et H et pas du tout dans l'ultra-violet. Il faut arriver à une exposition de plusieurs minutes pour obtenir de l'impression dans cette dernière région. Du côté du bleu la prolongation de la pose étend l'impression presque jusqu'au voisinage de la raie F, mais pas plus loin.

Prenons maintenant un écran de sulfure de zinc, corps si peu sensible aux rayons violets qu'il ne s'illumine pas du tout derrière la cuve de sulfate de quinine. Nous allons l'obliger à s'illuminer brillamment derrière la même cuve, simplement en superposant à cette dernière une autre cuve n'arrêtant pas les rayons bleus, mais arrêtant les rayons extincteurs verts, jaunes, rouges et infra-rouges.

Cette expérience, et celles du même ordre montrant nettement l'action instantanée des rayons extincteurs et illuminateurs sont capitales. Je vais essayer de les simplifier au point de rendre leur répétition facile dans un cours.

On expose au soleil : 1° un écran de sulfure de zinc et 2°, à son côté, un autre écran semblable, mais appliqué derrière un flacon plat rempli d'une solution saturée de sulfate de cuivre ammoniacal. Cette solution est presque opaque pour l'œil sous une épaisseur de 2 centimètres environ. Laissant le flacon plat sur son écran on l'emporte avec l'autre dans l'obscurité, alors on constate, après avoir retiré le flacon de sulfate de cuivre, que l'écran de sulfure de zinc placé derrière ce dernier, et malgré l'obstacle apparent qu'il présentait au passage de la lumière. est beaucoup plus lumineux que l'écran exposé directement au soleil. Cette différence tient simplement à ce que le sulfate de cuivre a absorbé les rayons extincteurs et laissé agir seulement les rayons illuminateurs. Sur l'écran, directement exposé au soleil, l'éclat de la phosphorescence est beaucoup moins vif, parce qu'une partie de l'effet des rayons illuminateurs a été détruite par les rayons extincteurs qui y sont mélangés.

Nous pouvons maintenant aborder l'expérience relatée plus haut de la cuve de sulfate de quinine derrière laquelle on peut, à volonté, illuminer ou non un écran de sulfure phosphorescent. Aucune expérience ne montre d'une façon plus frappante le rôle des rayons extincteurs et des rayons illuminateurs.

Derrière un flacon plat contenant une solution aqueuse parfaitement transparente de sulfate de quinine à 10 %, acidifiée à l'acide sulfurique jusqu'à dissolution complète, on met un écran de sulfure de zinc puis on expose le système au soleil (fig. 38). Malgré la transparence complète pour l'œil du sulfate de quinine, et quelque prolongée que puisse être la pose, on constate, en reportant le système dans l'obscurité, que le sulfure de zinc ne présente aucune trace de phosphorescence.

Cette absence de phosphorescence tient uniquement à ce que le sulfate de quinine retenant une partie des rayons illuminateurs et laissant passer au contraire tous les rayons extincteurs, ces derniers l'emportent.

Pour prouver qu'il en est bien ainsi, exposons de nouveau au soleil[1] notre écran de sulfure de zinc appliqué derrière le flacon plat rempli de sulfate de

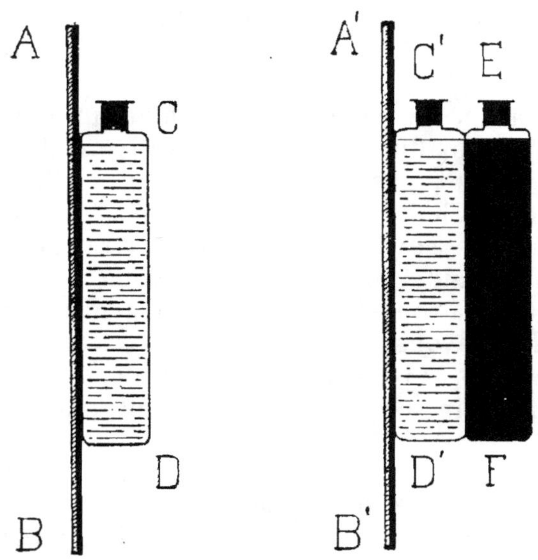

Fig. 38 et 39. — *Appareils servant à démontrer instantanément les propriétés antagonistes des extrémités du spectre.*

A B et A' B' sont des écrans de sulfure de zinc à phosphorescence verte. C D et C' D' sont des flacons plats remplis d'une solution à 10 p. 100 de sulfate de quinine. E F est un flacon plat rempli d'une solution saturée, presque opaque de sulfate de cuivre ammoniacal.

En exposant l'écran A B au soleil derrière le flacon de sulfate de quinine C D il ne devient nullement phosphorescent. Si on superpose ensuite au flacon de sulfate de quinine C' D' qui arrête une partie des rayons illuminateurs et laisse passer tous les rayons extincteurs, le second flacon E F de sulfate de cuivre retenant les rayons extincteurs, l'écran A' B' devient vivement lumineux. Il devient donc phosphorescent derrière deux flacons superposés dont un presque opaque, alors qu'il ne s'illuminait pas derrière un seul de ces flacons malgré sa transparence. La lumière ordinaire étant un mélange de rayons extincteurs et illuminateurs il a suffi d'éliminer les premiers pour augmenter considérablement l'éclat de la phosphorescence.

---

1. A la lumière diffuse il n'y aurait pas d'illumination derrière le sulfate de cuivre par suite de l'intensité insuffisante des rayons. La cuve de sulfate de cuivre ne peut être traversée que par une lumière intense.

quinine, mais devant ce dernier superposons le flacon contenant la solution de sulfate de cuivre ammoniacal dont il a été parlé plus haut. Reportant alors le système dans l'obscurité, nous verrons notre écran de sulfure de zinc brillamment illuminé, bien qu'il n'ait reçu la lumière qu'à travers un liquide presque opaque.

L'explication est facile. Le sulfate de quinine retenait, avons-nous dit, *une partie* des rayons illuminateurs et laissait passer tous les rayons extincteurs, donc il empêchait la phosphorescence. En plaçant devant lui une cuve de sulfate de cuivre, on a supprimé la grande majorité des rayons extincteurs (rouges et infra-rouges), et par conséquent laissé agir surtout les rayons illuminateurs bleus et violets. La somme des rayons illuminateurs dépassant celle des rayons extincteurs, l'écran devient phosphorescent.

Si nous avions remplacé la cuve de sulfate de cuivre par un verre bleu placé devant le sulfate de quinine, nous aurions encore eu de l'illumination, mais plus faible qu'avec le sulfate de cuivre, parce que le verre bleu arrête très insuffisamment les rayons extincteurs, ceux de la région infra-rouge surtout.

Ce que nous venons de dire de l'action des rayons extincteurs et illuminateurs sur les corps phosphorescents permet de bien saisir maintenant le rôle des écrans interposés entre les corps phosphorescents et les sources lumineuses.

La lumière étant un mélange de radiations capables d'agir en sens inverse et sa composition devenant fort différente suivant les sources employées, ou suivant les écrans filtreurs interposés entre la source lumineuse et les corps phosphorescents, on devine de suite l'explication des faits que nous allons énumérer :

1° Un écran de sulfure de zinc s'illumine beaucoup plus à l'ombre qu'au soleil ;

2° Le même écran s'illumine davantage sous un verre bleu [1] à l'ombre qu'au soleil ;

3° Derrière une cuve de 2 centimètres d'épaisseur contenant une solution de sulfate de cuivre ammoniacal, l'illumination du même écran est bien plus intense encore, mais cette fois elle devient plus vive au soleil qu'à l'ombre ;

4° Derrière une cuve d'alun ou de sulfate de fer, l'illumination des corps phosphorescents est réduite et non augmentée ;

5° A la lumière d'une lampe à pétrole ou d'une bougie l'illumination d'un écran de sulfure de zinc est à peu près nulle, et si on présente à ces sources lumineuses un écran insolé à la lumière du jour, il s'éteint aussitôt. Le même phénomène ne s'observe pas du tout avec un écran de sulfure de calcium.

Voici quelques chiffres donnant l'intensité lumineuse d'un écran de sulfure de zinc illuminé dans la plupart des conditions que nous venons d'examiner. L'éclat du sulfure insolé au soleil, sans écran interposé, est d'environ $0^B,002$ (2 millièmes de bougie). Prenant cette intensité pour unité, nous voyons dans le tableau suivant, les accroissements d'éclat produits par l'interposition de différents écrans entre la source lumineuse et le sulfure. Ils nous montrent, par exemple, que l'éclat du sulfure de zinc derrière une cuve de sulfate de cuivre est environ quatorze fois plus grand (3 centièmes de bougie) que quand il a été illuminé au soleil sans aucune interposition d'écran.

---

1. Pour toutes ces expériences, il faut s'arranger toujours de manière qu'une partie de l'écran phosphorescent dépasse le corps placé devant lui, de façon à avoir une plage de comparaison quand on l'examine ensuite dans l'obscurité.

<table>
<tr><td></td><td>Chiffres
représentant
l'intensité
relative.</td></tr>
<tr><td>Intensité lumineuse d'un écran de sulfure de zinc exposé au soleil . . . .</td><td>1</td></tr>
<tr><td>Intensité du même écran illuminé à l'ombre. . .</td><td>2</td></tr>
<tr><td>Intensité du même écran exposé au soleil sous un verre bleu cobalt. . . . .</td><td>7</td></tr>
<tr><td>Intensité du même écran exposé à l'ombre sous un verre bleu cobalt. . . . .</td><td>9</td></tr>
<tr><td>Intensité du même écran exposé au soleil derrière une cuve de sulfate de cuivre ammoniacal saturé, de 2 centimètres d'épaisseur. . . . . .</td><td>14</td></tr>
</table>

Ces différences ne s'observent pas avec les autres sulfures, en raison de leur sensibilité plus faible pour l'action extinctrice des grandes radiations. Pour les constater, il fallait une substance comme le sulfure de zinc sensible à la fois aux radiations extinctrices et aux radiations illuminatrices. Son éclat sous l'influence de la lumière représente toujours la différence entre l'action des rayons extincteurs et celle des rayons illuminateurs.

Nous voyons donc que l'illumination d'un corps phosphorescent dépend uniquement du rapport existant dans une source de lumière entre les diverses radiations qui la composent. En faisant varier ce rapport, on fait varier l'éclat.

Ainsi s'explique l'action d'un écran de verre bleu cobalt. Il affaiblit les radiations extinctrices, et augmente par conséquent davantage l'illumination. Le sulfate de cuivre, qui arrête beaucoup plus les radiations extinctrices, accroît aussi l'illumination. Le sulfate de fer, l'alun, agissent faiblement parce qu'ils arrêtent bien une portion de l'infra-rouge et en outre une partie de l'ultra-violet illuminateur, mais non le rouge ni le vert qui sont extincteurs.

En ce qui concerne l'illumination du sulfure de zinc, plus grande à l'ombre qu'au soleil — fait très curieux et qui avait échappé à tous les observateurs

— l'explication reste exactement la même. La lumière diffuse est de la lumière bleue renvoyée par le ciel. D'après des observations spectroscopiques déjà anciennes, elle contient relativement beaucoup moins de rayons rouges — et probablement aussi infra-rouges — que la lumière directe du soleil. Donc, malgré l'intensité lumineuse supérieure du soleil, le sulfure sera plus lumineux à l'ombre. Cette explication est bien la bonne; car si nous retirons des rayons solaires les radiations extinctrices avec notre solution de sulfate de cuivre, l'illumination sera aussitôt beaucoup plus vive au soleil qu'à l'ombre par suite de l'intensité plus grande des rayons illuminateurs.

Le même raisonnement nous explique pourquoi le sulfure de zinc non seulement ne s'illumine pas à la lumière d'une forte lampe, mais s'éteint s'il est illuminé. Dans nos éclairages artificiels, les 9/10 des rayons émis sont des rayons infra-rouges extincteurs qui détruisent l'action des rayons illuminateurs. Même en interposant une cuve épaisse de sulfate de cuivre, on n'obtient qu'une illumination très faible, parce que, vu la prédominance des rayons infra-rouges, il est impossible de les arrêter en proportion suffisante. D'ailleurs, l'interposition de cette cuve réduit beaucoup l'intensité des rayons illuminateurs. Or le degré de phosphorescence d'un sulfure est, jusqu'à une certaine limite en rapport avec l'intensité de la source lumineuse qui l'a illuminé. Aux éclairages faibles les sulfures phosphorescents ne se saturent pas, quelle que soit la durée de l'exposition.

Tout ce qui vient d'être dit pour le sulfure de zinc n'est pas applicable, je le répète, aux autres sulfures phosphorescents, en raison de leur faible sensibilité pour les grandes radiations et surtout pour l'infra-rouge; c'est pourquoi un écran de sulfure de calcium ne s'illumine pas notablement plus derrière des cuves arrêtant les radiations extinctrices. L'action de ces dernières est trop lente pour combattre celle des radiations illuminatrices qui ont le temps d'agir auparavant.

L'œil est plus insensible encore aux radiations infra-rouges que les sulfures phosphorescents, autres que le sulfure de zinc. Si la sensibilité de la rétine était comme pour ce dernier corps la somme algébrique des effets produits par des radiations agissant en sens contraire, il suffirait d'interposer entre l'œil et un paysage des écrans convenables pour que l'éclat apparent de ce paysage augmentât dans d'énormes proportions, et il deviendrait tout à fait inutile alors d'employer l'électricité pour éclairer nos rues.

Ces actions si différentes des deux extrémités du spectre ne s'observent pas seulement avec la phosphorescence. Elles existent aussi dans la photographie, comme nous allons le montrer.

§ 2. — LES PROPRIÉTÉS ANTAGONISTES DES DIVERSES RÉGIONS DU SPECTRE DANS LA PHOTOGRAPHIE.

Si les plaques photographiques avaient pour l'action destructive de l'infra-rouge une sensibilité égale à celle du sulfure de zinc, on pourrait, comme nous l'avons fait pour ce dernier, beaucoup accroître leur rapidité d'impression en plaçant devant l'objectif des écrans arrêtant les rayons extincteurs.

Mais il n'en est pas ainsi parce que la plaque photographique, très sensible pour les rayons visibles ne l'est pas pour les rayons invisibles qui, dès lors, ne peuvent agir. Cependant il est facile en faisant intervenir le temps, de montrer que les rayons extincteurs peuvent détruire sur la plaque l'impression produite par les rayons illuminateurs.

Mettons dans un châssis photographique une lame

Fig. 40. — *Démonstration de la transparence des corps opaques (papier noir, ébonite, etc.) pour la lumière invisible et de l'opacité des mêmes corps pour la lumière visible en utilisant les propriétés antagonistes des extrémités du spectre.*

Pour montrer la transparence des corps pour les rayons invisibles on s'est basé sur la propriété possédée par eux de détruire l'impression photographique qu'ils seraient incapables de produire. On met dans un châssis une lame d'ébonite au centre de laquelle ont été collées des étoiles métalliques. On place au-dessous une plaque sensible dont une moitié seulement a été voilée en l'exposant pendant deux secondes à la lumière d'une bougie. Le châssis est alors exposé pendant une heure au soleil. En développant la plaque on n'aperçoit aucune trace d'impression sur la partie non voilée. Sur la partie voilée l'infra-rouge a traversé l'ébonite et détruit le voile sauf sous l'étoile métallique. Il en résulte que cette dernière forme réserve et apparait par conséquent en noir sur l'image négative et en blanc sur l'image positive telle qu'elle est reproduite ici.

d'ébonite d'une épaisseur comprise entre 1 millimètre et 1 centimètre. Au-dessous d'elle, collons une croix découpée dans une feuille d'étain. Derrière cette lame d'ébonite introduisons dans l'obscurité une plaque au gélatino-bromure *à grains très fins*, préalablement voilée par une exposition de deux secondes à la lumière d'une bougie. Refermons le châssis, et exposons-le une heure au soleil. L'infra-rouge traverse l'ébonite et détruit le voile produit sur la plaque par son exposition à la lumière de la bougie. Dans la partie protégée par la croix métallique il n'agira pas, c'est pourquoi, en développant l'image, nous aurons la reproduction de la croix de métal sur fond très clair. La lame d'ébonite peut d'ailleurs être remplacée par deux ou trois feuilles superposées de papier noir.

Il n'y a aucune analogie entre cette expérience et les inversions qu'on obtient en surexposant une plaque illuminée par des rayons bleus ou violets. L'infra-rouge qui détruit l'impression photographique ne la produit jamais. Cette double propriété est limitée à l'infra-rouge, car les rayons rouges peuvent avec une pose suffisante impressionner la plaque. Si on prolonge en effet l'exposition sous un verre rouge, la plaque se voile pour se dévoiler ensuite. Mais dans cette expérience interviennent les phénomènes d'inversion observés avec toutes les radiations, et qui constituent un ordre très différent de phénomènes. Dans la partie visible du spectre une radiation quelconque détruit l'impression qu'elle avait produite quand on prolonge beaucoup la pose — fait facile à constater au spectroscope.

Nous résumerons dans le tableau suivant les propriétés antagonistes des deux extrémités du spectre telles qu'elles résultent de nos recherches.

Tableau des actions antagonistes des deux extrémités du spectre.

1° *Région visible du spectre.*	2° *Région infra-rouge invisible.*
A Ne peut traverser les corps opaques.	**A'** Traverse la plupart des corps opaques pour l'œil, les métaux excepté.
B Impressionne les plaques photographiques.	**B'** Détruit l'impression produite sur les plaques photographiques.
C Produit la phosphorescence.	**C'** Éteint la phosphorescence.
D Produit la plupart des réactions d'où la vie des végétaux dépend.	**D'** Détruit un grand nombre de réactions produites par la lumière visible. Détruit notamment la matière colorante des végétaux.
E Dissocie énergiquement la matière surtout dans l'extrémité ultra-violette.	**E'** Sans action dissociante sur la matière.

Il ne faut pas demander les raisons de ces différences ; si le comment des choses est parfois accessible, leur pourquoi ne l'est pas encore.

LIVRE V

LES FORCES D'ORIGINE INCONNUE ET LES FORCES IGNORÉES

CHAPITRE I

La gravitation universelle et les forces ignorées.

---

§ I. — **LES CAUSES DE LA GRAVITATION.**

Le qualificatif de forces d'origine inconnue s'appliquerait en réalité à toutes celles déjà étudiées, puisque nous ignorons leur essence ; mais, au moins, connaissons-nous quelques-uns de leurs caractères fondamentaux et leur mode de propagation. Il existe au contraire des forces telles que la gravitation, l'affinité, les actions moléculaires, etc., dont nous ne savons à peu près rien. C'est pourquoi nous les avons réunies dans une division spéciale de cet ouvrage.

Toutes nos connaissances relatives à la gravitation se réduisent à l'énoncé suivant : les corps s'attirent proportionnellement à leurs masses et en raison inverse du carré de la distance qui les sépare. Des causes de cette attraction, de la façon dont elle se propage et de la vitesse de sa propagation nous ne pouvons rien dire.

La découverte de la loi que nous venons de formuler est due, comme on le sait à Newton, et lui demanda de longues recherches. La pesanteur était connue depuis longtemps et Galilée en avait parfaitement étudié les lois. Mais jusqu'où s'étendait son action, dépassait-elle les limites de notre atmosphère? C'est ce qu'on ignorait entièrement.

La vue géniale de Newton fut d'avoir supposé que la pesanteur pourrait s'étendre jusqu'aux diverses planètes et être la cause des mouvements qu'elles décrivent dans l'espace. Il consacra plusieurs années de sa vie à vérifier la justesse de cette hypothèse.

Après avoir découvert les lois de la gravitation, Newton essaya vainement d'en déterminer la cause. « La raison des propriétés de la pesanteur, dit-il, je n'ai pas encore pu la déduire. »

Ses successeurs n'y réussirent pas davantage. On entrevoit de plus en plus que la pesanteur est due aux relations existant entre l'éther et la matière, rattachés sans doute par des lignes de force, mais ce n'est là qu'une indication assez vague échappant encore aux données de l'expérience. Il est possible que les mouvements de giration des atomes se communiquent à l'éther, et par lui aux divers corps matériels établissant ainsi une attraction entre eux. L'attraction réciproque des tourbillons nous est aujourd'hui démontrée par de nombreuses expériences. Quand le mouvement de giration des particules se transforme en mouvement de translation dans l'espace pendant la dissociation de la matière, ces particules n'exercent plus d'action attractive les unes sur les autres et cessent par conséquent d'être pondérables. Cette explication fut donnée par M. le professeur Armand Gautier dans un travail qu'il publia à propos de mes recherches.

La gravitation se présente avec ce caractère incompréhensible que ne possède aucune des manifestations énergétiques connues de n'être arrêtée par aucun obstacle. Les recherches les plus délicates ont montré qu'il n'existait pas de corps opaques pour l'attraction.

La gravitation relie entre elles toutes les particules des mondes composant notre système solaire et les fait agir sans trève les unes sur les autres. Dans l'immense univers aucun corps ne peut être considéré comme isolé.

La gravitation est une force très petite, si nous ne considérons que les actions exercées par les masses dont nous disposons [1]. Mais c'est une force extrêmement grande pour des masses considérables. Sa puissance nous apparaît chaque jour dans le phénomène des marées. Sous l'influence de l'action combinée du soleil et de la lune, les mers se soulèvent d'une hauteur moyenne de 1 mètre ce qui représente un poids de 1.000 kilogrammes par mètre de surface.

Les physiciens n'ont pu rien dire de plus sur la gravitation que ce qui précède. Dans un travail important, dont je reproduis quelques passages, M. Boys a parfaitement montré à quel point elle reste inexplicable.

« Elle semble défier, dit-il, toutes nos tentatives pour abandonner la notion inconcevable d'action à distance : car alors même que nous pourrions concevoir un autre mode d'action, c'est de cette façon tout à fait incompréhensible qu'agit la gravitation à distance et sans égard à l'existence ou à la nature des corps interposés et aussi à ce qu'il semble instantanément. Bien plus dans l'état actuel de nos connaissances, aucun autre agent physique, même parmi ceux qui dépendent de l'éther, n'a d'influence sur la direction ou la grandeur de l'action de la gravitation.

« Les difficultés qu'on éprouve à créer une représentation

---

1. Boys évalue à sept millionièmes de milligramme l'attraction exercée par deux masses de 1 kilogramme placées à 1 mètre de distance.

mécanique de l'éther sont considérables; mais le mode de propagation de la gravitation paraît encore plus inaccessible[1]. »

La vitesse de propagation de la gravitation était estimée par Laplace immensément supérieure à celle de la lumière. Poincaré la considère au contraire comme se propageant avec une vitesse de l'ordre de celle de l'ébranlement lumineux.

Nous ne savons pas comment se propage la gravitation, mais il me semble que la loi de l'inverse du carré de la distance permet de supposer des ondes gravifiques ayant une forme analogue à celle des ondes lumineuses, électriques, etc. Ce n'est, en effet, qu'aux forces se propageant de cette façon qu'est applicable une telle loi. Elle n'est qu'une conséquence des propriétés géométriques des corps sphériques et résulte simplement de ce que les surfaces des sphères concentriques sont proportionnelles au carré de leurs rayons. Plaçons une bougie au centre d'une sphère de rayon déterminé, chaque partie de cette sphère recevra une certaine quantité de lumière. Doublons le rayon de la sphère, la même quantité de lumière s'étalant sur une surface quatre fois plus grande, son intensité sur une même étendue de la sphère sera donc quatre fois moindre ; avec un rayon triple, l'intensité sera neuf fois moindre et ainsi de suite. Il en serait de même si la source de lumière était remplacée par un corps sonore. L'intensité du son par unité de surface serait, pour la même raison, inverse du carré de la distance. Cette loi de l'inverse du carré de la distance signifie donc simplement que l'intensité à une distance donnée est inversement proportionnelle à la surface de l'onde sphérique propagée à cette distance, ce qui est géométriquement évident. Quand une force décroit avec la distance suivant cette loi, il est assez légitime de supposer qu'elle

---

1. *Congrès de Physique de 1900*, t. III. p. 306.

se propage par ondes sphériques. Ce serait le cas de la pesanteur.

§ 2. — LES CONSÉQUENCES DE LA GRAVITATION.

Les lois de la gravitation expriment simplement ce fait d'expérience que tous les corps exercent les uns sur les autres une certaine attraction. De ce phénomène si simple en apparence, bien que si peu explicable, résulte la marche des astres et, suivant certains physiciens, toutes les forces de l'univers y compris celles qui présidèrent à la formation de notre système solaire.

On admet généralement, en effet, que le globe central, origine du soleil, se serait formé par suite des attractions réciproques des éléments de la nébuleuse primitive.

L'entretien de la chaleur solaire, d'où dérivent la plupart des forces terrestres, résulterait, d'après Helmholtz, de la contraction progressive du soleil consécutive à l'attraction respective de ses éléments et de la perte de force vive qu'éprouvent les molécules en se rapprochant.

C'est également en vertu de la gravitation combinant ses effets avec ceux de l'inertie que les astres décrivent leurs orbites dans l'espace. Un corps lancé en ligne droite continuerait sa course dans la même direction en vertu de son inertie, mais s'il est soumis en même temps à l'action d'une force qui l'attire dans une direction perpendiculaire à celle de sa marche, sa trajectoire rectiligne s'infléchit et devient une courbe. En vertu de leur inertie seule les planètes, lorsqu'elles se détachèrent du soleil au moment de leur formation, auraient continué leur course en ligne droite dans l'espace. D'autre part, si elles n'avaient pas reçu cette impulsion initiale, la gravitation les aurait réunies en une seule masse. La résultante de ces deux actions antagonistes est la courbe qu'elles décrivent autour du soleil et qui peut, suivant la grandeur de l'impulsion primitivement reçue, être un cercle, une ellipse, une parabole ou une hyperbole. Seules certaines comètes paraissent avoir une trajectoire hyperbolique, les planètes suivent des ellipses très voisines d'un cercle. Naturellement toutes ces planètes agissent les unes sur les autres, ce qui altère un peu leurs mouvements. et c'est pourquoi les lois de Képler n'ont qu'une exactitude approchée.

La force dite centrifuge résulte de cette double action de l'impulsion primitive combinée avec la gravitation. L'astre représente la pierre tenue par une corde que fait tourner le frondeur. L'impulsion reçue par la pierre représente celle reçue par l'astre, et la corde qui retient la pierre correspond à l'attraction. Cette attraction est le fil immatériel qui attire sans cesse l'astre et l'oblige à parcourir un chemin circulaire. Si elle cessait de s'exercer un seul instant, les planètes s'échapperaient en ligne droite dans l'espace en suivant la tangente à la trajectoire, comme la pierre que la corde cesse de maintenir pendant sa rotation.

Ainsi donc, le mouvement des astres résulte de deux causes : une force permanente. la gravitation, qui agit sans cesse sur eux. et une impulsion initiale d'un instant qui a donné à l'astre une certaine vitesse qu'il garde en raison du principe de l'inertie d'après lequel un corps mis en mouvement conserve son mouvement. Nous retombons ainsi encore sur cette mystérieuse propriété de l'inertie étudiée dans un autre chapitre et qui est peut-être plus incompréhensible que la gravitation.

La gravitation. origine des forces et du mouvement des astres, est aussi celle du phénomène appelé pesanteur. Cette dernière n'est qu'un cas particulier de l'attraction universelle, c'est-à-dire de l'attraction qu'exercent les corps les uns sur les autres. Quand nous disons qu'un corps possède un poids déterminé, cela signifie qu'il est attiré par la terre. Nous mesurons la grandeur de cette attraction en recherchant la pression qu'elle exerce sur un autre corps, le plateau d'une balance par exemple, ou en lui opposant une force antagoniste de grandeur connue, comme l'élasticité d'un ressort ou une attraction magnétique.

C'est le plus souvent en les mettant en opposition avec la pesanteur que nous mesurons et utilisons les forces. La plupart de nos machines ont pour but de se servir de la pesanteur ou de lutter contre elle. La mécanique industrielle est en réalité l'art d'utiliser la pesanteur et l'inertie.

La gravitation, l'inertie et la chaleur solaire, représentent les trois puissances fondamentales utilisées par l'homme. Elles conditionnent son existence et ses civilisations. Si leurs grandeurs avaient été différentes, les civilisations auraient pris un tout autre aspect. Pour la chaleur solaire, on le voit nettement en remarquant combien diverses sont la faune et la flore au pôle et à l'équateur. Chaleur extrême ou froid extrême semblent impliquer la vie sauvage ou tout au moins la barbarie. Au-dessous de zéro et au-dessus de 50 degrés, il ne peut naître de civilisations.

On voit moins clairement peut-être les phénomènes que pourraient engendrer les différences de la gravitation. Il est facile de pressentir cependant combien seraient autres nos conditions d'existence si la pesanteur était réduite ou annulée. Il ne semble pas tout d'abord qu'on soit en droit de supposer sa non-existence, puisqu'elle est, comme l'inertie, une propriété irréductible de la matière impossible à modifier, et suivant tous les corps à travers leurs changements. Mais si la gravitation demeure indestructible, ses effets peuvent être restreints ou même anéantis. On a calculé qu'il suffirait que la terre tournât dix-sept fois plus rapidement pour que la force centrifuge annulât entièrement l'attraction de la masse terrestre sur les corps placés à l'équateur. Ils cesseraient alors d'être pesants et ne retomberaient plus par conséquent sur la terre dès qu'on les abandonnerait à eux-mêmes. Leur poids dépend donc de la vitesse de rotation de notre globe qui dépend elle-même de l'impulsion primitivement reçue lorsque, sous l'influence de la force centrifuge, il se détacha du soleil, à l'époque de sa formation.

Il existe d'autres causes possibles d'annulation de l'attraction. On sait que les ondes lumineuses tombant sur une surface, exercent une certaine pression sur elle. On a calculé que pour des matières peu denses et très divisées, l'attraction solaire pourrait être non seulement annulée [1], mais même changée en une répulsion qui serait cause de la déformation de la tête des comètes. Poynting a calculé qu'un soleil à la température du nôtre, mais qui n'aurait que 32 kilomètres de diamètre, repousserait, au lieu de les attirer, tous les corps ayant moins de 1 centimètre de diamètre.

Il serait inutile d'insister sur ces considérations qui nous montrent seulement combien sont nombreuses les possibilités des choses et à quel point l'existence des êtres vivants et toutes les idées que nous nous faisons du monde sont conditionnées par des forces extérieures auxquelles nous ne pouvons nous soustraire. C'est une notion évidente, mais que certains philosophes ont oublié un peu.

---

1. « Considérons une très petite sphère soumise d'une part aux forces de gravitation, d'autre part à l'action d'une radiation puissante, la radiation solaire par exemple. La gravitation agit proportionnellement au volume de la sphère, c'est-à-dire au cube du rayon, la répulsion radiante est proportionnelle à la surface d'un grand cercle de la sphère, c'est-à-dire au carré du rayon. Quand le rayon tend vers zéro, la force de radiation devient de plus en plus importante par rapport à la gravitation et peut arriver à l'équilibrer complètement. » (Bouty.)

§ 3. — LES FORCES ENTREVUES.

Il est peu supposable que les forces de la nature soient limitées au petit nombre de celles que nous connaissons. Si nous les ignorons, c'est que nous ne possédons pas de réactifs pour les révéler. La découverte de réactifs appropriés est le seul moyen de les mettre en évidence. Depuis vingt ans la science a annexé les ondes hertziennes, les rayons X, les rayons cathodiques, les rayons radio-actifs et l'énergie intra-atomique au petit domaine des forces anciennement connues. Il est difficile de croire que le terme de ces découvertes soit atteint; des forces très puissantes peuvent nous entourer sans que nous les apercevions. L'énergie intra-atomique n'était pas soupçonnée il y a dix ans à peine. L'électricité, inconnue pendant des milliers d'années, le serait peut-être bien encore si tous les corps étaient bons conducteurs.

Il n'y a pas lieu évidemment de disserter sur des choses ignorées. On doit d'abord tâcher de les découvrir. C'est à peine si quelques données très vagues permettent de les soupçonner.

Nos moyens de recherches sont généralement la constatation d'attractions et de répulsions, et ils ne conduisent pas bien loin. On a signalé déjà cependant, à plusieurs reprises, les attractions ou répulsions qu'éprouvait une aiguille légère suspendue par un fil de cocon et dont on approche un corps vivant, mais elles sont peut-être dues uniquement à l'action de la chaleur[1].

Nous sommes donc ici entièrement dans le domaine des hypothèses pures et nous ne saurions nous y attarder longtemps. Disons seulement que les énergies intra-atomiques sont une source de bien des variétés pos-

---

1. M. Legge m'a dit avoir constaté qu'à travers le vide les actions de cet ordre ne se manifestaient pas.

sibles d'énergie. Un ingénieur, M. Georges Delbruck, a supposé que de grands oiseaux, dont le vol plané sans mouvements apparents est si difficilement explicable, posséderaient la faculté d'engendrer aux dépens de l'énergie intra-atomique une force capable de lutter contre la gravitation jusqu'à l'annuler. Cette hypothèse très difficilement vérifiable, n'a en elle-même rien d'absurde. La gravitation n'est qu'une attraction pouvant être anéantie par une répulsion égale, tout comme celle exercée sur des masses de fer peut être annulée par des actions magnétiques.

Cette théorie séduira les spirites qui croient avoir constaté les phénomènes de lévitation que présenteraient les objets en relation avec certains sujets. Néanmoins avant d'expliquer ces lévitations, il faudrait d'abord rendre leur réalité indiscutable.

Quant aux forces dites psychiques, les matérialisations, etc., nous croyons inutile de nous en occuper ici. Elles attirèrent l'attention de savants éminents, tels que Crookes, Lodge, Richet, etc., mais leur démonstration est encore à faire et tant qu'elle ne sera pas faite, mieux vaut tenter d'interpréter les phénomènes observés par des causes connues. J'ai eu occasion d'examiner pendant plusieurs séances, sans aucun parti pris et avec le concours du professeur Dastre, un sujet possédant une réputation européenne ; mais nos investigations ne nous révélèrent rien de démonstratif. L'histoire des rayons N montre, d'ailleurs, la difficulté de bien observer en pareille matière et d'éviter les causes d'erreur. Avant d'élever un temple aux forces inconnues, il faut être bien certain qu'elles ne sortent pas uniquement de ce domaine des illusions, d'où toutes les divinités sont nées jusqu'ici.

CHAPITRE II

Les forces moléculaires et intra-atomiques.

———

§ I.— LES ATTRACTIONS ET RÉPULSIONS DES ÉLÉMENTS DE LA MATIÈRE.

Nous avons déjà consacré plusieurs chapitres de notre dernier ouvrage à étudier les équilibres des éléments matériels et les forces dont ils sont le siège. Nous y revenons sommairement encore, pour montrer combien sont ignorées dans leur nature quelques-unes des forces dont nous constatons les effets.

C'est en examinant de près des phénomènes d'une observation journalière, que l'on comprend le mieux à quel point les choses qui nous entourent sont compliquées et combien rudimentaires les notions classiques possédées sur elles. Si l'on demande à un physicien quelle cause maintient en présence les molécules d'un corps solide, une barre de fer, par exemple, il répondra que c'est une force nommée la cohésion. Si on lui demande en quoi consiste la cohésion, il sera bien obligé de répondre qu'il n'en sait absolument rien. Si l'on demande à un chimiste pourquoi certains corps, mis en présence, se combinent, il dira que c'est en vertu d'une force inconnue, nommée l'affinité, dont il peut seulement constater certains effets. On obtiendrait des réponses analogues en l'interrogeant sur l'osmose, la cristallisation, les actions catalytiques, les actions diastasiques, etc. Tous ces phénomènes appartiennent au cycle des énergies moléculaires et intra-atomiques, dont la connaissance approfondie est réservée à une science beaucoup plus avancée que la nôtre.

Les effets les plus constants et les plus facilement observables de ces forces sont des attractions ou des répulsions s'exerçant entre les divers éléments de la matière.

Nous avons vu que la matière était composée de particules infiniment petites gravitant les unes autour des autres, comme les planètes autour du soleil et constituées probablement par des tourbillons d'éther. La matière est de l'éther déjà organisé, ayant acquis certaines propriétés, telles que le poids, la forme et la permanence.

Les éléments de la matière formés par des condensations d'éther sont, comme nous l'avons montré dans notre précédent ouvrage, d'une petitesse dont nous ne pouvons nous faire aucune idée, parce que nous n'avons pas de point de comparaison. On a fait remarquer qu'une goutte d'eau de mer dont un mètre cube contient moins d'un décigramme d'or, renferme plus de six millions de molécules de ce métal. Si on la touche avec la pointe d'une aiguille, cette pointe sera en contact avec plus d'un millier de molécules d'or.

Malgré leur extrême petitesse, ces molécules sont pourtant des colosses à l'égard des particules qui composent les atomes. Ces dernières exécutent cependant des mouvements tourbillonnaires, vibratoires et rotatoires aussi réguliers que ceux des astres au firmament.

Ils s'en distinguent toutefois en ce que nous pouvons par des moyens divers, la chaleur par exemple, faire varier l'amplitude de leurs mouvements. De ces variations résultent la plupart des propriétés physiques des corps et notamment leur état solide liquide ou gazeux.

Tous ces mouvements, conséquences des forces

gigantesques dont la matière est le siège, malgré son repos apparent, se révèlent surtout à nous, je le répète, par des attractions et des répulsions, c'est pourquoi on a été conduit à rechercher dans de telles actions l'origine de tous les phénomènes.

Ces attractions et répulsions sont réciproques, c'est-à-dire qu'elles agissent comme si un ressort existait entre les deux corps en présence. Si les deux corps sont mobiles, ils s'approchent ou s'éloignent l'un de l'autre. Si l'un d'eux est immobilisé, ce sont les corps mobiles qui se dirigent vers lui ou s'en éloignent.

La distance à laquelle s'exercent les attractions ou répulsions est très limitée. On donne le nom de champ de force à l'espace dans lequel cette action se manifeste. On nomme lignes de force les directions suivant lesquelles se produisent les effets attractifs ou répulsifs. Très faciles à observer dans les phénomènes électriques les champs de force moléculaires dus à d'autres actions peuvent être mis également en évidence par divers artifices, comme nous l'avons montré dans un des chapitres de l'*Évolution de la Matière*.

La plus importante des forces moléculaires est celle à laquelle fut donné le nom de cohésion. L'existence des corps dont l'univers est constitué, est due à son influence. Elle conditionne leurs formes. Sans son action le monde s'évanouirait en une invisible poussière d'éther.

Bien que la cohésion soit une force extrêmement puissante comme le prouve la grandeur des efforts mécaniques qu'il faut réaliser pour séparer les particules des corps, nous possédons dans la chaleur le moyen de l'annuler.

Dès que les molécules sont suffisamment écartées par la chaleur, le corps le plus rigide perd sa consistance et devient liquide ou gazeux. Le fait même qu'il n'y a plus de cohésion dès que les molécules sont écartées, prouve que les attractions moléculaires produisant la cohésion n'agissent qu'à des distances très petites. Les corps pulvérisés, même très comprimés, ne reprennent pas leur dureté pour cette raison. Si rapprochées que soient leurs particules par la pression, elles ne le sont pas encore assez pour pouvoir s'attirer. Les rapprocher suffisamment exige des pressions énormes. C'est ainsi que Spring a pu former des blocs de bronze, en comprimant énergiquement de la poudre de cuivre mêlée à de la poudre d'étain.

Le simple refroidissement produit les mêmes effets et c'est pourquoi lorsqu'on laisse refroidir un corps fondu il reprend l'état solide. La température constitue un de ces réactifs appropriés dont nous avons eu occasion si souvent de montrer l'importance. Pour séparer des molécules retenues par la cohésion, il faut, comme je le disais plus haut, un effort énorme alors qu'il en faut un relativement assez faible pour les séparer par la chaleur.

Rien ne résiste aux forces moléculaires. On fait éclater un obus plein d'eau en la congelant. Il suffit de toucher un corps pour que ses molécules s'écartent un peu.

La cohésion déjà bien réduite dans les corps liquéfiés disparaît tout à fait dans les corps gazeux. Loin de s'attirer, les molécules des gaz se conduisent — du moins en apparence — comme si elles se repoussaient. C'est ainsi que la plus petite quantité de gaz introduit dans un récipient se répand dans toutes ses parties. Pour comprimer un gaz, c'est-à-dire forcer ses molécules à se rapprocher, il faut exercer sur lui une pression considérable.

Dans les solutions, les molécules des corps dissous se conduisent d'une façon analogue. Elles exercent sur les parois du vase une pression dite osmotique, qui se mesure facilement. On a comparé pour cette raison une solution d'un corps à un gaz.

Nous avons donc dans l'énergie de cohésion une force très grande, mais dont le caractère est de n'agir sur les particules des corps que lorsqu'ils ne sont séparés que par des distances très petites. Cette particularité ne se retrouve pas dans les attractions constituant la gravitation. Elle agit sur tous les corps à toutes les distances.

On se fait, sommairement d'ailleurs, une idée des forces qui peuvent produire la cohésion en créant quelque chose d'analogue dans les corps, c'est-à-dire une force capable d'engendrer de l'attraction. Si nous faisons circuler un courant électrique dans un fil métallique entourant une tige de fer, nous donnons à ses molécules une puissance d'attraction suffisante pour leur permettre d'exercer sur un morceau d'acier une attraction pouvant atteindre la valeur de 100 kilos par centimètre carré. Dans le champ de force entourant le métal, une attraction considérable peut aussi s'exercer. On entrevoit ainsi comment l'éther arrive à revêtir une forme le rendant capable d'exercer des attractions extrêmement énergiques.

Nous venons de dire que les attractions et répulsions moléculaires ne se manifestent qu'à de faibles distances, il en est cependant qui agissent assez loin. Un morceau de charbon refroidi à — 200° absorbera énergiquement l'air de l'enceinte où il est placé, au point d'y faire le vide. Un corps hygrométrique agit de même à l'égard de la vapeur d'eau qui l'entoure. Le tantale, chauffé à 600° dans une atmosphère d'hydrogène, absorbe 600 fois son volume du gaz où il est plongé.

§ 2. — LES ÉQUILIBRES MOLÉCULAIRES.

Toutes les attractions et répulsions dont nous venons de parler sont en équilibre entre elles, et aussi avec les forces extérieures qui les entourent. La matière conçue jadis, comme indépendante de son milieu, ne représente qu'un état d'équilibre entre les forces internes dont elle est le siège et les forces externes qui l'enveloppent. Le corps le plus rigide se transforme en vapeur, dès que ce milieu vient à changer suffisamment. En fait, on ne saurait définir aucune propriété des corps — en dehors de l'inertie — sans mentionner les conditions du milieu où ils sont plongés. Lors même que nous ne voyons pas leurs variations, les propriétés d'un corps suivent les moindres changements de son milieu pour se mettre en équilibre avec lui. Il suffit d'approcher la main de la matière pour que ses équilibres se modifient. Une variation d'un cent millionième de degré du milieu où elle est plongée, fait varier d'une façon appréciable à nos instruments la résistance électrique des corps. Le bolomètre est fondé sur ce principe.

Si l'on indique les propriétés physiques d'une substance quelconque, l'eau, par exemple, il faut toujours compléter en faisant connaître les conditions du milieu. Elle est solide au-dessous de 0°, liquide au-dessus et gazeuse, si la température de ce milieu dépasse 100 degrés.

Quand les conditions de milieu sont semblables, les propriétés des corps tendent à se rapprocher. Deux solutions de sels différents, de même pression osmotique, ont le même point de congélation, les pressions de vapeur des liquides sont égales à des températures également éloignées de leur point d'ébullition, les corps de même poids atomique possèdent la même capacité calorifique, etc.

Van der Waals a été plus loin encore avec la loi des états correspondants qui montre que si le volume, la pression, la température, sont évalués en prenant pour unités les quantités critiques, une même équation suffit à traduire les propriétés de tous les fluides. Cela veut dire que tous ont les mêmes propriétés sous des états correspondants.

§ 3. — LA FORCE ET LA FORME.

Au moyen des attractions et répulsions moléculaires on peut expliquer à peu près certains phénomènes, mais notre ignorance à l'égard des causes qui donnent à la matière sa forme est complète. Pourquoi, par exemple, les liquides en se solidifiant prennent-ils certaines formes géométriques régulières invariables pour chaque corps? Les causes secrètes de la forme d'un cristal nous sont aussi inconnues que celle d'une plante ou d'un animal. Les choses se passent comme si les phénomènes physico-chimiques étaient régis par des forces ignorées qui les oblige à agir dans un sens déterminé.

Nous saisissons un peu cependant, la genèse de quelques formes en les réduisant à des cas extrêmement simples, par exemple, à des attractions moléculaires au sein d'un liquide.

Quand on introduit dans une solution aqueuse une goutte d'un liquide de pression osmotique différente, les molécules des deux liquides sont attirées ou repoussées et forment des figures parfois assez régulières. On peut également, en combinant les attractions et répulsions d'origine électrique, obtenir des figures très variées. J'en ai reproduit de cette sorte dans mon précédent ouvrage, en combinant les attractions et répulsions des particules de matière dissociée.

On obtient, par des moyens analogues, des figures imitant les plantes. Depuis vingt ans les observateurs se sont ingéniés, avec Traube, à créer de telles reproductions. C'est M. Leduc qui a obtenu les plus curieux résultats, comme on peut en juger par les figures que je donne ici. Le mode de production qu'il indique est fort simple.

« Un granule de sulfate de cuivre, de 1^{mm} à 2^{mm} de diamètre, formé d'environ deux parties de saccharose, une de sulfate de cuivre, et eau pour granuler, semé dans une solution aqueuse contenant 2 °/₀ à 4 °/₀ de ferrocyanure de potassium, 1 °/₀ à 10 °/₀ de chlorure de sodium et d'autres sels, 1 °/₀ à 4 °/₀ de gélatine, pousse, en un temps qui varie de quelques heures à quelques jours suivant la température. Le granule s'entoure d'une membrane de ferrocyanure de cuivre perméable à l'eau et à certains ions, mais imperméable au sucre qu'elle renferme et qui produit dans cette graine artificielle la forte pression osmotique qui détermine l'absorption et la croissance. Si le liquide est répandu sur une plaque de verre, la croissance se fait dans un plan horizontal ; si

Fig. 41. — *Action des forces moléculaires.* Germination de sels métalliques imitant la croissance des plantes. (Ph. de Leduc.)

la culture est faite dans un bassin profond, la croissance se fait en même temps horizontalement et verticalement. Une seule graine artificielle peut donner 15 à 20 tiges s'élevant parfois jusqu'à 25 centimètres de hauteur. »

On crut voir là l'image de la vie ; mais il n'y a guère plus de rapport entre ces plantes artificielles et les

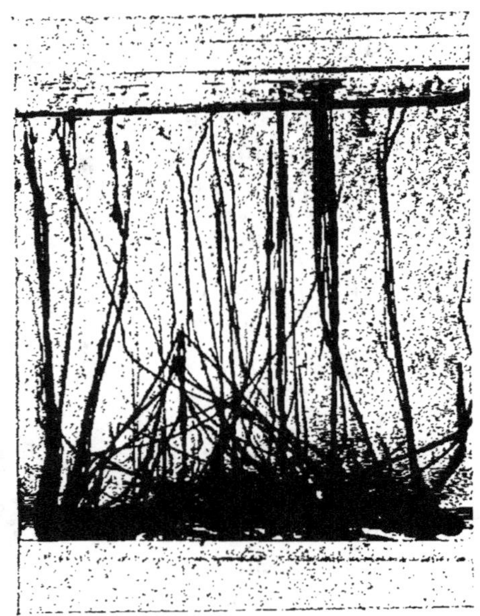

Fig. 42. — *Action des forces moléculaires.*

Germination de sels métalliques dans une solution de gélatine imitant la forme des plantes. (Ph. de Leduc.)

plantes réelles qu'entre un homme vivant et sa statue. Leur production montre seulement que les équilibres osmotiques peuvent conditionner certaines formes extérieures.

Nous n'avons étudié dans ce chapitre que les forces

relativement très simples — primaires pourrions-nous
dire — qui régissent le monde minéral. Elles sont
déjà très obscures. En arrivant aux forces dirigeant
les phénomènes de la vie, l'obscurité va devenir
beaucoup plus grande encore.

CHAPITRE III

Les forces manifestées par les êtres vivants.

———

On observe chez les êtres vivants des manifestations d'énergie fort distinctes : 1° les forces physicochimiques : chaleur, lumière, électricité, etc., déjà décrites en physique; 2° celles réunies sous le nom de forces vitales et dont la nature et le mode d'action sont profondément ignorés.

Je suis obligé de parler de ces dernières pour ne pas être incomplet; mais je le fais avec la certitude de ne pouvoir rien dire d'utile à leur sujet. Disserter sur les phénomènes de la vie, alors qu'on est incapable d'expliquer pourquoi tombe la pierre que la main abandonne, est une besogne qu'il faut laisser aux loisirs des métaphysiciens.

Le seul intérêt possible de ce chapitre sera de montrer exactement les limites actuelles de nos faibles connaissances relatives à ces phénomènes très incompréhensibles encore dont la synthèse constitue la vie.

Tous les êtres vivants sans exception sont composés d'un agrégat de petits éléments microscopiques nommés cellules. Celles-ci bien que d'une petitesse extrême, puisque leur diamètre ne dépasse guère quelques millièmes de millimètre, ont une structure extrêmement compliquée et leurs propriétés le sont beaucoup plus encore.

D'une façon fort sommaire, on peut dire qu'elles se composent d'une substance granuleuse, le protoplasma, contenant à son centre un noyau filamenteux. Le microscope a révélé la structure de cette poussière vivante. Le plus merveilleux est ce qui ne s'y aperçoit pas. Elle contient, en effet, le germe des formes ancestrales et celles qui naîtront de sa future évolution.

Tout être vivant dérive d'une cellule primitive, l'ovule, dont les transformations suffisent à former en un temps très court un être complet.

Les cellules constituent donc les matériaux avec lesquels les êtres vivants sont bâtis. Les plus inférieurs de ces êtres se composent d'une seule cellule. Elles se multiplient, se soudent, s'associent chez ceux plus élevés pour former leurs divers organes. L'être supérieur est donc une véritable société de cellules ayant chacune des fonctions distinctes, mais travaillant dans un intérêt général. L'animal élevé possède un système nerveux qui met en relation, les organes formés par ses cellules, des appareils digestifs et circulatoires qui leur apportent les éléments nécessaires à la nutrition ; d'autres, chargés d'expulser les déchets de cette nutrition, etc. Tout l'être vivant travaille pour entretenir les cellules, elles dépendent de lui et il dépend d'elles.

Le protoplasma dont sont composées les cellules représente le fonds vital commun à tous les vivants, du plus humble au plus élevé. Il remplit des fonctions universelles : assimilation, désassimilation, et, au point de vue chimique, anatomique et physiologique, semble peu se modifier chez les divers êtres alors que leurs formes changent à l'infini. La nature, économisant ses efforts, n'avait pas besoin de beaucoup varier la structure élémentaire des êtres.

C'est en étudiant la vie cellulaire que l'on comprend le mieux la profondeur du mystère de la vie et son étonnante complexité. Il suffira pour le montrer de rappeler ce que j'ai eu occasion d'écrire à ce sujet dans mon dernier volume.

Les édifices chimiques, que savent fabriquer d'humbles cellules, comprennent, non seulement les plus savantes opérations de nos laboratoires : éthérification, oxydation, réduction, polymérisation, etc., mais beaucoup d'autres bien plus savantes encore, que nous ne saurions imiter. Par des moyens insoupçonnés, les cellules vitales construisent ces composés compliqués et variés : albuminoïdes, cellulose, graisses, amidon, etc., nécessaires à l'entretien de la vie. Elles savent décomposer les corps les plus stables, comme le chlorure de sodium, extraire l'azote des sels ammoniacaux, le phosphore des phosphates, etc.

Toutes ces œuvres si précises, si admirablement adaptées à un but, sont dirigées par des forces dont nous n'avons aucune idée, et qui se conduisent exactement comme si elles possédaient une clairvoyance très supérieure à notre raison. Ce qu'elles accomplissent à chaque instant de l'existence plane très au-dessus de ce que peut réaliser la science la plus avancée.

Le savant capable de résoudre avec son intelligence les problèmes résolus à chaque instant, par les cellules d'une créature infime, serait tellement supérieur aux autres hommes qu'il pourrait être considéré par eux comme un Dieu.

Bien que le protoplasma soit le siège d'une activité incessante, il ne se renouvelle que lentement chez le même être, ne contribuant pas en effet à son entretien par sa propre substance, mais par les matériaux qu'il s'incorpore. Il ne s'use guère plus que la machine alimentée par du charbon.

§ 2. — L'INSTABILITÉ, CONDITION DE LA VIE.
ROLE DES ÉNERGIES INTRA-ATOMIQUES.

La vie ne se maintient que par une usure incessante de matériaux empruntés au dehors. La cellule assimile et désassimile sans trève. L'instabilité est la loi de la vie. Dès que la stabilité lui succède, c'est la mort.

La vie est donc le résultat d'un échange permanent entre l'être vivant et le milieu où il est plongé. Un être n'est pas isolable de ce milieu et serait même incompréhensible sans lui. C'est l'action différentielle de l'assimilation et de la désassimilation qui règle l'évolution ascendante ou descendante des êtres pendant la durée de leur existence. La cellule meurt sans cesse ; mais comme elle se renouvelle sans cesse, l'être vivant possède une stabilité apparente. Il ressemble à un édifice dont les pierres seraient retirées chaque jour par des démons subtils, mais remplacées aussitôt par d'autres démons. L'édifice ne changerait pas en apparence et ne commencerait à vieillir que lorsque les démons réparateurs rempliraient incomplètement leur tâche. Le jour où ils ne la rempliraient plus, l'édifice tomberait en ruines.

L'entretien de la vie représente une dépense élevée d'énergie fournie par les aliments. Pour un grand nombre d'animaux, ces derniers sont constitués par les végétaux qui, seuls, peuvent élever la matière minérale au degré de complexité nécessaire à la création des composés chimiques chargés d'énergie instable sous un faible volume. Grâce à eux la matière s'élève sans cesse de l'état inorganisé à l'état organisé, pour retourner finalement à son point de départ.

Mais si l'instabilité des éléments chimiques des cellules est une condition même de la vie, l'instabilité de l'atome ne jouerait-elle pas elle aussi un rôle dans ces phénomènes ? Je ne voudrais pas paraître exagérer l'influence de l'énergie intra-atomique qui me servit déjà à expliquer beaucoup de phénomènes, mais il faut bien croire que son rôle possible dans les actions vitales se présente souvent à l'esprit, car j'ai déjà reçu plusieurs lettres de médecins à ce sujet. Je n'en aurais cependant pas parlé, si quelques faits d'expérience ne semblaient démontrer que la dissociation de la matière peut se manifester dans l'organisme. C'est ainsi, par exemple, que le professeur Dufour a montré récemment que l'air expiré contient des particules radio-actives. Or, ces particules résultent, comme on le sait, de la dissociation de la matière. Je suis porté à croire — et M. le professeur Dastre à qui j'ai soumis mon hypothèse l'admet entièrement — qu'il faut chercher dans les dissociations atomiques l'origine du surcroît d'énergie produit par certains excitants, kola, caféine, etc., dont la composition montre bien qu'ils ne peuvent être considérés comme des aliments. Quelques actions diastasiques pourraient bien avoir une semblable origine. Les éléments du protoplasma sont considérés actuellement comme des substances colloïdales très instables et j'ai montré que ces substances proviennent souvent de la dissociation de la matière. Étant donnée la grandeur colossale de l'énergie intra-atomique, on comprend que la cellule puisse devenir un générateur très puissant d'énergie sans que sa composition soit sensiblement altérée. Il faut remarquer d'ailleurs que les physiologistes n'avaient jamais pu fournir une théorie acceptable des excitants dont j'ai parlé plus haut. J'espère que la précédente leur permettra d'expliquer un peu ces phénomènes.

Ces énergies intra-atomiques, libérées dans l'organisme, semblent du reste un peu exceptionnelles et n'interviennent que sous l'influence d'excitants spéciaux, lorsque l'être vivant est obligé d'effectuer rapidement un effort considérable. A l'état normal, les forces qu'il manifeste ont surtout pour origine les énergies chimiques provenant des aliments.

Ces derniers peuvent être très variés, mais se ramènent, comme on le sait, à trois catégories :

1° Des albuminoïdes (blanc d'œuf, chair animale, etc.) ; 2° des hydrates de carbone (amidon, sucre, etc.); 3° des graisses (corps gras variés). Il faut ajouter à cette énumération l'oxygène de l'air absorbé par la respiration et nécessaire pour déplacer les énergies des composés chimiques introduits dans l'organisme, en se combinant avec eux.

On évalue parfois la valeur des aliments en les brûlant dans un calorimètre et mesurant les calories ainsi produites. Ce procédé assez barbare conduirait à considérer la houille ou le pétrole comme des aliments précieux, puisqu'ils dégagent par leur combustion beaucoup de calories. Un kilogramme de houille engendre, en effet, 8.000 calories, alors qu'un adulte n'en utilise que 2.500 par jour environ. Comme le dit le professeur Chauveau, « il faut renoncer à chercher la valeur nutritive des aliments dans leur chaleur de combustion. La théorie de l'aliment et de l'alimentation ne peut plus être présentée sous cette forme simpliste ».

Tous les aliments produisent de la chaleur ; mais cette chaleur étant le dernier terme des mutations énergétiques de l'organisme, et non le premier, il est évident que ce n'est pas elle qui peut engendrer les forces vitales. Son rôle paraît être uniquement de mettre les éléments de l'organisme dans les conditions nécessaires à leur fonctionnement. C'est un point que Dastre a mis depuis longtemps en évidence.

Quand tous les aliments ont cédé leur énergie à l'organisme, ils sont rejetés au dehors sous des formes diverses : eau, acide carbonique, urée, etc., privés d'énergie utilisable.

On voit, en résumé, que les forces vitales sont entretenues par les forces chimiques dérivées des aliments, les secondes sont les soutiens des premières.

§ 3. — LES FORCES RÉGULATRICES DE L'ORGANISME.

Alors même qu'on assimilerait aux forces physico-chimiques les forces vitales manifestées par les êtres vivants, il faudrait bien reconnaître que les choses se passent cependant comme s'il existait des forces d'un ordre tout à fait particulier destinées les unes à régulariser les fonctions des organes, les autres à diriger leurs formes. Il faut bien les désigner par un nom, quoiqu'elles ne soient vraisemblablement qu'une synthèse d'actions très diverses, non dissociées encore ; nous appellerons forces régulatrices les premières et forces morphogéniques, c'est-à-dire génératrices des formes, les secondes.

Malgré les efforts de milliers de travailleurs, la physiologie n'a rien pu dire de la nature de ces forces. Elles n'ont pas d'analogies avec celles qu'étudie la physique.

Les forces régulatrices agissent comme si elles veillaient au bon fonctionnement de la machine vivante, réglant la température, maintenant la constance de composition du sang et des sécrétions, limitant les oscillations des diverses fonctions, adaptant l'organisme aux changements du monde extérieur, etc. Elles dominent souverainement cette région de la vie inconsciente qui constitue la partie tout à fait prépondérante de l'existence des êtres. Le philosophe peut les nier, mais le physiologiste qui les voit incessamment agir ne les conteste guère. Il admet généralement, avec Claude Bernard, « des principes directeurs qui dirigent les phénomènes qu'ils ne produisent pas et des agents physiques produisant des phénomènes qu'ils ne dirigent pas ».

Ces actions directrices réelles ou apparentes avaient fait admettre autrefois l'existence d'agents immatériels, âme ou principe vital, indépendant du corps et pouvant lui survivre. Ce n'est pas en réalité une seule âme directrice qu'il faudrait alors supposer, mais beaucoup d'âmes, car la vie d'un individu nous apparaît comme la somme de petites vies cellulaires, en nombre presque infini, remplissant chacune des fonctions très différentes.

Grâce à ces forces directrices la nature enferme chaque organe dans les cadres qu'elle a tracés, et les y ramène sans cesse, avec ces deux grands ressorts de toute l'activité des êtres : le plaisir et la douleur.

Les forces régulatrices se présentent avec ce caractère particulier d'être conditionnées par un long passé ancestral et de se modifier à chaque génération. La plus modeste cellule, une amibe, un globule de protoplasma sont chargés de passé. C'est à lui que doivent être attribuées les variétés de réactions des êtres vivants sous l'influence des agents extérieurs. Dans un acte vital quelconque, et il faut comprendre bien entendu les manifestations psychiques parmi eux, nos ancêtres agissent autant que nous-mêmes, mais comme leur nombre est immense, il existe dans chaque être des possibilités d'actions dépendantes d'excitants capables de les faire surgir. Beaucoup d'aïeux parlent en nous ; mais, suivant les circonstances extérieures, ils ne sont pas également entendus [1].

----

1. Le lecteur trouvera une application de cette théorie aux personnages de la Révolution dans mon ouvrage : *Les Lois psychologiques de l'évolution des peuples*.

Et c'est justement cet énorme passé dont est saturée la moindre cellule qui rend si illusoires toutes nos tentatives pour créer de la matière vivante.

« Créer la substance vivante, écrit M. Gaston Bonnier. Comment l'espérer un instant dans l'état actuel de la science ? Lorsqu'on pense à ce qu'il y a de caractères accumulés, d'hérédité, de devenir compliqué dans un fragment de protoplasma vivant.

« Si l'on songe que le développement d'un animal supérieur, ses transformations successives à l'état embryonnaire en protozoaire, en ver, en poisson muni de branchies, arrivant à produire un mammifère, un homme, cet ensemble de formes futures se trouve en puissance dans un fragment microscopique de substance vivante initial ! Si l'on réfléchit que cette réminiscence des ancêtres lointains, cette hérédité acquise pendant des milliards de siècles, tout cela existe dans cette minuscule gouttelette de protoplasma ! on comprend alors le sens de cette vérité : il n'est pas plus difficile de créer d'emblée un animal vivant, un éléphant par exemple, que de créer une parcelle de matière vivante.

« Lorsque l'homme aura résolu ce dernier problème, il sera devenu plus créateur que le Créateur, plus fort que la Nature entière, plus puissant que l'Univers infini. »

§ 4. — LES FORCES MORPHOGÉNIQUES.

L'acquisition d'une forme spécifique appartient aussi bien aux minéraux qu'aux êtres vivants puisque les premiers peuvent revêtir des contours géométriques caractéristiques de chacun d'eux. Nous avons déjà étudié leur genèse en parlant dans notre précédent ouvrage de la vie des cristaux.

Mais ces substances du monde minéral ne représentent qu'une vie très inférieure, figée en quelque sorte dans l'invariabilité de la forme, et il n'y a que de très lointaines analogies entre la vie d'un animal qui assimile et désassimile constamment et l'immobilité du cristal. Il ne représente pas pour la matière une forme vivante, mais seulement un terme ultime de la vie.

Le milieu fournit à l'être vivant la matière dont il se compose, les énergies qu'il dépense, les excitants qui le mettent en jeu. Toutes ces conditions extérieures peuvent modifier sa forme mais agissent sur un fonds vital qu'elles ne sauraient créer. Jusqu'ici la vie seule a pu créer la vie. Qu'elle ait pu naître spontanément à l'aurore des âges géologiques sous l'influence d'actions inconnues, cela est fort probable, car il a bien fallu que la vie commence, mais nous ne pouvons dire pourquoi elle commença et nous ne saurions la recommencer.

L'être vivant jouit donc seul de la propriété d'engendrer une substance analogue à la sienne et possédant les mêmes formes. Chaque cellule, et souvent même chaque organe, possède le mystérieux pouvoir de créer des formes qui leur sont semblables. Chez les êtres inférieurs, chaque partie de l'animal coupé en morceaux refait la partie lésée. Chez des animaux à organisation déjà élévée, tels que les tritons et les salamandres, un membre coupé, un œil arraché, renaissent bientôt.

On voit mieux en remontant à l'origine même de chaque être vivant, c'est-à-dire à la cellule d'où il dérive, le côté inexplicable des forces morphogéniques. Cette cellule primitive subira, grâce à elles, la série de transformations qui la conduiront à former un arbre, un oiseau, une baleine ou un homme. Elle contenait donc en puissance toutes les formes qui sortiront d'elles et évolueront toujours d'une même façon pour chaque espèce.

De telles forces sont, comme le fait observer très justement Dastre, « les plus réfractaires, les plus inaccessibles aux explications physico-chimiques ». Comment expliquer, dit-il, « cet insondable mystère qui fait que la cellule œuf, attirant à elle les matériaux du dehors, arrive à édifier progressivement l'étonnante construction qu'est le corps de l'animal, le corps de l'homme ».

Tous nos essais d'interprétation d'un tel phénomène sont si parfaitement misérables qu'il vaut mieux renoncer à en formuler. L'éminent physiologiste que je viens de citer ne manque pas de l'indiquer : « Les naturalistes se paient de mots : ils parlent d'hérédité, d'adaptation, d'atavisme comme si c'étaient des êtres réels, actifs et efficients, tandis que ce ne sont que des appellations, des noms qui s'appliquent à des collections de faits. »

Ces termes d'adaptation d'hérédité, etc., ne sont pas cependant des mots tout à fait vides si on les emploie pour traduire simplement des faits d'observation au lieu de les considérer comme des explications. Ils disent simplement que des forces totalement inconnues et dont la nature ne peut même pas être soupçonnée, obligent la cellule primitive d'un être à devenir un animal ou une plante et à léguer aux êtres dérivés d'elle les changements subis sous des actions diverses telles que celle du milieu. La cellule possédant de pareils pouvoirs on conçoit que, dans l'immense déroulement du temps aient pu se succéder des formes adaptées à toutes les variations du milieu. Il semblerait qu'avec un fonds vital commun, sorte d'argile des êtres, la nature se soit essayé à d'innombrables combinaisons dont quelques-unes seules pouvaient survivre. Nous en retrouvons aujourd'hui dans les débris géologiques qui semblent des fantaisies d'artistes hantés par des visions démoniaques. Tels sont, par exemple, le gigantesque *diplodocus* qui ressemble à un porc dont le cou et la queue seraient formés par un serpent, l'*agathaumas orphenocerus*, le *diclonius mirabilis*, le *brontosaurus*, etc., vrais monstres de rêves.

Toutes ces efflorescences si variées de la vie apparaissaient jadis aux naturalistes comme des fantaisies d'un pouvoir créateur les tirant périodiquement du néant qui précédait ses volontés. L'immense service rendu par Darwin à l'esprit scientifique fut d'éliminer les causes surnaturelles de l'enchaînement des choses en faisant voir comment des lois ne connaissant pas le caprice, telles que l'adaptation, la sélection, la survie des plus aptes, pouvaient expliquer la transformation des êtres vivants. La théorie de l'évolution tend à être partiellement remplacée aujourd'hui par celle des mutations brusques dont des observations patientes ont révélé l'existence chez plusieurs végétaux. Mais en nous montrant la possibilité de trouver des explications scientifiques dans un domaine où elles semblaient n'avoir aucune place, Darwin a changé l'orientation des idées dans les branches les plus importantes de l'activité scientifique. Pendant un demi-siècle, le monde savant s'inspira des doctrines de ce puissant génie. On pourrait dire de l'*Origine des Espèces* ce qu'écrivait jadis Sainte-Beuve de l'*Esprit des Lois*. « Il n'y a aucun livre qu'on puisse citer comme ayant autant fait pour la race humaine dans le temps où il parut et duquel un lecteur de nos jours puisse tirer si peu d'idées positives applicables. Mais c'est là la destinée de presque tout ouvrage qui a fait marcher l'esprit humain. »

La théorie des mutations brusques qui a ébranlé quelques parties fondamentales des doctrines de Darwin est encore à ses débuts. Les mutations observées sont assez rares et ne portent pas sur des caractères fondamentaux. On a pu les utiliser cependant pour obtenir des espèces céréales nouvelles dont les caractères se reproduisent par hérédité avec régularité et constance. L'importance scientifique et philosophique des mutations réside surtout dans l'établissement de cette notion que certains changements, préparés sans doute par une invisible évolution antérieure, peuvent surgir brusquement.

Ce fait nous expliquerait peut-être pourquoi à certaines époques géologiques apparaissent soudainement toute une série d'espèces vivantes, assez différentes de celles qui les ont précédées et qui les suivront pour qu'il soit fort difficile d'établir un lien entre elles. Les lacunes que la science cherchait vainement à combler seraient donc très réelles, comme le croyait Cuvier.

On observe assurément dans la succession des êtres une certaine continuité, une direction générale, mais non pas cette continuité linéaire régulière, supposée encore par beaucoup de naturalistes. Si l'évolution des êtres se représentait par une courbe, cette courbe aurait bien une trajectoire générale régulière mais contiendrait beaucoup de solutions de continuité et de dentelures.

L'évolution des êtres ne semble avoir été obtenue qu'au prix de tâtonnements répétés pendant des entassements d'âges et qui paraissent d'une inutilité évidente à notre point de vue humain. A ce même point de vue de notre intelligence limitée, on pourrait dire que les choses se passent dans la nature comme si elles étaient dirigées tantôt par des intelligences supérieures, tantôt par des combinaisons absurdes dues aux associations aveugles d'invraisemblables hasards. La nature semble être pleine à la fois de prévision et d'aveuglement. Il est très possible, cependant, que la prévision comme l'aveuglement supposés soient seulement dans notre esprit. Elle a sans doute pour guide et moyens d'action des éléments que nous ne soupçonnons pas, et ne saurions par conséquent juger. Il faut toujours se méfier des hypothèses faites sur un domaine que nul œil humain n'a vu encore.

Il n'y a pas lieu d'ailleurs de faire intervenir dans nos explications des choses, des êtres suprêmes que nous ne connaissons pas. C'est en les éliminant que la science effectua ses plus grands progrès. Nous avons vu que de simples cellules réalisent dans l'organisme des opérations chimiques au-dessus des ressources de nos laboratoires et agissent comme si elles étaient guidées sans cesse par une intelligence supérieure. Personne ne suppose cependant une telle intelligence derrière chaque cellule et il n'y a pas lieu de la supposer davantage pour l'agrégat de cellules qui constitue un animal quelconque. Leur structure révèle un mécanisme extrêmement savant dirigé par des forces dont nous ignorons aujourd'hui la nature, mais que nous pouvons espérer faire rentrer un jour dans le cycle de nos connaissances.

§ 5. — LES INTERPRÉTATIONS DES PHÉNOMÈNES DE LA VIE.

Tout ce qui vient d'être exposé montre que les phénomènes de la vie furent toujours la véritable pierre d'achoppement de la philosophie et de la physiologie.

« La physiologie, écrit le professeur Dastre, est incapable de répondre à la question séculaire, qu'est-ce que la vie ? »

Les philosophes n'ont pas su y répondre davantage ou du moins aucune de leurs réponses n'a pu résister aux critiques.

« La philosophie nous offre, pour concevoir la vie et la mort, écrit le même savant, des hypothèses ; elle nous offre les mêmes qu'il y a trente ans, qu'il y a cent ans, qu'il y a deux mille ans : l'animisme ; — le vitalisme sous ses deux formes, vitalisme unitaire ou doctrine de la force vitale, vitalisme démembré ou doctrine des propriétés vitales ; — et enfin, le matérialisme, le mécanicisme, ou l'unicisme, ou le monisme, — pour lui donner tous ses noms, — c'est-à-dire la doctrine physico-chimique de la vie. »

C'est la dernière explication qui prédomine aujourd'hui. Elle n'est pas peut-être la plus sûre, mais certainement la plus féconde puisqu'elle provoque des recherches que rendaient inutiles les théories vitalistes et animistes dotant les êtres d'un pouvoir insaisissable, âme ou principe vital, dont la puissance dispensait de chercher des explications.

Le véritable problème qui se pose aujourd'hui et se posera sans doute encore pendant longtemps est celui-ci :

Les manifestations vitales et physiques ont-elles des causes distinctes ? Les forces vitales sont-elles absolument différentes de celles que nous connaissons ? Représentent-elles une catégorie indépendante et irréductible ? Est-il possible de passer des lois de la matière brute à celles de la matière vivante ?

Jusqu'ici on n'a pu trouver un pont capable de relier les deux ordres de phénomènes, et l'abîme qui les sépare apparaît plus profond encore si dans les forces vitales on comprend les phénomènes psychiques qui aboutissent à l'intelligence.

Ce lien que nous ne voyons pas, apparaîtra peut-être un jour, et nous pouvons déjà soupçonner comment il sera trouvé. La continuité semblant une loi générale de la nature, ce n'est pas chez l'être supérieur qu'il faut étudier les phénomènes vitaux et psychiques parce que leur complication les rend trop inexplicables. Mais en descendant aux toutes premières étapes de la vie, on découvrira l'ébauche d'une explication des phénomènes psychiques.

Chez les êtres tout à fait primitifs, tels qu'un globule de protoplasma, on constate, ainsi que plusieurs volumes de recherches l'ont déjà montré, des actes très adaptés au but à remplir et variant suivant les circonstances, comme si l'être était capable d'un raisonnement rudimentaire, mais qui ne sont peut-être que des réactions physico-chimiques engendrées par des excitants extérieurs.

Leur interprétation par l'hypothèse· de simples réactions est bien insuffisante. Nous nous trouvons évidemment en présence d'une chaîne de causalités, dont nous ne tenons aucun anneau et que, par conséquent, nous ne comprenons pas. Nous ne les pénétrerions pas davantage en supposant, pour les expliquer, des principes immatériels doués des attributs que nous leur prêtons. Ce serait revenir au temps où la volonté de Jupiter produisait la foudre et celle de Cérès les moissons.

Le savant doit fuir les explications surnaturelles et fuir aussi les explications simplistes. Les interprétations matérialistes et spiritualistes ne sont que des mots vides de toute valeur, n'ayant d'intérêt que pour les esprits préférant une explication quelconque à l'absence d'explications.

Il faut chercher celles-ci et non les inventer. Le livre de la nature est d'une lecture très lente. Les quelques pages péniblement déchiffrées après des siècles d'efforts nous montrent un univers beaucoup plus compliqué qu'il le paraissait d'abord. Nos sciences sont édifiées sur des concepts représentant simplement des interprétations capables de s'adapter aux petits fragments des choses accessibles à notre intelligence.

S'il est vrai que nous ne savons pas les causes de la vie, ni même les raisons premières d'un seul phénomène, rien n'autorise à dire que nous les ignorerons toujours. On se confine dans une philosophie stérile quand on déclare inconnaissable ce qui n'est pas connu encore. La science descend un peu plus chaque jour dans les gouffres mystérieux où se cachent les derniers éléments des choses. Mais, comme l'a justement dit un philosophe, notre sonde est encore trop courte pour l'immensité de tels abimes.

TABLE DES NOUVELLES EXPÉRIENCES DE L'AUTEUR

CONTENUES DANS CE VOLUME

TABLE DES FIGURES

TABLE DES MATIÈRES

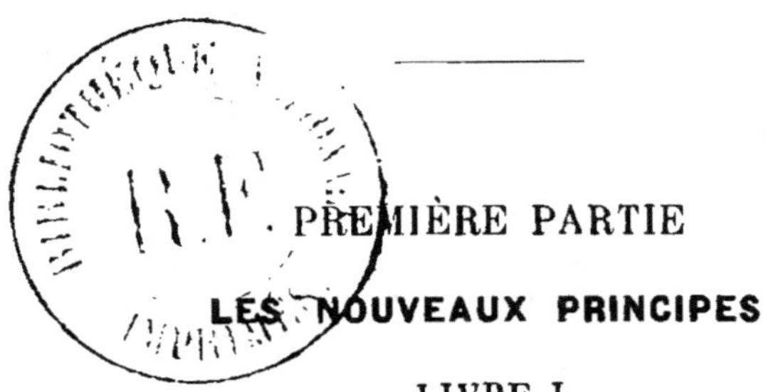

PREMIÈRE PARTIE

LES NOUVEAUX PRINCIPES

LIVRE I

LES BASES NOUVELLES DE LA PHYSIQUE DE L'UNIVERS

LIVRE II

LES GRANDEURS IRRÉDUCTIBLES DE L'UNIVERS

LIVRE III

LE DOGME DE L'INDESTRUCTIBILITÉ DE L'ÉNERGIE

LIVRE IV

LA CONCEPTION NOUVELLE DES FORCES

DEUXIÈME PARTIE

LES PROBLÈMES DE LA PHYSIQUE

LIVRE I

LA DÉMATÉRIALISATION DE LA MATIÈRE ET LES PROBLÈMES DE L'ÉLECTRICITÉ

LIVRE III

LES PROBLÈMES DE LA PHOSPHORESCENCE

LIVRE IV

LA LUMIÈRE NOIRE

LIVRE V

LES FORCES D'ORIGINE INCONNUE ET LES FORCES IGNORÉES

6544-6-07. — Paris. — Imp. Hemmerlé et Cⁱᵉ.

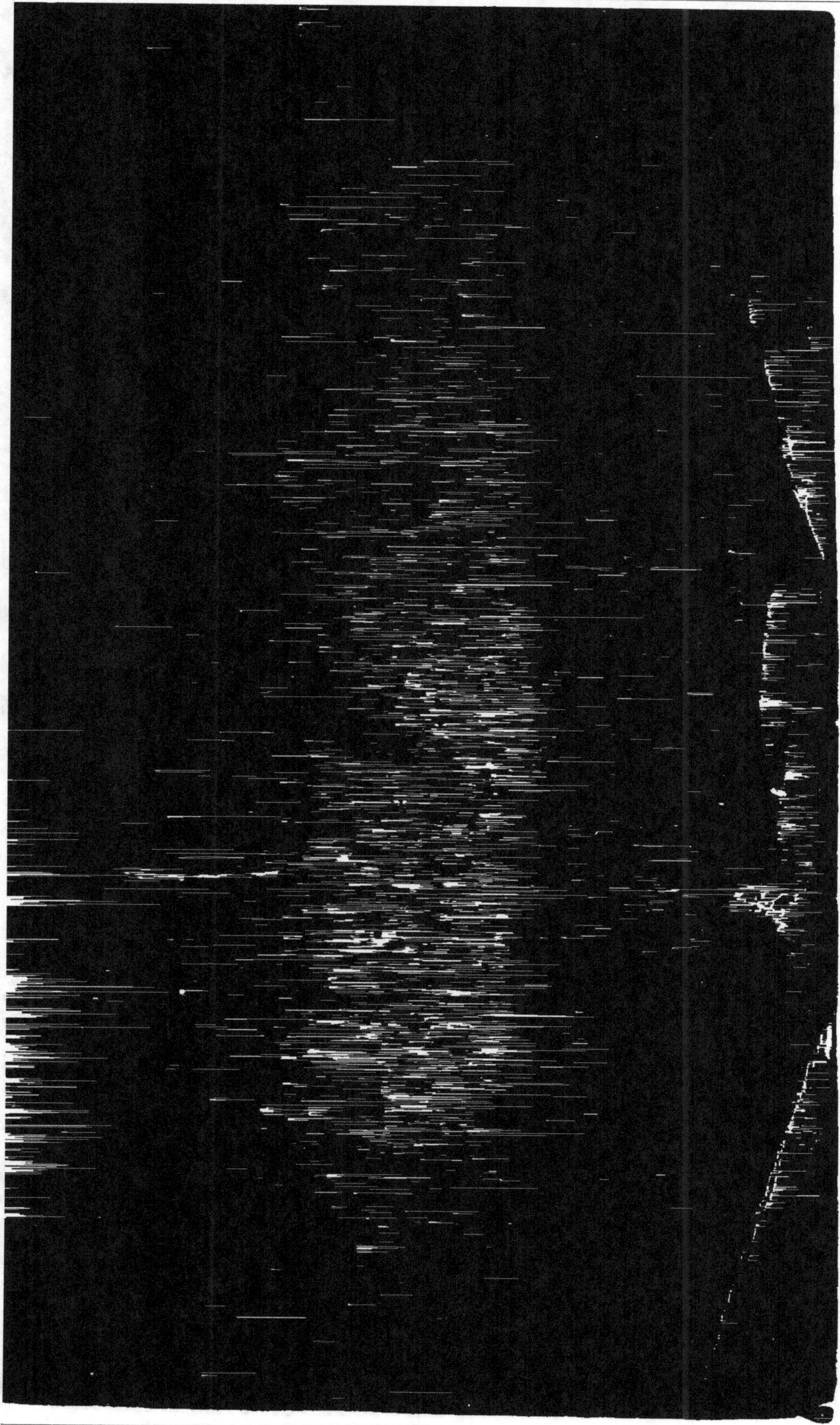

9 782014 437256